"十三五"职业教育系列教材

发电厂自动装置
运行与调试

主　编　王　灿
副主编　王显平
主　审　盛国林

中国电力出版社
CHINA ELECTRIC POWER PRESS

内 容 提 要

本书为"十三五"职业教育系列教材。在编写上着重理论和实践相结合,切合发电厂自动装置调试和试验的工程实际。全书共分六章,分别介绍了调试基础知识、微机型自动并列装置的原理、微机型自动调节励磁装置、发电厂自动装置实训基地介绍、微机型自动并列装置的调试和同步发电机励磁系统的调试和试验,并附有调试所需的示例图纸。

本书主要作为高职高专院校电力工程类专业、继电保护专业及其相关专业开展一体化教学课程教材,也可供相关专业人员和工程技术人员参考。

图书在版编目(CIP)数据

发电厂自动装置运行与调试/王灿主编. —北京:中国电力出版社,2016.2(2025.1重印)

"十三五"职业教育规划教材

ISBN 978-7-5123-7796-7

Ⅰ.①发… Ⅱ.①王… Ⅲ.①发电厂—自动装置—高等职业教育—教材 Ⅳ.①TM62

中国版本图书馆 CIP 数据核字(2015)第 173982 号

中国电力出版社出版、发行

(北京市东城区北京站西街 19 号 100005 http://www.cepp.sgcc.com.cn)

北京锦鸿盛世印刷科技有限公司印刷

各地新华书店经销

*

2016 年 2 月第一版 2025 年 1 月北京第四次印刷

787 毫米×1092 毫米 16 开本 13 印张 315 千字

定价 39.00 元

前　言

　　本书根据生产一线应用型高职高专人才需要，将发电厂常见的微机型自动并列装置和自动调节励磁装置的原理，与北京四方的发电厂自动装置运行和调试过程相结合，联系电力生产调试实际，在收集了相关工程技术人员经验和意见的基础上编写的。本书结合了理论教学和现场培训的优势，以能力培养为主，在内容上突出实用性和可操作性，以便培养和提高学生的实际操作能力、分析和解决问题的能力，以及综合运用所学知识的创新能力。本书适合电气、继电保护、电力等相关专业学习和培训，可满足电力系统自动装置课程的理实一体化教学和实验实训教学的需要。

　　全书共分六章，主要介绍了发电厂自动装置调试过程中涉及的二次图纸的读图、调试仪器和调试工具的使用方法，微机型自动并列装置和自动调节励磁装置的功能、总体构成及各模块的基本工作原理，并以重庆电力高等专科学校发电厂自动装置实训基地为例，介绍该实训基地主要设备的结构、基本原理、使用及操作方法，最后介绍该实训基地中自动并列装置和励磁装置的试验和调试项目及方法。

　　本书第一章由重庆电力高等专科学校冉懋海编写，第二章至第五章由重庆电力高等专科学校王灿编写，第六章由重庆电力高等专科学校王显平编写。王灿担任主编并负责全书统稿，王显平担任副主编。本书在编写过程中得到了北京四方继保自动化股份有限公司和北京四方吉思电气有限公司相关工程技术人员的支持和帮助，并对本书的编写内容提供了相关资料，在此表示衷心感谢。

　　由于编者水平有限，书中难免存在不妥之处，恳请广大师生和读者批评指正。

编　者

目 录

第一章 调 试 基 础 知 识

本章主要对发电厂自动装置调试过程中涉及的二次图纸的读图，调试仪器和调试工具的使用方法进行介绍和说明。

第一节 二次图纸与端子排

二次图纸是现场调试的重要资料，看懂二次图纸是进行相关调试的基础；端子排是控制柜屏体的重要组成部分，是调试接线的主要对象。

一、电气二次图纸

电气二次图纸主要可以分为屏面布置图、电源图、通信原理图、交流原理图、直流原理图和端子排图等。

1. 屏面布置图

屏面布置示意图如图 1-1 所示。

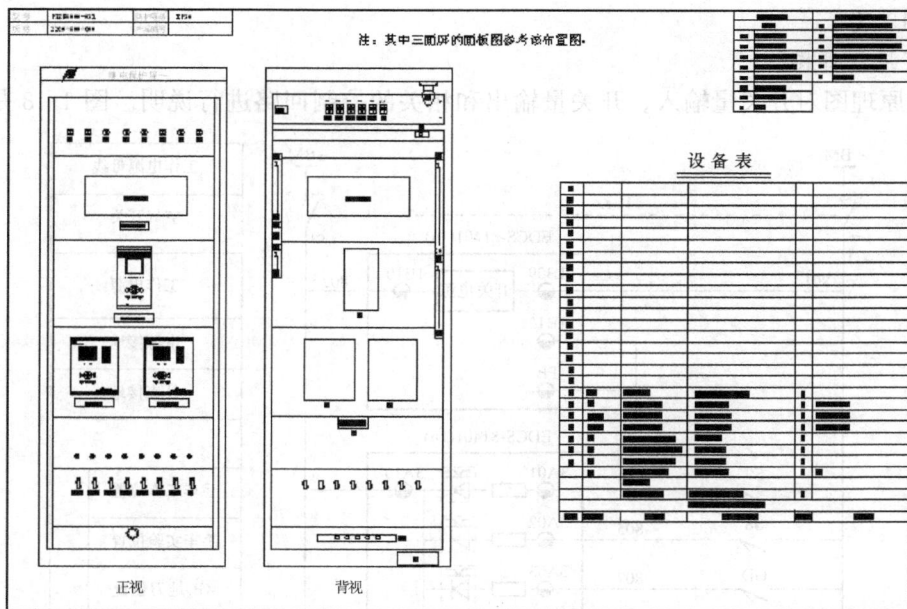

图 1-1 屏面布置示意图

屏面布置图主要是说明整个屏柜上设备安装的位置以及所有元件和设备的型号、编号等，一般来说有三个部分：屏面正视图、屏面背视图和设备表。

2. 电源图

电源图是对屏内设备的供电电源的接线情况进行说明。一般来说，二次系统的供电电源一般为直流 220V。

3. 交流原理图

交流原理图主要用于说明和保护装置相关模拟量通道情况，如图 1-2 所示。

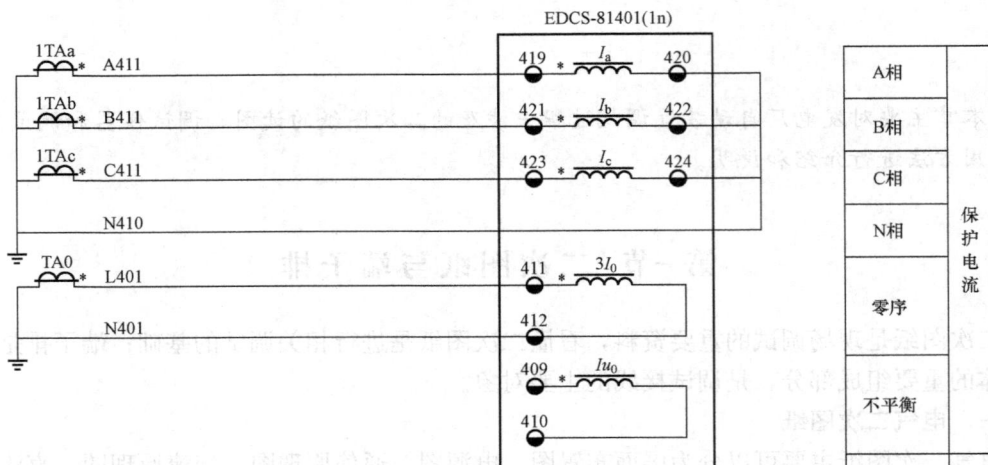

图 1-2　交流原理图（部分）

通过交流原理图，可以获知互感器到继保装置的接线情况。如图 1-2 所示，可以看到保护电流 A 相从互感器 1TAa 上引出，回路编号为 A411，接入装置 EDCS-81401（编号为 1n）的 419 端子。

4. 直流原理图

直流原理图对开关量输入、开关量输出和相关的控制回路进行说明。图 1-3 是开关量

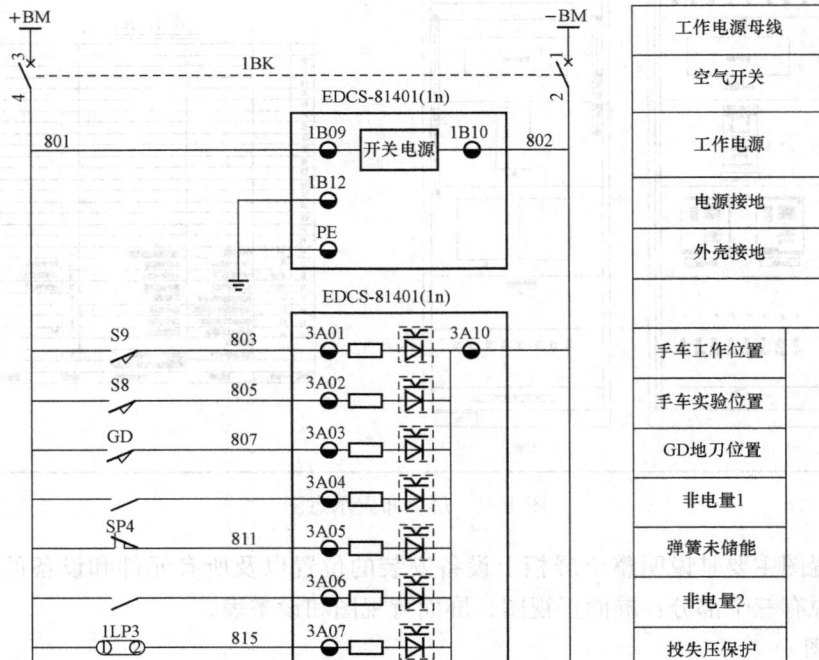

图 1-3　直流原理图（开关量输入）

输入图，对装置的开关量输入端子进行了说明。

图 1-4 是某屏的直流原理图，图中的 D02～D06 均为装置内部的开关量输出出口，其定义在图旁给出了说明。

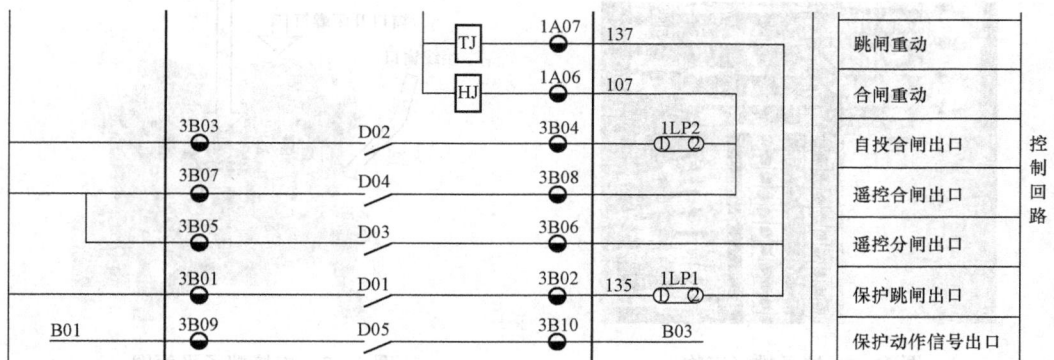

图 1-4 直流原理图（开关量输出及控制回路）

5. 端子排图

屏柜后的端子排是屏内装置同屏外设备进行交互连接的设备，端子排图对所有的二次接线都进行了说明。

图 1-5 是某屏的端子排图（部分）图中 1X 为整个端子排的编号，如第一格端子排表示装置 1n 的 413 端子连接在 1X：1 端子上，回路标号为 A421。端子排图第 3、4、5 格有纵向连接标志，代表第 3、4、5 格连接在一起。

电容器保护端子排

EDCS-81401(1n)	1X(右)		回路标号	设备标号
1n413	1		A421	
1n417	2		C421	
1n414	3	测量电流	N421	
	4		B421	
1n418	5			
1n419	6		A411	
1n421	7		B411	
1n423	8	保护电流	C411	
1n420	9		N411	
1n422	10			
1n424	11			

图 1-5 端子排图（部分）

二、端子排（实物）

在发电厂自动装置的调试工作中，必然会涉及对端子排进行接线，本部分对端子排进行说明。

图 1-6 是某屏后端子排，上部是试验接线端子，下部为普通连接端子。图 1-7 为连接

端子平面图，其中窗口开闭螺钉可控制接线窗口的开闭，横向连接片可以通断端子排两侧，纵向连接点用于纵向连接，如图 1-5 中的第 3、4、5 格就需要进行纵向连接。

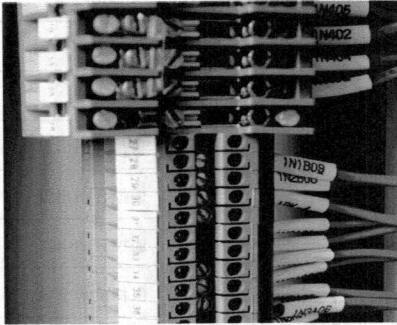

图 1-6　端子排（实物）

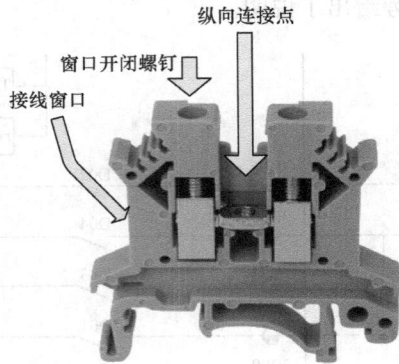

图 1-7　连接端子平面图

第二节　继电保护测试仪

继电保护测试仪是对各种保护和自动装置进行校验和检查的专用仪器，是专业从事继电保护和自动装置调试的工作人员应该熟练操作的装置之一。

一、关于继电保护测试仪

1. 工作原理

继电保护测试仪的主要工作原理是可以产生动态可调的电压、电流来模拟电力系统二次的运行情况，将之输出至继电保护装置，观察测试继电保护装置的动作情况，并可以接收动作或返回的信号，准确记录动作或返回的临界值。

2. 测试仪分类

继电保护测试仪按输出电流路数的多少，分为单相电流、三相电流和六路电流输出几种。电流输出路数越多，可以进行的测试项目就越复杂、越丰富。

继电保护测试仪按控制方式的不同可以分为 PC 机控制和脱机控制两种。PC 机控制通过相关的测试仪软件进行，更加直观，测试项目丰富；而脱机控制则摆脱了 PC 机的束缚，更加方便。

继电保护测试仪按测试方式的不同还可以划分为手动测试和自动测试两类，手动测试由测试人员自己进行调节，改变输出量，一般来说一次只能同时改变一个电气量；自动测试则由测试人员确定变化方向，测试仪自动变化输出量，可以同时改变多个电气量。一些复杂的测试项目必须通过自动测试实现。

另外，继电保护测试仪所做的测试项目还要受输出功率的限制，一般来说，输出功率越大，则输出电流就越大，可以进行测试的项目就越多。

3. 变量与步长

要使用继电保护测试仪进行测试，还必须明确两个概念：变量和步长。变量是指在测试过程中，需要进行改变的量，可以是幅值，也可以是相位或者频率等；步长则是指在测试过程中，调节一次，变量变化的幅度，步长越小，调节就越精细，相反，调节就越粗略。变量和步长的设置，在手动测试方式中非常重要。

4. 继电保护测试仪的结构

以博电 S10AE 型继电保护测试仪为例对继电保护测试仪的结构进行说明。博电 S10AE 型继电保护测试仪是由重庆博电仪器有限公司研制生产，采用三路电流输出，脱机控制方式，轻便灵活，可以实现一些常规测试项目。

图 1-8 为 S10AE 型继电保护测试仪的结构，其中模拟量输出为三路电流输出、三路电压输出，电压输出范围为 0～75V，精度为 0.01V，电流输出范围为 0～12.5A，精度为 0.01A；开关量输入端子为四组，对应指示灯区域相应的指示灯；开关量输出端子一组；功能选择区为多个按钮，可快捷进入相关功能菜单；告警指示区为一组指示灯，指示测试的运行情况以及部分告警；液晶显示屏可以显示测试仪输出以及测试结果返回等信息；试验控制区为两个旋钮、两个按钮，在选定变量时，转动旋钮可以使光标在显示屏内移动，当选定变量后，转动旋钮则可以改变变量的值，控制按钮则控制试验的开始和停止。

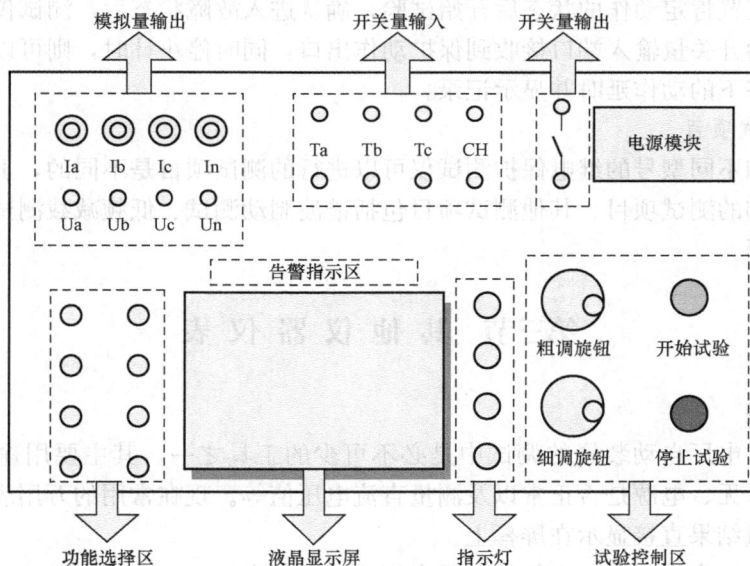

图 1-8　S10AE 型继电保护测试仪结构说明

5. 继电保护测试仪的使用

继电保护测试仪属于精密测试仪器，而非测试电源，在使用过程中应注意以下事项：

(1) 模拟量输出接线应注意，电流端子尽量避免开路，而电压端子则不允许短路。

(2) 开关量测试端子应按组成对使用。

(3) 当测试仪处于模拟量输出状态时，不允许操作任何测试接线。

(4) 当测试结束或需要暂停时，应该按下停止试验按钮或暂停按钮，避免测试仪长期处于输出状态从而引起过热。

(5) 根据测试项目合理选择变量和步长。

二、测试项目

1. 测试动作电流或动作电压

将电流或电压作为模拟量输出至继电保护装置，将继电保护装置的相关动作出口作为开关量输入至继电保护测试仪，变量选择为相应的电流或电压幅值，初始值可设定在预期动作值附近，然后开始试验，改变变量往可能动作方向变化，使保护装置动作，返回动作信号，保护测试仪可自动记录动作临界值。

2. 测试相位动作区

同测试动作电流或电压的测试方法类似，但变量应选择为电流或者电压的相角，开始试验后，改变相角，使保护装置动作，记录相角临界值。

3. 测试动作时间

测试出保护装置的动作临界值后，可以进行动作时间测试，功能菜单选择为动作时间测试，将电流或电压作为模拟量输出至继电保护装置，将继电保护装置的相关动作出口作为开关量输入至继电保护测试仪。故障前状态选择输出保护装置不动作的状态，故障一（二）状态选择为保护装置肯定动作的状态后开始试验，确认进入故障状态后，测试仪开始计时，直到测试仪相应的开关量输入端口接收到保护动作出口，同时停止计时，则可以计算出保护装置在此故障状态下的动作延时并显示记录。

4. 其他测试项目

不同厂家和不同型号的继电保护测试仪可以进行的测试项目是不同的，上述三种是手动测试时比较基础的测试项目。其他测试项目包括谐波制动测试、低频减载测试、阻抗输出测试、整组测试等。

第三节 其他仪器仪表

一、万用表

万用表在发电厂自动装置的调试中是必不可少的工具之一，其主要用途有测试回路通断、出口信号有无、电源是否正常以及测量直流电压值等。现在常用的万用表一般都为数字显示型，将测量结果直接显示在屏幕上。

万用表为电工常用工具，在使用过程中应注意以下事项：

（1）应注意表笔插孔的位置是否与测试项目一致。

（2）欧姆挡不能直接测量带电部分。

（3）使用完毕，应将万用表切断电源。

1. 电压的测量

（1）直流电压的测量。如图 1 - 9 所示，首先将黑表笔插进"COM"孔，红表笔插进"VΩ"孔。把旋钮旋到比估计值大的量程（注意：表盘上的数值均为最大量程，"V—"表示直流电压挡，"V～"表示交流电压挡，"A"是电流挡），接着把表笔接电源或电池两端；保持接触稳定。数值可以直接从显示屏上读取，若显示为"1."，则表明量程太小，那么就要加大量程后再测量工业电器。如果在数值

图 1 - 9　万用表测量直流电压

左边出现"－"，则表明表笔极性与实际电源极性相反，此时红表笔接的是负极。

（2）交流电压的测量。表笔插孔与直流电压的测量一样，不过应该将旋钮打到交流挡"V～"处所需的量程。交流电压无正负之分，测量方法跟前面相同。无论测交流还是直流电压，都要注意人身安全，不要随便用手触摸表笔的金属部分。

2. 电流的测量

（1）直流电流的测量。先将黑表笔插入"COM"孔。若测量大于 200mA 的电流，则要将红表笔插入"10A"插孔并将旋钮打到直流"10A"挡；若测量小于 200mA 的电流，则将红表笔插入"200mA"插孔，将旋钮打到直流 200mA 以内的合适量程。调整好后，就可以测量了。将万用表串进电路中，保持稳定，即可读数。若显示为"1."，那么就要加大量程；如果在数值左边出现"－"，则表明电流从黑表笔流进万用表。

（2）交流电流的测量。测量方法与 1 相同，挡位应该打到交流挡位，电流测量完毕后应将红笔插回"VΩ"孔。

3. 电阻的测量

将表笔插进"COM"和"VΩ"孔中，把旋钮旋到"Ω"中所需的量程，用表笔接在电阻两端金属部位，测量中可以用手接触电阻，但不要把手同时接触电阻两端，会影响测量精确度。读数时，要保持表笔和电阻有良好的接触。注意单位：在"200"挡时单位是"Ω"，在"2k"到"200k"挡时单位为"kΩ"，"2M"以上的单位是"MΩ"。

二、交流三相相序表

交流三相相序表是判别三相相序的仪表，能判别正相、反相、缺相等，并能查找线路断点位置，判别电路是否带电等。交流三相相序表又称相序表、三相相序指示仪、非接触检相器。

1. 相序表的使用方法

（1）交流三相相序测试。如图 1 - 10 所示，用相序表的三个钳夹任意夹住预检测的三相线，检测时 4 个相序指示灯按顺时针方向顺次亮灯，同时仪器发出间歇的短鸣音，则所钳相线为正相序；若 4 个相序指示灯按逆时针方向顺次亮灯，同时仪器发出连续的长鸣音，则所钳相线为逆相序。

（2）缺相判断、断线位置查找。用任一钳夹分别钳三相线，若缺相，R - S 或 S - T 灯不会亮。用任一钳夹沿所检修的线路钳测该导线，若钳测点 R - S 或 S - T 灯不亮，则该点前为线路断线处。缩短钳测点的位置，能精确查找出线路的断线位置（断点定位），对线路检修非常方便安全。

图 1 - 10 交流三相相序表

2. 相序表使用注意事项

（1）用于 100V、380V 电压（500V 以下）低压检测时，接地插座可接地，也可不接地，做检测操作时必须按规程要求，至少两个人操作。

（2）用于 3kV 或以上电压检测时，在操作前先用万用表检查仪表线是导通的，操作杆电阻是良好的，电阻为 10～50MΩ，仪表与绝缘管一定要接触良好（接牢），仪表接地要接触良好（接牢）；检验相序时，三人操作，一人监护；在操作时，人体不得接触仪表及仪表线、高压连线及接地线，并保持安全距离。仪表线不得与外壳（地）接触，并应保持安全距离。在操作时应严格执行 DL 408—1991《电业安全工作规程（发电厂变电所电气部分）》相关规定。

（3）检测操作应严格按 DL 408—1991《电业安全工作规程（发电厂变电所电气部分）》规定使用、保管、试验。

三、数字示波器

示波器是一种用途十分广泛的电子测量仪器。它能把肉眼看不见的电信号变换成看得见的图像，便于研究各种电现象的变化过程。利用示波器能观察各种不同信号幅度随时间变化的波形曲线，还可以用它测试各种不同的电量，如电压、电流、频率、相位差等。示波器分为模拟示波器和数字示波器。数字示波器是利用数据采集、A/D 转换、软件编程等一系列的技术制造出来的高性能示波器，其外形如图 1 - 11 所示。其内部带有微处理器，外部装有数字显示器，有的产品

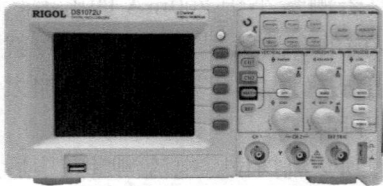

图 1 - 11　数字示波器外形

在示波管荧光屏上既可显示波形，又可显示字符。被测信号经 A/D 变换器送入数据存储器，通过键盘操作，可对捕获的波形参数的数据，进行加、减、乘、除、求平均值、求平方根值、求均方根值等的运算，并显示出答案数字。

在发电厂自动装置的调试中，示波器可用于观察发电机励磁系统的晶闸管整流波形，观察六个脉冲信号是否存在，检查触发脉冲的形成，预放，及脉冲变压器一、二次侧的信号是否正常，并可与同步电压进行相位的比较，观察脉冲的移相角度、宽度及幅值是否正常。还可用于起励建压试验和小电流试验等对电压、电流、频率、波形进行测量分析。

第二章 微机型自动并列装置的原理

本章主要介绍自动并列装置在电力系统中的重要作用和基本类型；与同期并列相关的基本概念；准同期并列操作的并列条件分析；微机型自动并列装置的功能和组成，各模块的基本工作原理。

第一节 自动并列装置概述

一、并列操作的作用

并列运行的同步发电机，其转子以相同的电角速度旋转，每个发电机转子的相对电角速度都在允许的极限值以内，称为同步运行。一般来说，发电机在没有并入电力系统前，与系统中的其他发电机是不同步的。

电力系统中的负荷是随机变化的，为保证电能质量，并满足安全、经济运行的要求，需经常将发电机投入和退出运行。把一台待投入系统的空载发电机经过必要的调节，在满足并列运行的条件下经断路器操作与系统并列，这样的操作过程称为并列操作。在某些情况下，还要求将已解列为两部分运行的系统进行并列，同样也必须满足并列运行条件才能进行断路器操作。这种操作也是并列操作，其并列操作的基本原理与发电机并列相同，但调节比较复杂，且实现的具体方式有一定的差别。

如图 2-1 表示发电机 G 通过断路器 QF 与系统进行并列操作。

同步发电机的并列操作是较为频繁且重要的操作，不但正常运行时需要它，在系统发生某些事故时，也常常要求将备用发电机组迅速投入电力系统运行，从而恢复整个系统的安全供电。在发电机并列瞬间，往往伴随有冲击电流和冲击功率，这些冲击将使系统电压瞬间下降。如果并列操作不当，冲击电流过大，还可能引起机组大轴发生机械损伤，或者引起机组绕组电气损伤。特别是随着电力系统容量的不断增大，同步

图 2-1 发电机与系统并列

发电机的单机容量也越来越大，大型机组不恰当的并列操作将导致更加严重的后果。因此，对同步发电机的并列操作进行研究，提高并列操作的准确性和可靠性，对于系统的可靠运行具有很大的现实意义。

为了避免因并列操作不当而影响电力系统的安全运行，同步发电机组并列时应遵循如下的原则：

（1）发电机组并列瞬间，冲击电流应尽可能小，其瞬时最大值不应超过允许值，一般不超过 1~2 倍的额定电流。

（2）发电机组并入电力系统后，应能迅速进入同步运行状态，其暂态过程要短，以减小对电力系统的扰动。

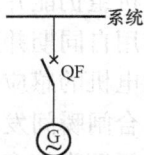

二、同步发电机并列操作的方法

在电力系统中,并列操作的方法主要有准同期并列和自同期并列两种。

(1) 准同期并列。先给待并发电机加励磁,使发电机建立起电压,调整发电机的电压和频率,当与系统电压和频率接近相等时,选择合适的时机,使发电机电压与系统电压之间的相角差接近 0°时合上并列断路器,将发电机并入电力系统。

按自动化程度不同,准同期并列可分为下列三种操作方式。

1) 手动准同期。发电机的频率调整、电压调整以及合闸操作都是由运行人员手动进行,只是在控制回路中装设了非同期合闸闭锁装置,即同期检定继电器,允许相角差 δ 不超过整定值的合闸操作,用以防止由于运行人员误发合闸脉冲所造成的非同期合闸。

2) 半自动准同期。发电机电压及频率的调整由手动进行,并列装置能自动地检查同期条件,并选择适当的时机发出合闸脉冲。

3) 自动准同期。并列装置能自动地调整频率,至于电压的调整,有些装置能自动地进行,也有一些装置没有设专门的电压自动调节回路,需要靠发电机的自动调节励磁装置或由运行人员手动进行调整。当同期条件满足后,装置能选择合适的时机自动地发出合闸脉冲。

有关规程规定,当采用准同期方式时,一般应装设自动准同期装置和手动准同期装置,并均应带有非同期合闸闭锁装置。对 6MW 及以下发电机,可只设带有非同期合闸闭锁的手动准同期装置。目前,准同期并列方式已成为电力系统中主要的并列方式。

准同期并列的优点是:并列时产生的冲击电流较小,不会使系统电压降低,并列后容易拉入同步,因而在系统中广泛使用。

(2) 自同期并列。自同期并列操作是将未加励磁电流的发电机的转速升到接近额定转速,再投入断路器,然后立即合上励磁开关供给发电机励磁电流,随即将发电机拉入同步。

自同期并列方式的主要优点是操作简单、速度快,在系统发生故障、频率波动较大时,发电机组仍能并列操作并迅速投入电力系统运行,可避免故障扩大,有利于处理系统事故。但应用自同期并列方式将发电机投入系统时,因为发电机未加励磁,没有建立起定子电压,即发电机的感应电动势 E 等于 0,在投入瞬间,相当于系统经过很小的发电机次暂态电抗短路,合闸瞬间发电机定子吸收大量无功功率,所以合闸时的冲击电流较大,导致合闸瞬间系统电压下降较多。

由于同期并列操作是经常进行的,为了避免由于多次使用自同期产生的累积效应而造成发电机绝缘缺陷,应对自同期使用做一定的限制。因此,GB/T 14285—2006《继电保护和安全自动装置技术规程》规定:"在正常运行情况下,同步发电机的并列应采用准同期方式;在故障情况下,水轮发电机可以采用自同期方式。"

但是,发电机母线电压瞬时下降对其他用电设备的正常工作将产生影响,且自同期并列方式不能用于两个系统之间的并列操作,所以自同期并列方法现已很少采用。本章只对准同期并列方法作介绍,不再讨论自同期并列方法。

三、发电厂的同步点

在发电厂内,凡可以进行并列操作的断路器,都称之为电厂的同步点。通常发电机的出口断路器都是同步点,发电机—变压器组用高压侧断路器作为同步点,双绕组变压器用低压侧断路器作为同步点,母联断路器、旁路断路器都应设为同步点。图 2-2 所示的发电厂主接线图中,凡带"*"的断路器均为同步点。

同步点的设置要考虑系统、发电厂、变电站在各种运行方式下操作的灵活方便，也应具体考虑并列操作过程中调节的可行性。

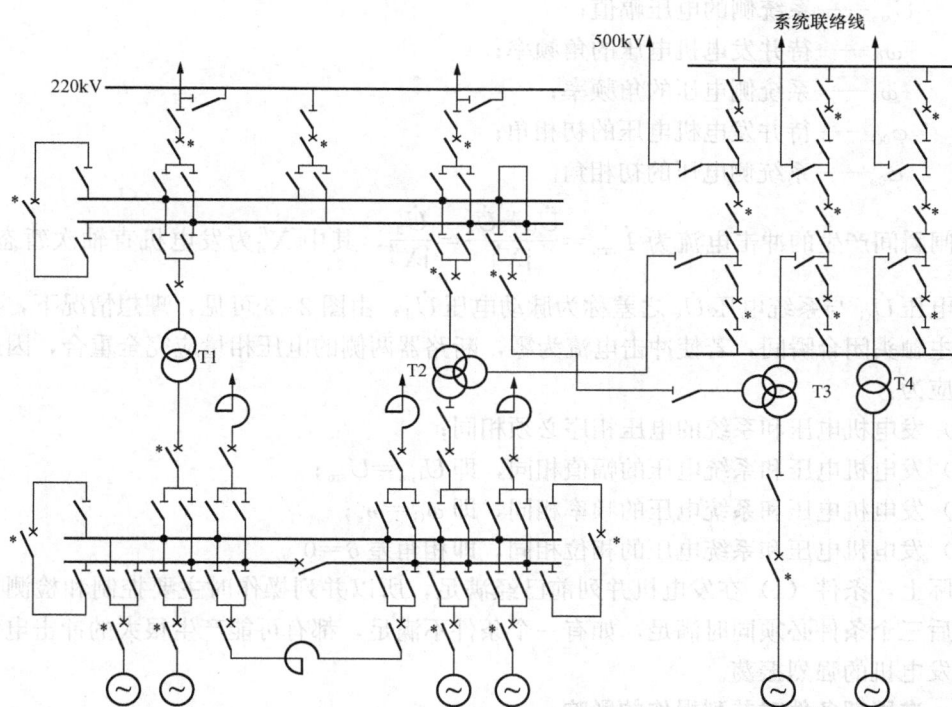

图 2-2　发电厂主接线图（＊表示同步点）

第二节　准同期并列条件

一、准同期并列条件

准同期并列示意图如图 2-3 所示。

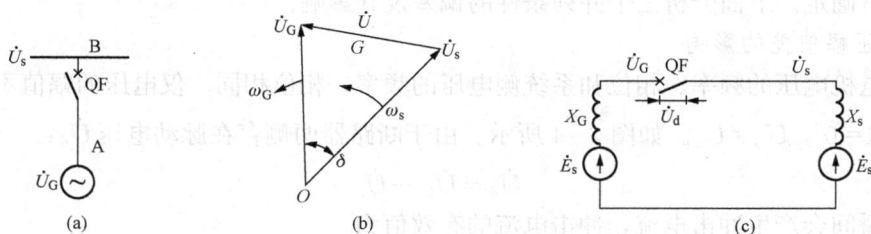

图 2-3　准同期并列示意图

（a）电路示意图；（b）相量图；（c）等值电路图

并列前断路器两侧电压的瞬时值为

发电机侧电压 $$u_G = U_{Gm}\sin(\omega_G t + \varphi_{0G}) \tag{2-1}$$

系统侧电压 $$u_s = U_{sm}\sin(\omega_s t + \varphi_{0s}) \tag{2-2}$$

式中　　u_G——待并发电机的电压瞬时值；

u_s——系统侧的电压瞬时值；

U_{Gm}——待并发电机的电压幅值；

U_{sm}——系统侧的电压幅值；

ω_G——待并发电机电压的角频率；

ω_s——系统侧电压的角频率；

φ_{0G}——待并发电机电压的初相角；

φ_{0s}——系统侧电压的初相角。

合闸瞬间产生的冲击电流为 $\dot{I}_{imp} = \dfrac{\dot{U}_G - \dot{U}_s}{jX''_d} = \dfrac{\dot{U}_d}{jX''_d}$，其中 X''_d 为发电机直轴次暂态电抗，

发电机电压 $\dot{U}_G$ 与系统电压 $\dot{U}_s$ 之差称为脉动电压 $\dot{U}_d$，由图 2-3 可见，理想情况下，在并列断路器主触头闭合瞬间，若使冲击电流为零，断路器两侧的电压相量应完全重合，因此，并列条件应为：

（1）发电机电压和系统的电压相序必须相同；

（2）发电机电压和系统电压的幅值相同，即 $U_{Gm} = U_{sm}$；

（3）发电机电压和系统电压的频率相同，即 $\omega_G = \omega_s$；

（4）发电机电压和系统电压的相位相同，即相角差 $\delta = 0°$。

实际上，条件（1）在发电机并列前已经满足，所以并列操作时主要控制和检测后三个条件。后三个条件必须同时满足，如有一个条件不满足，都有可能产生很大的冲击电流，甚至引起发电机的强烈振荡。

二、准同期条件对并列操作的影响

同步发电机在并入系统的过程中，如果待并发电机实现理想的并列操作，这时并列合闸的冲击电流等于零，并且并列后发电机 G 与系统立即进入同步运行，不发生任何扰动现象。但是，实际进行并列操作时，发电机组的调节系统并不能完全按理想并列条件调节，总存在一定的差值，但差值应在允许的范围内。并列合闸时只要冲击电流较小，不危及电气设备，合闸后发电机组能迅速拉入同期运行，对待并发电机和系统运行的影响较小，就不致引起任何不良后果。因此，并列操作中并列的实际条件允许偏离理想条件，其偏离的允许范围则需要经过分析确定。下面分析三个并列条件的偏差及其影响。

1. 电压幅值差的影响

若发电机电压的频率、相位和系统侧电压的频率、相位相同，仅电压的幅值不相同，即 $\omega_G = \omega_s$，$\delta = 0°$，$U_G \neq U_s$。如图 2-4 所示。由于断路器两侧存在脉动电压 $\dot{U}_d$：

$$\dot{U}_d = \dot{U}_G - \dot{U}_s$$

合闸瞬间会产生冲击电流，冲击电流的有效值为

$$I_{imp} = \frac{|U_G - U_s|}{X''_d} \tag{2-3}$$

冲击电流的相量图如图 2-4 所示。

当 $U_G > U_s$ 时，$\dot{I}_{imp}$ 滞后 $\dot{U}_G 90°$，$\dot{I}_{imp}$ 为感性电流，对发电机起去磁作用，发电机并列后立即发出感性无功功率；当 $U_G < U_s$ 时，$\dot{I}_{imp}$ 超前 $\dot{U}_G 90°$，$\dot{I}_{imp}$ 为容性电流，对发电机起助磁作用，发电机并列后立即发出容性无功功率（即吸收感性无功功率）。

可见，冲击电流在数值上与压差$|U_G < U_s|$成正比。为防止冲击电流过大时危及定子绕组，应限制压差大小。一般情况下压差限制在额定电压的10%以下，可取5%左右。

2. 相角差的影响

发电机电压的频率、电压的幅值和系统侧电压的频率、电压的幅值相同，仅相位不相同，即$\omega_G = \omega_s$，$U_G = U_s$，$\delta \neq 0°$，如图2-5所示。由于此时发电机为空载运行，电动势即为端电压，且与系统侧电压幅值相等，则产生冲击电流的有效值为

$$I_{imp} = \frac{2E''_q}{X''_q + X_s} \sin\frac{\delta}{2} \tag{2-4}$$

式中　X''_q——发电机交轴次暂态电抗；

E''_q——发电机交轴次暂态电动势。

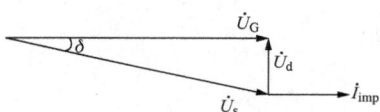

图2-4　$\dot{U}_G$和$\dot{U}_s$幅值不等时的相量图
(a) $U_G > U_s$；(b) $U_G < U_s$

从式（2-4）可见，并列时相角差δ越大（0°～180°范围内），产生的冲击电流也越大，当δ较小时，这种冲击电流主要为有功电流分量，说明合闸后发电机与电网间立刻交换有功功率，发电机突然发生的功率输出，使机组转轴受到突然冲击，这对机组和电网运行都是不利的。

图2-5　$\delta \neq 0°$时的相量图

当$\delta = 180°$时，冲击电流出现最大值，如果在此时误合闸，极大的冲击电流可能毁坏发电机。为了保证机组的安全运行，应将有功冲击电流限制在较小数值。为使发电机并列时不产生过大的冲击电流，应在δ接近于0°时合闸。通常并列操作的允许合闸相角差不超过10°，对于200MW及以上机组，合闸相角差不超过2°～4°。

当并列时，发电机和系统电压之间既存在幅值差、又存在相角差，这时所产生的冲击电流可综合以上两种典型情况进行分析。

3. 频率差的影响

当待并发电机的电压与系统电压之间电压幅值相等，频率不等，即$U_G = U_s$，$\omega_G \neq \omega_s$时，发电机电压与系统电压及电压差的相量图如图2-6（a）所示。系统电压、发电机电压及脉动电压的波形图如图2-6（b）所示。

脉动电压$\dot{U}_d$的瞬时值表达式为

$$u_d = u_G - u_s = U_{Gm}\sin(\omega_G t + \varphi_{0G}) - U_{sm}\sin(\omega_s t + \varphi_{0s}) \tag{2-5}$$

为简化分析，设$\varphi_{0G} = \varphi_{0s} = 0$，$U_{Gm} = U_{sm} = U_m$，则

$$u_d = U_m\sin\omega_G t - U_m\sin\omega_s t = 2U_m\sin\left(\frac{\omega_G - \omega_s}{2}t\right)\cos\left(\frac{\omega_G + \omega_s}{2}t\right) \tag{2-6}$$

若定义$U_d = 2U_m\sin\left(\frac{\omega_G - \omega_s}{2}t\right)$为脉动电压的幅值，则

$$u_d = U_d\cos\left(\frac{\omega_G + \omega_s}{2}t\right) \tag{2-7}$$

即，u_d波形可以看成是幅值为U_d、频率接近于工频的交流电压。断路器两侧电压的频率差

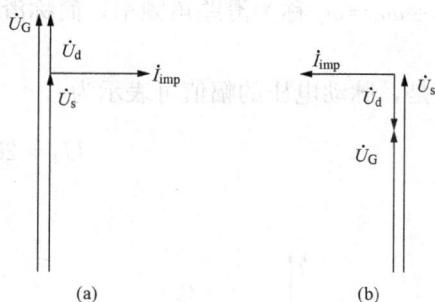

$\omega_d = \omega_G - \omega_s$ 称为滑差角频率，简称滑差。则两电压相量间的相角差为

$$\delta = \omega_d t \tag{2-8}$$

于是，脉动电压的幅值可表示为

$$U_d = 2U_m \sin \frac{\omega_d}{2} t = 2U_m \min \frac{\delta}{2} \tag{2-9}$$

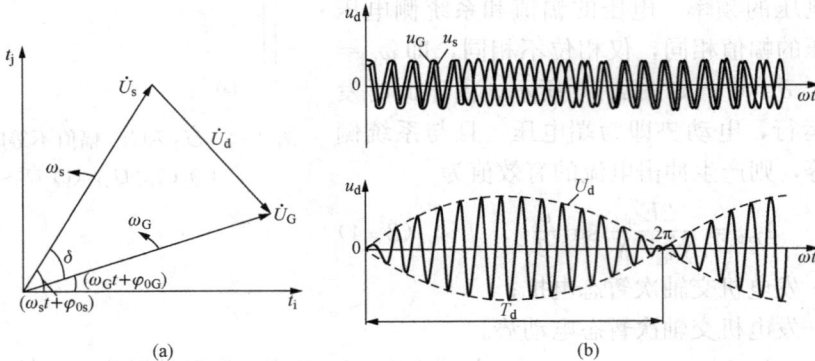

图 2-6　准同期时频率条件分析
(a) 相量图；(b) 脉动电压

　　由图 2-6 可见，当发电机频率与系统频率不等时，发电机和系统电压相量将以各自的角速度旋转，若以系统电压相量 $\dot{U}_s$ 为参考量，则待并发电机电压相量 $\dot{U}_G$ 将以 $\dot{\omega}_d$ 的角速度相对 $\dot{U}_s$ 旋转。当 $\dot{\omega}_G > \omega_0$ 时，$\dot{\omega}_d > 0$，发电机电压相量 $\dot{U}_G$ 将绕 $\dot{U}_s$ 逆时针旋转；当 $\dot{\omega}_G < \dot{\omega}_s$ 时，$\dot{\omega}_d < 0$，发电机电压相量 $\dot{U}_G$ 将绕 $\dot{U}_s$ 顺时针旋转；当发电机频率与系统电压频率相等时，$\dot{\omega}_G = \dot{\omega}_s$，发电机电压相量 $\dot{U}_G$ 与 $\dot{U}_s$ 相对静止。

　　当发电机电压相量 $\dot{U}_G$ 绕 $\dot{U}_s$ 旋转时，相角差 δ 相应地在 $0° \sim 360°$ 范围内周期变化，脉动电压也相应地周期变化。滑差角频率与滑差频率间有下列关系

$$\omega_d = 2\pi f_d \tag{2-10}$$

式中，$f_d = f_G - f_s$。所以脉动电压周期，即滑差周期为

$$T_d = \frac{2\pi}{|\omega_d|} = \frac{1}{|f_d|} \tag{2-11}$$

滑差周期 T_d 的长短反映了待并发电机和系统间的频差大小。T_d 短表示频差大；反之 T_d 长表示频差小。当滑差角频率用标幺值 ω_{d*} 表示时

$$\omega_{d*} = \frac{2\pi f_d}{2\pi f_N} = \frac{\omega_d}{2\pi f_N} \tag{2-12}$$

式中　f_N——工频额定频率。

　　滑差周期 T_d、滑差频率 f_d、滑差角频率 ω_d 都可用来表示待并发电机与系统间频率相差的程度。并列合闸时的相角差 δ 与对断路器发出合闸命令的时刻有关。如果发出合闸命令的时刻不恰当，就有可能在相角差较大时合闸，从而引起较大的冲击电流。此外，如果在频率差较大时并列，频率较高的一方在合闸瞬间会将多余的动能传递给频率低的一方，即使合闸时的 δ 不大，当传递能量过大时，待并发电机需要经历一个暂态过程才能拉入同步运行，

严重时甚至导致失步。所以，从并列后迅速进入同步运行的角度出发，应控制并列瞬间的频率差，一般控制在 0.25Hz 以内。

三、分析结论

由以上分析可知，在同期并列时，频率差、电压差和相角差都是直接影响发电机运行、寿命及系统稳定的因素。同期操作或研制自动准同期装置一定要遵循前述条件。只有三个并列条件都满足时，才不会产生冲击电流，不会危及系统的安全稳定。但是在实际操作中，同时满足三个理想并列条件不太可能，只要并列时引起的冲击电流在允许范围内，不会危及系统安全，上述三个条件允许有一定的偏差，但偏差必须严格控制在一定范围内。

准同步并列的实际条件一般规定为：

（1）待并发电机电压幅值与系统电压幅值应接近相等，误差不应超过±（5%～10%）的额定电压。

（2）待并发电机频率与系统频率应接近相等，误差不应超过±（0.2%～0.5%）的额定频率。

（3）并列断路器触头应在发电机电压与系统电压相位差接近 0°时刚好接通。合闸瞬间相位差一般不应超过±10°。

事实上在准同期并网的三个条件中，电压差和频率差不像人们想象的那样是伤害发电机的重要原因，真正伤害发电机的是相角差。在两电源间存在着电压差和频率差的情况下，并网会造成无功功率和有功功率的冲击，也就是说在断路器合上的那一瞬间，电压高的那一侧向电压低的那一侧输送一定数值的无功功率，频率高的那一侧向频率低的那一侧输送一定数值的有功功率。但在发电机空载的情况下，即使存在较大的电压差和较大的频率差，其所对应的无功功率和有功功率也是有限的，不会伤害发电机。因为发电机在正常运行中本来就能承受较大的负荷波动，例如线路的故障跳闸或线路的重合闸都是较大的负荷波动。

但是，在具有相角差的情况下并网的后果就完全不同了。相角差是指发电机的转子直轴（d 轴）和定子三相电流合成的同步旋转磁场磁轴之间的角差。在断路器合闸的一瞬间，系统电压施加在发电机定子上，由其产生并由三相电流合成的以角速度 ω_s 旋转的旋转磁场将产生一个电磁转矩，强迫发电机转子轴系（发电机转子、原动机转子、励磁机转子等的合成体）的磁轴与其取向一致，若同步时角度较大时，对转子轴系绕组及机械体系的伤害是巨大的，会导致例如绕组线棒变形松脱、出现转子一点或多点接地，联轴器螺栓扭曲、主轴出现裂纹等现象。因此，在准同期并列时，严格控制相角差 δ 是并列条件中最重要的一环。

第三节　自动准同期装置的基本组成

一、自动准同期装置的功能

在满足并列条件的情况下，采用准同期并列方法将待并发电机组投入电力系统运行，前面提到只要控制得当就可使冲击电流很小且对电力系统扰动甚微，因此准同期并列是电力系统运行中的主要并列方式。

自动准同期装置（ASA）是专用的自动装置，其构成原理图如图 2-7 所示。它能自动监视电压差、频率差及选择理想的时间发出合闸脉冲，使断路器在零相角差时合闸；同时设有自动调节电压和频率单元，在压差和频差不合格时发出控制脉冲。频差不满足要求时，自动调节原动机的转速，减小或增加频率，即通过控制原动机的调速器（DEH）实现。压差不满足要求时，自动调节发电机的电压使其接近系统的电压，即通过控制发电机励磁调节装置（AER）来实现。

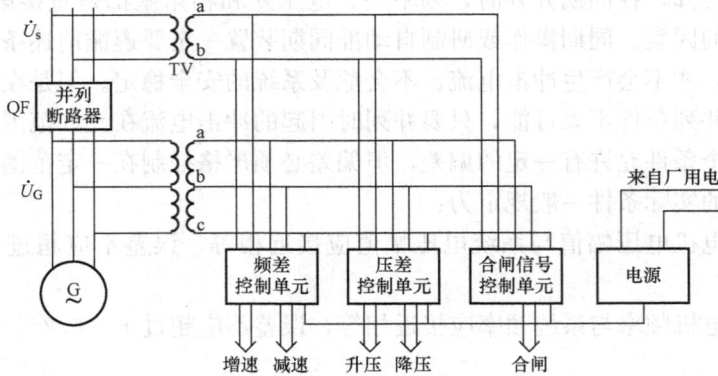

图 2-7　典型自动准同期装置构成原理图

自动准同期装置（ASA）具有均压控制、均频控制和合闸控制的全部功能，将待并发电机和运行系统的 TV 二次电压接入自动装置后，由它实现监视、调节并发出合闸脉冲，完成同期操作的全过程。

二、自动准同期装置的组成

图 2-7 为典型自动准同期装置构成原理图。由图可见，自动准同期装置主要由频差控制单元、压差控制单元、合闸信号控制单元和电源部分组成。

1. 频差控制单元

其任务是自动检测 $\dot{U}_G$ 与 $\dot{U}_s$ 间的滑差角频率 ω_d，且自动调节发电机转速，使发电机的频率接近于系统频率。

2. 压差控制单元

其任务是自动检测 $\dot{U}_G$ 与 $\dot{U}_s$ 间的电压差，且自动调节发电机电压 U_G，使它与 U_s 间的电压差值小于规定允许值，促使并列条件的形成。

3. 合闸信号控制单元

其任务是检查并列条件，当待并机组的频率和电压都满足并列条件时，选择合适的时间发出合闸信号，使并列断路器 QF 的主触头接通时，相角差 δ 接近于 0°或控制在允许范围以内。在准同期并列操作中，合闸信号控制单元是准同期并列装置的核心部件，其控制原则是当频率和电压都满足并列条件时，在 $\dot{U}_G$ 与 $\dot{U}_s$ 要重合之前发出合闸信号。两电压相量重合之前的信号称为提前量信号。

按提前量的不同，准同期并列装置的原理可分为恒定越前相角和恒定越前时间两种。

恒定越前相角并列装置采用并列点两侧电压相量重合之前的一个角度 δ_{dq} 发出合闸脉冲。恒定越前时间并列装置则采用重合点之前的一个时间 t_{dq} 发出合闸脉冲。前者只有在一特定频差时才能实现零相角差并网，而后者却可保证在任何频率差时都能在零相角差实现并网。因此，恒定越前时间并列装置应用得非常广泛。

第四节 微机型自动准同期装置工作原理

一、微机型自动准同期装置的主要特点及要求

主要特点及要求如下：

（1）高可靠性。自动准同期装置的原理和判据正确，采用先进、可靠的微机装置。在软件及硬件上具备很大的冗余度，确保没有误动的可能。

（2）高精度。同期装置应确保在相角差为零度时完成并网操作。捕获零相角差需要有严格的数学模型，考虑到并网过程中影响机组运行的各种因素，例如汽温、汽压、水头（水电站）变化及调速器的扰动等。同时能自动测量合闸回路的合闸时间（即断路器的合闸时间及中间继电器的时间之和）。装置的高精度是发电机及系统安全的保证。

（3）高速度。同期装置的并网速度关系到系统的运行稳定性及电能质量，还关系到电厂的运行经济性。并列操作是基于系统的需求，尽快接入发电机有利于系统的功率平衡。同时尽快完成并网操作将节约可观的空载能耗。

提高同期并网的速度有两个途径：①以优化的控制算法确保同期装置能既快速又平稳地将发电机的电压和频率调整到给定值；②以精确的预测算法确保在电压差和频率差满足定值要求后，能捕捉到第一次出现的零相角差时机，将发电机，平滑地并入电网。

（4）能融入分布式控制系统（DCS）。同期装置应是 DCS 的一个智能终端，通过与上位机的通信完成开机过程的全盘自动化。上位机也需获得同期装置的静态定值、动态参数及并网过程状况的信息。

（5）操作简单、方便，有清晰的人机界面。同期装置的面板应能提供运行人员在并网过程中所需的全部信息，例如重要定值、压差、频差及相差的动态显示等。这些信息也可通过现场总线传送到上位机，制造商应提供装置的通信协议。

（6）二次线设计简单清晰。同期装置接入 TV 二次电压、断路器操动机构合闸绕组、汽轮机调速装置 DEH、励磁调节装置 AER 等回路的接线应正确明晰。

（7）调试方便。装置调试简单，引出线方便，压差、频差、相角、合闸时间的整定在面板上进行，有明显的标识。

（8）有较长时间的运行实践经验。同期装置必须对发电厂和变电站负绝对责任，因此，产品的业绩及历史至关重要。目前，国内研制的微机型自动准同期装置有深圳市智能设备开发有限公司的 SID-2 系列自动准同期装置、国电南瑞系统控制公司的 MAS 自动准同期装置、南京东大集团电力自动化研究所的 MFC2051-1 自动准同期装置、南京国瑞电力有限公司的 WX 准同期装置和许继集团有限公司的 W2Q-3 准同期装置等。

二、微机型自动准同期装置的结构及工作原理

（一）微机型自动准同期装置的结构

系统并网可分为差频并网和同频并网两种模式。差频并网要求在同期点断路器两侧的压差和频差满足整定值的情况下，捕捉到第一次出现零相角差时，完成断路器合闸。同频并网是同期点断路器两侧为同一系统，具有相同的频率，但存在压差和相角差（即功角），检测功角小于整定角度且压差满足要求时，控制断路器合闸；微机型自动准同期装置具有实现差频并网和同频并网的两种功能，它首先判断并网方式然后再处理，故其适用于发电厂和变电

站的全部并列点断路器可能出现的运行情况。

微机型自动准同期装置的形式较多，但其功能及装置原理是相似的，现将其原理主要部分介绍如下。

图 2-8 是微机型自动准同期装置结构示意图，其结构可划分为 8 个部分：

（1）由微处理器、输入/输出接口构成的 CPU 系统。

（2）压差测量部分。

（3）频差、相角差测量部分。

（4）输入电路（开关量输入、键盘）。

（5）输出电路（显示部件、继电器组）。

（6）装置电源。

（7）通信部分。

（8）试验模块。

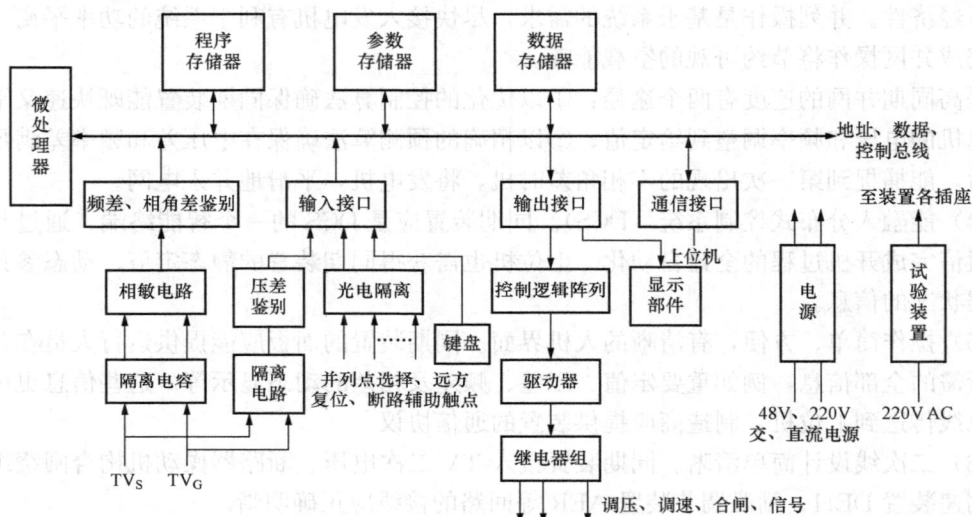

图 2-8 微机型自动准同期装置结构示意图

（二）各部分工作原理

1. CPU 系统

CPU 系统主要由单片机、存储器及相应的输入/输出接口电路构成。同期装置的运行程序放在程序存储器（只读存储器 EPROM）中，同期参数整定值如断路器合闸时间、频差和压差并列的允许值、滑差角加速度计算系数、频率和电压控制调节的脉冲宽度等，为了既能固定存储，又便于设置值和整定值的修改，可存放在参数存储器（电可擦存储器 EEPROM）中。装置运行过程中的采样数据、计算中间结果及最终结果存放在数据存储器（静态随机存储器 RAM）中。输入/输出接口电路为可编程并行接口，用以采集并列点选择信号、远方复位信号、断路器辅助触点信号、键盘信号、压差越限信号等开关量，并控制输出继电器实现调压、调速、合闸、报警等功能。

2. 压差测量部分

在发电机的同期并列过程中，如果压差不满足要求，则自动准同期装置应能自动检测压差方向，发电机电压与系统电压进行幅值比较。当发电机电压高时，应发出降压脉冲；当系统电压高时，应发出升压脉冲。使发电机电压自动跟踪系统电压，从而尽快使压差进入设定范围，以缩短发电机同期并列的时间。

自动准同期装置发调压脉冲时，脉冲宽度应与压差成正比，比例系数可设定，或者直接设定脉冲宽度。调压脉冲周期也可以设定或者固定调压周期。

（1）交流电压幅值测量。交流电压幅值的测量有两种方法：一种是电量变送器法，另一种是交流采样法。

1）电量变送器法。把交流电压信号转换成直流电压，输出的直流量与其交流输入电量成比例，经 A/D 转换接口电路进入主机，其原理图如图 2-9（a）所示。CPU 读得的数值直接反映了 U_G 和 U_s 的有效值。这种方法简单、容易实现，也可保证足够的精度，但是变送器把交流电量转换成直流量时往往需要滤波，还要对滤波电路做相应的设计。

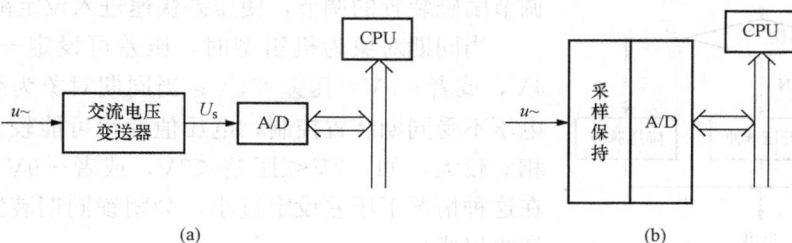

图 2-9　交流电压幅值测量
(a) 电量变送器法；(b) 交流采样法

2）交流采样法：不用变送器把交流电压信号转换成直流量，而是直接对交流电压信号进行采样，其原理图如图 2-9（b）所示。CPU 对这些采样值，用傅里叶算法算出电压信号的实部和虚部，进一步可求得电压的有效值或幅值。这种测量发电机电压的方法不仅硬件少，时间常数也较小，由可编程定时/计数器实现对采样间隔的控制。在计算机运算能力允许的条件下，交流采样是可取的方案。

（2）电压差的大小检测和方向控制。压差鉴别电路用以从外部输入装置的 TV_s 及 TV_G 两电压互感器二次侧提取压差超出整定值的数值及极性信号。微机系统能把交流电压 u 转变为直流电压 U，其输出的直流电压大小与输入的交流电压成正比。利用上述的交流电压幅值测量方法，可获得发电机电压和系统电压的有效值或幅值，CPU 从 A/D 转换接口读取的数字电压量 D_G、D_s 分别表示 U_G、U_s 的有效值。设机组并列时，允许电压偏差设定的阈值为 ΔU_{set}，则

当 $|D_s - D_G| > \Delta U_{set}$ 时，不允许合闸信号输出；

当 $|D_s - D_G| \leqslant \Delta U_{set}$ 时，允许合闸信号输出。

当 $D_s > D_G$ 时，并行口输出升压信号，输出调节信号的宽度与其差值成比例；反之，当 $D_s < D_G$ 时，则发出降压信号。

（3）关于调压脉冲。发电机在同期并列过程中，压差越限时应及时发出调压脉冲，使发电机电压跟踪系统电压，以最快的速度调整压差进入设定范围。其中，当压差越限并且发电机电压高于系统电压时，应发降压脉冲；当压差越限并且发电机电压低于系统电压时，应发升压脉冲。

调压脉冲宽度应与压差成正比，或直接设置脉冲宽度。调压周期可设定在一定范围（如3～8s），或者为一定值。

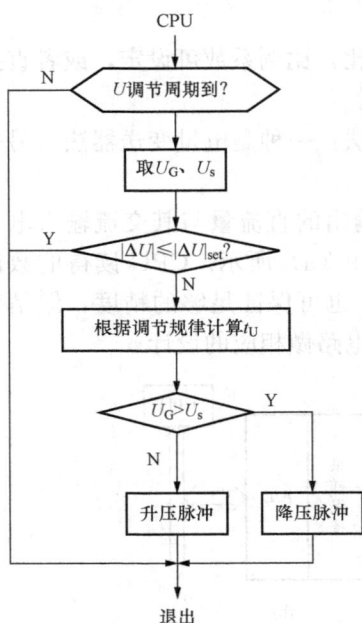

```
                    CPU
                     │
              ┌──────▼──────┐
          N   │ U调节周期到? │
        ◄─────┤             │
        │     └──────┬──────┘
        │            │
        │      ┌─────▼─────┐
        │      │ 取UG、Us  │
        │      └─────┬─────┘
        │            │
        │      ┌─────▼─────┐   Y
        │      │|ΔU|≤|ΔUset|?├────►
        │      └─────┬─────┘
        │            │
        │   ┌────────▼────────┐
        │   │根据调节规律计算tU │
        │   └────────┬────────┘
        │            │
        │      ┌─────▼─────┐   Y
        │      │  UG>Us    ├──────┐
        │      └─────┬─────┘      │
        │          N │            │
        │      ┌─────▼─────┐  ┌───▼───┐
        │      │  升压脉冲  │  │降压脉冲│
        │      └─────┬─────┘  └───┬───┘
        │            │            │
        └────────────┴────────────┘
                     │
                     ▼
                   退出
```

图 2-10　电压调节程序示意框图

自动准同期装置输出的调压脉冲，作用于发电机的自动调节励磁装置（AER），改变励磁电压，达到调节发电机电压的目的。事实上，自动准同期装置输出的调压脉冲，改变的是自动调节励磁装置的目标电压。发电机同期并列过程中的调压系统是一个闭环负反馈自动调节系统，被调量是发电机电压，目标电压是系统电压。

图 2-10 所示为电压调节程序示意框图。调压脉冲经输出电路通过继电器触点输出，作用于发电机的自动调节励磁装置，改变自动调节励磁装置的目标电压，通过自动调节励磁装置的调节，使压差快速进入设定范围。

当同期对象为机组型时，压差可设定 $-4V<$ 压差 $<4V$，或者 $-5V<$ 压差 $<5V$；当同期对象为线路型时，因电压不受同期装置控制，电压值变化可能较大，压差设定相对较大，如 $-7V<$ 压差 $<7V$，或者 $-9V<$ 压差 $<9V$；在这种情况下压差设定过小，会闭锁同期装置，使线路同期难以成功。

在显示屏上可查看定值情况以及定值是否有变化；在同期过程中，显示屏上可显示同期实时信息，如同期电压值、频率值、相角差等实时信息；发出告警时，显示屏上显示告警的具体信息；同期成功或失败，均在显示屏上显示具体内容。此外，显示屏上还显示同期成功时并列断路器的实际合闸时间。

3. 频差、相角差测量部分

（1）频差大小及频差方向测量。在发电机的同期并列过程中，若频差不满足要求，则自动准同期装置应能自动检测频差方向，检测出发电机频率高还是系统频率高。当发电机频率高时，应发出减速脉冲；当系统频率高时，应发出增速脉冲。要求发电机频率自动跟踪系统频率，尽快使频差进入设定范围，以缩短发电机同期并列的时间。

自动准同期装置发调速脉冲时，脉冲宽度应与频差成正比，比例系数可设定，或者直接设定脉冲宽度；调速脉冲的周期也可以设定。这样可适应不同机组的调速器特性。在同期并列过程中，当出现频差过小的情况时，自动准同期装置应自动发出增速脉冲，以缩短同期并列的时间。

1）频率的测量。频差、相角差鉴别电路用以从外界输入装置的两侧 TV 二次电压中提取与相角差有关的量，进而实现对准同期三要素中频差及相角差的检查，以确定是否符合同步条件。此外，压差和频差的测量还作为机组电压进行升压或降压调整，及调速器进行加速或减速控制的依据。

来自并列点断路器两侧 TV_S 及 TV_G 的二次电压经过隔离电路隔离后，通过相敏电路将正弦波转换为相同周期的矩形波，通过对矩形波电压的过零点检测，即可从频差、相角差鉴别电路中获取计算待并发电机侧及运行系统侧频率 f_G、f_s 的信息，进而就不难获得滑差频率 f_d、滑差角频率 ω_d。这些值可以在每一个工频信号周期获取一个，在随机存储器中始终保留一个时段。

数字电路测量频率的基本方法是测量交流信号波形的周期 T，图 2 - 11 为测频原理框图。把交流电压正弦信号转换成方波，经二次分频后，它的半波时间即为交流电压的周期 T。利用正半周高电平作为可编程定时/计数器开始计数的控制信号，到下降沿即停止计数并作为中断请求信号。由 CPU 读取其中的计数值 N，并使计数器复位，以便为下一个周期计数做好准备。

设可编程定时/计数器的计时脉冲频率为 f_c，则交流电压的周期 $T=\dfrac{1}{f_c}N$。

交流电压频率为　　　$f=\dfrac{f_c}{N}$　　　(2 - 13)

2）频差的大小检测。发电机电压和系统电压分别由可编程定时/计数器计数，主机读取计数脉冲值 N_G 和 N_s。由式（2 - 13）求得 f_G 和 f_s。把频差的绝对值与设定的允许频率偏差阈值 Δf_{set} 比较，作出是否允许并列的判断：

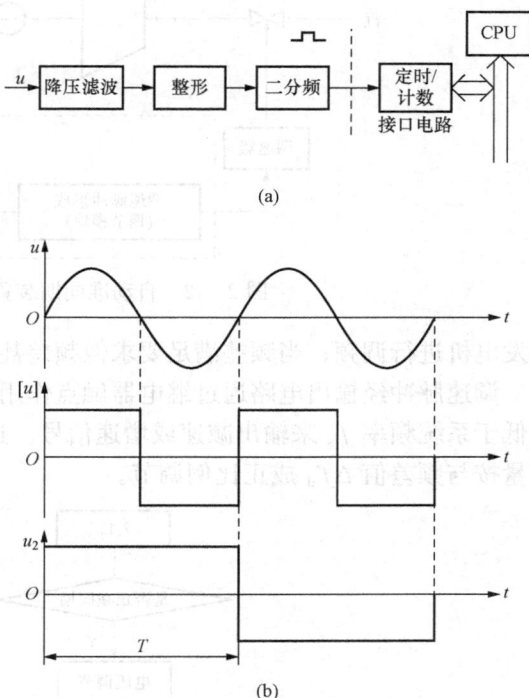

图 2 - 11　测频原理框图及波形分析
(a) 频率测量框图；(b) 频率测量波形分析

当 $|f_G-f_s|\leqslant\Delta f_{set}$ 时，说明频差已经满足要求；

当 $|f_G-f_s|\geqslant\Delta f_{set}$ 时，说明频差不满足要求，从而检查出频差的大小。

3）频差的方向测量。频差方向指的是发电机频率高于还是低于系统频率，从而可确定调速脉冲性质。

若自动准同期装置测量频差由软件实现时，根据式（2 - 13）可方便测量出频差方向。

当 $f_G>f_s$ 时，判发电机频率高于系统频率；

当 $f_G=f_s$ 时，判发电机频率与系统频率相等；

当 $f_G<f_s$ 时，判发电机频率低于系统频率。

4）关于调速脉冲。发电机在同期并列过程中，频差越限就应发出调速脉冲，使发电机频率跟踪系统频率，以最快的速度使频差进入设定范围。当频差越限并且发电机频率低于系统频率时，应发增速脉冲；当频差越限并且发电机频率高于系统频率时，应发减速脉冲。

调速脉冲宽度应与频差成正比，或根据发电机调速系统特性直接设置脉冲宽度。调速周期可设定在一定范围（如 2～5s），或者为一定值。

自动准同期装置在发电机同期并列过程中对发电机进行调频时，不断测量发电机的频率，并与系统频率比较，然后形成调速脉冲，通过调速器改变进汽量（水轮机组为进水量），实现对发电机频率的调整。实际上，整个调频系统是一个闭环负反馈自动调节系统，被调量是发电机频率 f_G，目标频率是系统频率 f_s，如图 2 - 12 所示。

图 2 - 13 所示为频率调节程序示意框图。由图可知，只有在频差不满足要求的情况下才

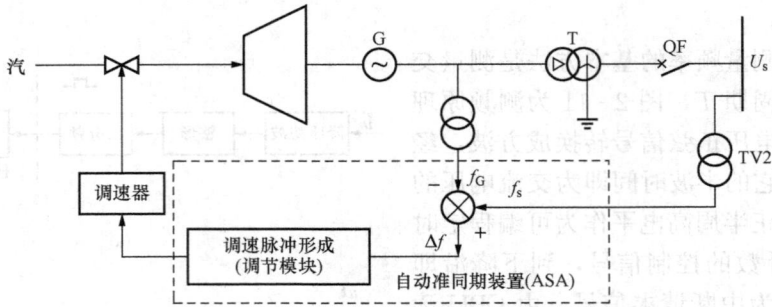

图 2-12　自动准同期装置构成的闭环自动调频系统

对发电机进行调频；当频差满足要求但频差甚小（如 0.05Hz）时发出增速脉冲。

调速脉冲经输出电路通过继电器触点作用于调速回路实现调速。按发电机频率 f_G 高于或低于系统频率 f_s 来输出减速或增速信号。选择相角差 δ 在 $0°\sim180°$ 之间发调速脉冲，调节量按与频差值 Δf_d 成正比例调节。

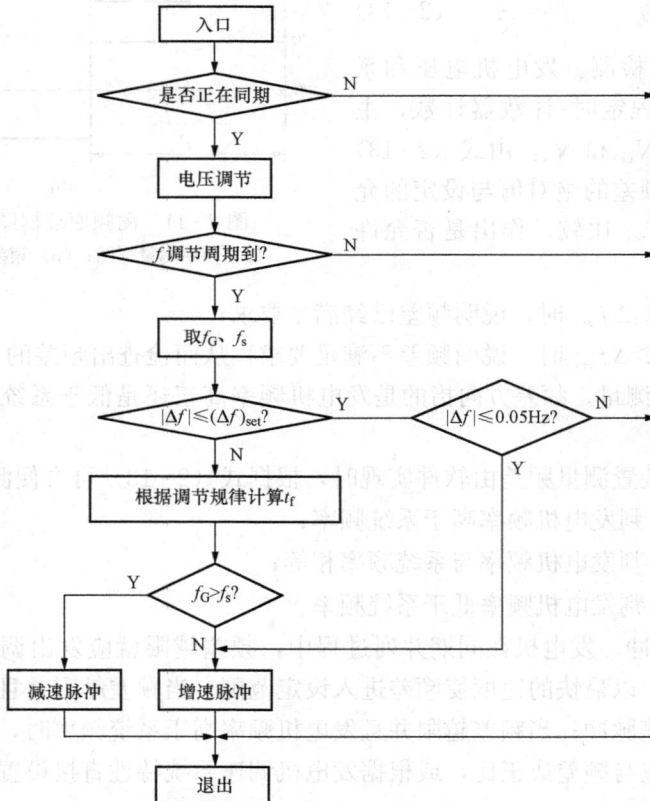

图 2-13　频率调节程序示意框图

（2）相角差测量和合闸命令的发出。发电机在同期并列中，自动准同期装置应在导前同期点（即 $\dot{U}_G$ 与 $\dot{U}_s$ 的同相点）t_{dq} 发出导前时间脉冲 $U_{dq,t}$，t_{dq} 等于并列断路器总合闸时间，这样才能保证同期电压同相时刻并列断路器主触头正好接通。当压差或频差或两者均不满足要求时，导前时间脉冲被闭锁；当压差、频差均满足要求时，导前时间脉冲输出，即自动准同期装置发出合闸脉冲命令。

图 2-14 所示为导前时间脉冲 $U_{dq,t}$ 的波形，为使并列断路器可靠合闸，通常导前时间脉冲在同步点后 t_{dq} 结束。合闸脉冲命令经开关量输出电路，通过继电器触点输出。

1) 同期电压间的相角差测量。导前时间脉冲是通过测量同期电压间的相角差变化实现的，因而需测量同期电压间的相角差。

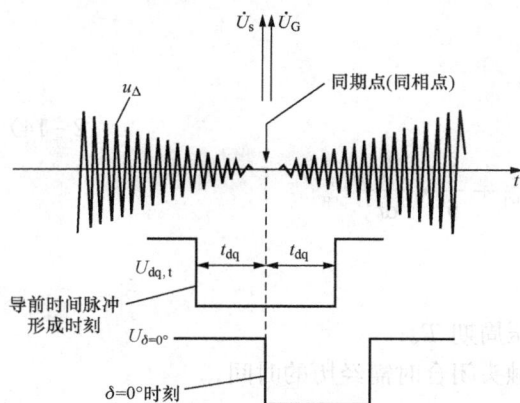

图 2-14　导前时间脉冲 $U_{dq,t}$ 波形

如图 2-15 所示，发电机侧电压 u_G 和系统侧电压 u_s 通过电压变换和整形为矩形波后，进行异或门的相敏电路，将两个矩形波图形合成为一个矩形波图形。

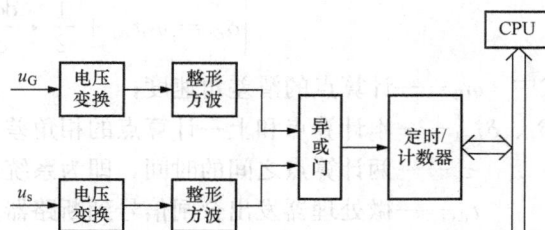

图 2-15　相角差 δ 的测量框图

该矩形波的宽度与相角差 δ 之间有一定的对应关系。u_G 和 u_s 的两个方波加至异或门后，在异或门的输出端也是一系列宽度不等的矩形波，波形如图 2-16 所示，表示了相角差 δ 的变化。借助于定时/计数器和 CPU 可读取矩形波宽度的大小，求得两电压间的相角差 δ 的变化轨迹。为了叙述方便起见，设系统频率为额定值 50Hz，待并发电机的频率低于 50Hz。从电压互感器二次侧来的电压 u_G、u_s 的波形如图 2-16（a）所示，经削波限幅后得到图 2-16（b）所示的方波，两方波异或就得到图 2-16（c）中的一系列宽度不等的矩形波。显然，这一系列矩形波的宽度 τ_i 与相角差 δ_i 相对应。

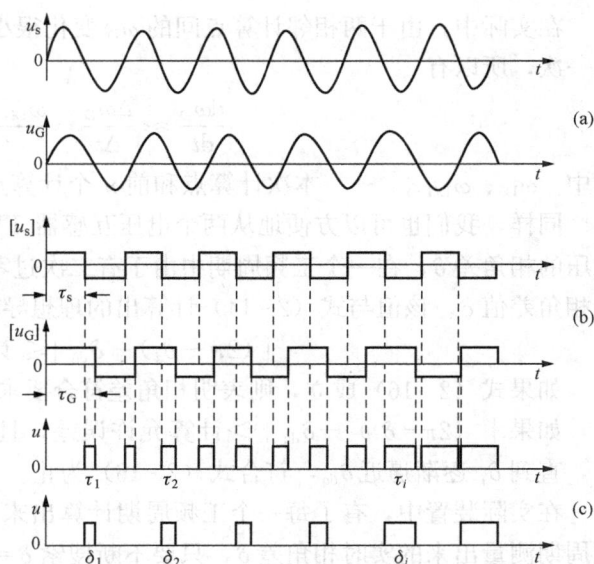

图 2-16　相角差 δ 测量波形分析

（a）原始波形；（b）削波限幅后的方波；（c）矩形波

系统电压方波的宽度 τ_s 为已知，它等于 $\frac{1}{2}T_s$（或 $180°$）因此 δ_i 的计算式为

$$\delta_i = \begin{cases} \dfrac{\tau_i}{\tau_s}\pi & (\tau_i \geqslant \tau_{i-1})(0 < \delta \leqslant \pi)\text{矩形波逐渐变宽} \\ \left(2\pi - \dfrac{\tau_i}{\tau_s}\pi\right) = \left(2 - \dfrac{\tau_i}{\tau_s}\right)\pi & (\tau_i < \tau_{i-1})(\pi < \delta \leqslant 2\pi)\text{矩形波逐渐变窄} \end{cases}$$

上式中 τ_s 和 τ_i 的值，CPU 可从定时/计数器读入求得。如每一工频周期（约 20ms）做

一次计算，主机可记录 δ_i 的轨迹。

已知时段 Δt、始末滑差角速度 ω_D 的差值 $\Delta\omega_D$，可以计算得到 ω_D 的一阶导数 $\dfrac{\Delta\omega_D}{\Delta t}$，即 $\dfrac{d\omega_D}{dt}$。同样已知时段 Δt、始末 $\dfrac{\Delta d\omega_D}{dt}$ 的差值，可以计算得到 ω_D 的二阶导数 $\dfrac{d^2\omega_D}{dt^2}$。这样就为计算理想导前合闸角 δ_{dq} 创造了条件。有

$$\begin{cases} t_{dq}=t_{on,\,QF}+t_C \\[2mm] \omega_D=\dfrac{\Delta\delta_i}{\Delta t}=\dfrac{\delta_i-\delta_{i-1}}{2\tau_s} \\[2mm] \delta_{dq}=\omega_D t_{dq}+\dfrac{1}{2}\cdot\dfrac{d\omega_D}{dt}t_{dq}^2+\dfrac{1}{6}\cdot\dfrac{d^2\omega_D}{dt^2}t_{dq}^3 \end{cases} \tag{2-14}$$

式中　ω_D——计算点的滑差角速度；

δ_i、δ_{i-1}——本计算点和上一计算点的相角差值；

τ_s——两计算点之间的时间，即为系统电压周期 T_s；

t_{dq}——微处理器发出合闸信号到断路器主触头闭合时需经历的时间；

$t_{on,QF}$——断路器主触头闭合需要的时间；

t_C——装置出口继电器的动作时间。

在实际中，由于两相邻计算点间的 ω_D 变化很小，因此 $\Delta\omega_D$ 一般可经若干计算点后才计算一次，所以有

$$\frac{d\omega_D}{dt}\approx\frac{\Delta\omega_D}{\Delta t}=\frac{\omega_{Di}-\omega_{D(i-n)}}{2\tau_s n} \tag{2-15}$$

式中　ω_{Di}、$\omega_{D(i-n)}$——本次计算点和前 n 个计算点求得的 ω_D 值。

同样，我们也可以方便地从两个电压互感器 TV 二次电压间相邻同方向的过零点找到两电压的相角差 δ，在一个工频周期中由于有二次过零点，因此每半个周期就可取得一个实时的相角差值。该值与式（2-14）计算出的理想导前合闸角 δ_{dq} 进行比较，有

$$|(2\pi-\delta_i)-\delta_{dq}|\leqslant 计算允许误差 \tag{2-16}$$

如果式（2-16）成立，则表明相角差符合要求，允许发合闸信号。

如果 $|(2\pi-\delta_i)-\delta_{dq}|>$ 计算允许误差，且 $(2\pi-\delta_i)>\delta_{dq}$，则继续进行下一点计算，直到 δ_i 逐渐逼近 δ_{dq}，符合式（2-16）为止。

在实际装置中，有了每一个工频周期计算出来的理想导前合闸角 δ_{dq}，又有了每半个工频周期测量出来的实时相角差 δ，只要不断搜索 $\delta=\delta_{dq}$ 的时机，一旦出现，同步装置即可发出合闸命令，使待并发电机恰好在 $\delta=0°$ 时并入系统。

2）导前时间脉冲 $U_{dq,t}$（合闸命令）的形成条件。①不论频差方向如何，导前时间脉冲 $U_{dq,t}$ 应在 $180°<\delta<360°$ 区间内形成，即在 $\dot{U}_G$ 与 $\dot{U}_s$ 相量即将重合的半个周期内形成；②在相角差 δ 的限值区间内形成，即 $\delta\leqslant\delta_{set}$（$\delta_{set}$ 角限值在装置内部固定，如取 $\delta_{set}=10°$）；③压差满足要求；④频差满足要求。

形成的导前时间脉冲 $U_{dq,t}$ 就是同期并列时的合闸脉冲命令。

3）断路器合闸时间测量。并列断路器总的合闸时间是自动准同期装置设置的一个重要参数，因此必须正确测量并列断路器总的合闸时间。

并列断路器在停电检修状态下测量总的合闸时间比较容易。若要带电测量并列断路器总的合闸时间，则可采用自动准同期装置发合闸脉冲时开始计时、并列断路器辅助触点闭合时停止计时的方法。这种测量方法要求断路器主触头与辅助触点之间要同步，时差不能太大；此外，辅助触点要通过电缆引入到自动准同期装置。

4. 输入电路

按发电机并列条件，分别从发电机和系统母线电压互感器二次侧的交流电压信号中，提取电压幅值、频率和相角差三种信息，作为并列操作的依据。

同期电压输入电路由电压形成和同期电压变换组成。同期电压经隔离、变换及有关抗干扰回路变换成较低的适合工作的电压；再经整形电路、A/D 变换电路，将同期电压的幅值、相位变换成数字量，供 CPU 系统识别，以便 CPU 系统判断同期条件。自动准同期装置的输入信号除并列点两侧的 TV 二次电压外，还要输入如下信号：

(1) 并列点选择信号。自动准同期装置不论是单机型还是多机型同期装置，其参数存储器中都要预先存放好各台发电机的同期参数整定值，如导前时间、允许频差、均频控制系数、均压控制系数等。在确定即将执行并网的并列点后，首先要通过控制台上每个并列点的同期开关（或由上位机控制的相应继电器）从同期装置的并列点选择输入端送入一个开关量信号，这样同期装置接入后（或复位后）即会调出相应的整定值，进行并网条件检测。装置可供多台发电机并网共用，但每次只能为一台发电机服务。如同时给同期装置的并列点选择输入端送上一个以上的开关量信号时，装置会给出并列点大于或等于 2 的出错信号。

(2) 断路器辅助触点信号。并列点断路器辅助触点是用来实时测量断路器合闸时间（含中间继电器动作时间）的，同期装置的导前时间整定值越是接近断路器的实际合闸时间，并网时的相角差就越小。这也正是为什么要实测断路器合闸时间的理由。在同期装置发出合闸命令的同时，即起动内部的一个毫秒计时器，直到装置回收到断路器辅助触点的变位信号后停止计时，这个计时值即为断路器合闸时间。应该指出，断路器主触头的动作不一定和辅助触点同期，因此，这种测量合闸时间的方法是存在误差的。弥补的办法是，由录波器在并网时通过记录的脉振电压及同期装置合闸继电器触点动作的波形图，得到断路器的精确合闸时间，与由辅助触点测出的合闸时间的差值在软件上进行修正；也可通过同步瞬间并列点两侧电压的突变这一信息精确计算出断路器合闸的时间。

(3) 远方复位信号。"复位"是使微机从头再执行程序的一项操作。同期装置在自检或工作过程中如果出现硬件、软件问题或受干扰都可能导致出错或死机。此时可通过按一下装置面板上的复位按钮或设在控制台上的远方复位按钮使装置复位，复位后装置可能又正常工作了，也可能仍旧显示出错或死机。前者说明装置受短暂的干扰，而本身无故障，后者则说明装置有故障应检查。

"复位"的另一个作用是，在同期装置处在经常带电工作方式时，如果要其再起动，则需进行一次"复位"操作。因同期装置在上次完成并网后，程序进入循环显示断路器合闸的状态，直到接到一次复位命令后才又重新开始新一轮的并网操作。

(4) 面板的按键及拨码开关信号。同期装置面板上装有若干按键和开关，这些开关、按键信号也是开关量形式的输入量，与前述输入开关量不同，它们不是由装置对外的插座输入，而是由装置面板直接输入到并列输入接口电路，分别实现均压功能、同期点选择、参数整定、频率显示以及外接信号源等功能。

（5）定值输入及显示。自动准同期装置每个同期对象的定值输入可通过面板上的按键实现，或者通过面板上的专用串口由手提电脑输入实现。前者可通过按键修改定值，后者按键不能修改定值，只能查看定值，这可防止其他工作人员修改定值。定值一经输入不受装置掉电的影响。显示屏除可以显示每个同期对象的定值参数外，还可显示同期过程中的实时信息、装置告警时的具体内容、每次同期时的同期信息等。

每个同期对象的定值输入有以下内容：

1）同期对象类型。确定是机组型还是线路型。

2）导前时间。导前时间等于同期装置发合闸脉冲命令到并列断路器主触头闭合的时间。

3）频差。如设定为－0.2～0.2Hz。

4）系统侧电压。需设置的内容如下：①系统侧电压上限值，如115V；②系统侧电压下限值，如80V；③系统侧频率上限值，如51Hz；④系统侧频率下限值，如49Hz。

应当指出，由于系统侧电压设置了下限值，在同期过程中一旦出现电压互感器二次回路断线，则同期装置测到的系统侧电压必低于80V，同期装置立即闭锁，发出告警信号并在显示屏上显示"系统侧电压过低"的信息。

5）待并侧电压。需设置的内容如下：①待并侧电压上限值，如110V；②待并侧电压下限值，如80V；③待并侧频率上限值，如50.5Hz；④待并侧频率下限值，如49Hz。

同样，在同期过程中发生待并侧电压互感器二次回路断线，装置动作行为与系统侧电压互感器二次回路断线时相同。

5. 输出电路

微机自动准同期装置的输出电路分为4类：

（1）控制类，实现自动装置对发电机组的均压、均频和合闸控制。

（2）信号类，实现装置异常及电源消失报警。

（3）录波类，对外提供反映同期过程的电量，进行录波。

（4）显示类，供使用人员监视装置工况和对其提供实时参数、整定值及异常情况等提示信息。

控制命令由加速、减速、升压、降压、合闸、同期闭锁等继电器执行。同期闭锁继电器是在进行装置试验时闭锁合闸回路的。所有继电器的触点断开容量为DC 220V、0.5A，如直接驱动被控对象触点容量不够，应加装外部从动继电器；如用于合闸回路，可考虑选用大功率高抗干扰MOS无触点继电器，这种继电器的触点断开容量为DC 250V、2A，在100ms内可过载到5A。

装置异常及失电信号也由继电器发出，同步装置的任何软件和硬件故障都将起动报警继电器动作，触发中央音响信号，具体故障类别同时在同期装置的显示器上显示。为了评价同期装置参数整定值设置的正确性，需要在同期装置并网过程中进行录波，脉动电压及同期装置合闸出口继电器触点能最确切地描述并网过程。因此，这两个电量是同期装置供录波用的输出量。

同期装置面板上有两个显示部件：一个是同期表，主要用来指示并网过程的相角差变化，也反映滑差的极性和大小；一个是显示器，主要用来显示参数整定值、频差及压差越限情况、出错信息、待并发电机及系统频率等。

6. 装置电源

自动准同期装置使用专门设计的交直流两用高频开关电源。电源可由 48～250V 交直流电源供电。装置内部因电路隔离的需要，使用了若干个不共地的直流电源。选择并列点的外部同期开关触点（或继电器触点），用装置中的一个不与其他电源共地的直流电压作驱动光电隔离的电源，以免产生干扰。

7. 通信及 GPS 对时

同期装置在工作过程中，通过装置上的通信口（RS485 或 RS232）将同期实时信息传送到监控计算机上（通过视频转换器，还可传送到 DCS 系统画面上）。显示的实时信息有实时同期表（反映实时相角差）、增速或减速、升压或降压、系统侧电压和频率、待并侧电压和频率、合闸脉冲发出情况等。如装置告警，则显示告警的具体信息。

GPS 对时，可使装置内部时钟与系统时钟同步，在装置显示屏上或传送的同期实时信息中显示具体的时间。

8. 试验模块

同期装置内设调试模块，提供两路变频、变幅的模拟量同期电压，可在任何时候对同期装置进行试验。

当试验开关置"试验"位置时，可对装置进行升压、降压、增速、减速试验；当两路同期电压调节的频率相同时，可以进行移相，对装置环并角进行试验；两路同期电压满足同期条件时，装置会自动发出合闸脉冲。试验时同期过程中的实时信息，与真实同期完全相同，通过通信口可上传，在装置上也同时显示。

试验模块的设置可及时发现同期装置的问题，不影响下次同期并列工作。处试验位置时，同期装置出口自动断开，以免发出不必要的调速、调压、合闸命令。至于试验时装置是否正常，在面板上根据发出的指示灯信息完全可判断出来。

试验完毕，应将试验开关置"运行"状态，实际上调试模块处不工作状态。

三、微机型自动准同期装置软件原理

1. 主程序框图

图 2-17 示出了微机自动准同期装置主程序框图。同期装置未起动时，装置工作于自检、数据采集的循环中，当某一元件发生故障或程序出现了问题，装置立即发出告警并闭锁同期装置工作。同期装置起动后，如果同期对象为机组，则对机组进行调压、调频，当压差、频差满足要求时，发出导前时间脉冲，命令并列断路器合闸，合闸后在显示屏上显示同期成功时的同期信息；如果同期对象为线路，则不发出调压、调速脉冲，在压差、频差满足要求的情况下，进行捕捉（等待）同期合闸，完成同期并列。

在同期过程中，如果出现同期电压参数越限、调压或调速脉冲发出后在一定时间内调压机构或调速机构不响应等情况，则闭锁同期装置并同时发出告警信号；同期装置起动后，若因故要退出同期装置工作，则只要输入复位信号即可。

2. 模拟量采集

数据采集有模拟量采集和开关量采集两种。模拟量采集指的是同期电压 u_G 和 u_s 的大小、频率以及相角差 δ 的采集。

模拟量的正确采集对同期装置的工作十分重要。为提高同期装置的安全性和可靠性，同期电压均要经电压输入回路后才能进行采集，如图 2-18 所示。因两路同期电压输入回路不

可能有完全相同的电压传输系数和相位移动，所以在采集前必须对同期电压的大小及其相角差进行调整。调整的根据是同期电压输入回路的传输误差固定不变。

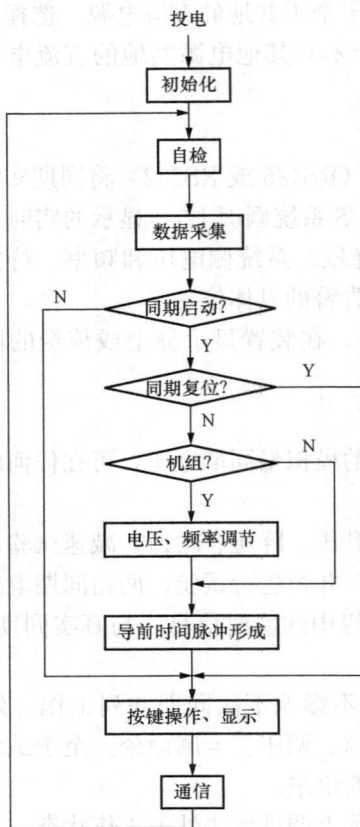

图 2-17　微机自动准同期
装置主程序框图

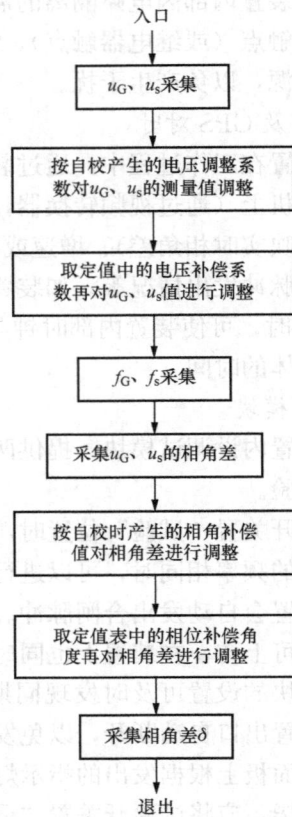

图 2-18　模拟量采集功能
性程序示意框图

　　调整前先测量同期电压输入回路的电压调整系数和相角补偿值，测量是自动的。测量方法是：将两同期电压并接，施加 100V、50Hz 的标准正弦波形电压，在显示屏主菜单中选取"自校"，确认后装置自动将两路同期电压输入回路的电压调整系数、相角补偿值测量出，并将其存储起来，用作调整补偿。

　　图 2-18 示出了模拟量采集功能性程序示意框图。图中，对 u_G 和 u_s 大小进行了二次调整，第一次调整是对同期电压输入回路引起的误差进行调整，第二次调整是由于主变压器变比、电压互感器变比引起的幅值调整。对相角差 δ 同样进行了二次调整，第一次调整是对两个同期电压输入回路相位不相同进行的调整，第二次调整是由于主变压器连接组引起的相位补偿的调整。经过上述的两次调整，使 CPU 系统采集到的同期电压大小、相角差可完全反映并列点两侧电压的大小及相角差，达到了模拟量正确采集的目的。

　　3. 开关量采集

　　开关量采集指的是同期起动、同期对象、无压同期等的采集。

　　图 2-19 示出了开关量采集功能性程序示意框图。装置在无告警且不在同期过程中才可采集开关量。装置一经起动，立即采集同期对象，并判断是否合理，当同期对象重选（选择

两个及以上）或漏选（没有同期对象选择输入）时，报同期对象重选或漏选的错误信息，装置发出告警信号；当仅有一个同期对象选择信号时，对象选择合理，此时提取该对象号的整定参数，供同期时使用。

并列点两侧均无压或任一侧无压时，在有无压同期开入量的情况下，才能进入无压同期状态完成并列合闸；无压同期开入量信息不加入时，装置不会发出合闸命令。当并列点两侧有电压时，只能在没有无压同期开入量的情况下，才能进入准同期并列程序；如果错误地加入无压同期信息，装置立即发出告警退出工作。

由图 2-19 可知，无压同期只有在无压同期开入量信息存在的情况下才能实现，所以正常准同期过程中发生电压互感器二次回路断线失压时，准同期装置不可能发出合闸脉冲命令，此时装置自动闭锁发出告警信号，显示断线侧同期电压过低的信息。因此，不会出现装置具有无压同期功能后电压互感器二次回路断线失压带来的误合闸问题。在图 2-19 中，无压同期是不经同期程序判别后直接发合闸脉冲命令的。

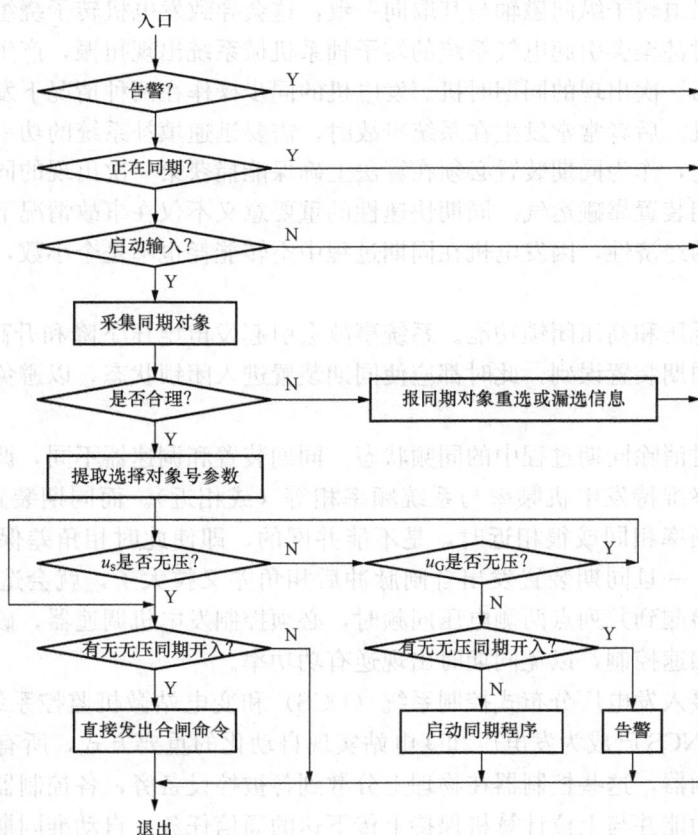

图 2-19　开关量采集功能性程序示意框图

4. 装置的功能

（1）能适应 TV 的不同相别和电压值。并列点断路器两侧的 TV 二次电压是同期装置的输入信号源，同期装置应能任意取用 TV 不同的相别和不同的电压值。也就是说，同期装置可以不依赖外部转角电路的相电压及线电压的转换电路。这将大大简化二次线的设计工作量及同期接线。这一功能也使得人们能正确给定两 TV 二次电压的实际额定值，而可任意选择 TV 二次电压的额定值是 100V 或 $\frac{100}{\sqrt{3}}$V。

（2）应有良好的均频与均压控制品质。这是保证发电机能尽快进入频差及压差的合格区，快速完成并网的必要条件。在发电机同期过程中，同期装置应针对调速器、励磁调节器的特点对频率和电压进行有针对性的控制，这就要求同期装置的均频与均压控制应具备自适应的控制品质，它们应根据频差和压差的绝对偏差及其变化率随时调整控制力度，以期快速且平滑地使偏差值达到整定范围。

（3）应确保在相角差为零度时同步。在准同期的三个条件中，压差及频差的存在虽然会产生同期时的短暂功率交换（即冲击），但不大的差值对发电机而言并不是很可怕的，毕竟发电机在设计其结构时就能够适应在运行中经受负荷突减或突增的冲击。然而对于同期时的相角差却应倍加注意，相角差的存在，意味着在同期瞬间，发电机定子所产生的电磁转矩在极短的时段内要强迫转子纵向磁轴与其取向一致，这会导致发电机转子绕组及轴系的机械损伤。这种冲击有时甚至会引起电气系统的转子轴系机械系统出现扭振，产生破坏。

（4）应捕获第一次出现的同期时机。发电机的同步操作在两种情况下发生，一是正常开机，一是紧急开机。后者常常发生在系统事故时，需要迅速填补系统的功率缺额，以维持系统不致崩溃。因此，作为同期装置必须在算法上确保能捕获第一次出现的同期时机，而不能像那些模拟式同期装置靠碰运气。同期快速性的重要意义不仅在事故情况下显得很重要，同时也能获得良好的经济性，因发电机在同期过程中空转能耗也不是个小数，越快同期，损耗就越少。

（5）应具备低压和高压闭锁功能。系统事故会引起发电电压下降和升高，TV 断线或熔断器熔断会导致同期装置误判，此时都应使同期装置进入闭锁状态，以避免产生后果严重的误同步。

（6）应能及时消除同期过程中的同频状态。同期装置和调速器不同，调速器的作用是跟踪系统频率，始终维持发电机频率与系统频率相等（或相近）。而同期装置在差频并网时，如发电机与系统频率相同或很相近时，是不能并网的，即使此时相角差保持零度也不能同期。原因很简单，一旦同期装置发出合闸脉冲后相角差又拉大了，就会造成大的冲击。因此，同期装置在检测到并列点两侧电压同频时，必须控制发电机调速器，破坏当前的同频状态。一般应进行加速控制，以免同期时出现逆有功功率。

（7）应具备接入发电厂分布式控制系统（DCS）和变电站微机监控系统（SNCS）的通信功能。DCS、SNCS 已成为发电厂和变电站实现自动化的重要方式，所有被控设备都配备有与之相应的控制器，这些控制器在物理上分散到各被控设备旁，各控制器独立完成对生产过程的特定控制功能并与上位计算机保持上传下达的通信任务。自动准同期装置就应是这种控制器的角色，它通过现场总线与上位计算机相连。上位机可根据工艺流程起动或退出同期装置，并在同期过程中获得必要的信息构成生动的画面，使远在集控室的值班员能监视到同期的全过程。

（8）应能自动在线测量并列点断路器合闸回路的动作时间。恒定导前时间是自动准同期装置的重要整定值，关系到同期时的冲击大小。仅靠电厂在断路器检修时所测得的数据是不准确的，因随着断路器运行时间的加长，其数值会发生变化。而且导前时间还应包含合闸回路中其他环节（如中间继电器、接触器等）的动作时间。

因此，同期装置能在线测量合闸回路动作时间就尤为重要。

（9）应赋予更多便于设计和使用的功能。以微处理器为核心的自动准同期装置要实现更多的功能不是一件很难的事，但同期装置不论是同期接线设计还是调试、校验都较复杂。因此，给同期装置增加以下功能是必要的：

1）自动转角功能。同期接线设计的一个重要问题就是同步点选择，选择的原则是并列点断路器两侧 TV 的二次电压应能正确反映一次回路电压的相位关系。如果找不到合适的电压（相序和电压相同），则需要增设转角变压器。微机同期装置完成转角功能并不困难，且很有必要。

2）复合同期表功能。同期装置应提供同期过程中压差、频差及相角差的明确显示，使运行人员能清晰监视同期操作的进程。这种显示便于了解装置的工作状态，甚至在特殊情况下能起到同期表的作用。

3）调试、校验功能。同期装置的调试和校验是电厂维修人员最关心的一项工作，以往需要配备工频信号发生器、频率表、相位表等仪器设备才能调试，而微机同期装置可以内置精确的信号源和提供电量的测试读数，这一功能把装置的智能化程度提到了一个更高的水平。

4）检查外接电路的功能。同期装置在现场的接线正确与否关系到装置是否能投入正常运行，为了方便对外电路的检验，同期装置应具备通过外接端子排（如调速、调压、合闸等）检查外部接线的功能。

5）提供录波的相关电量。同期装置并网质量的鉴别方法一般是从录波器的录波进行分析，因此同期装置应能提供相关电量供录波之用，主要电量是脉动电压和装置合闸出口继电器的空触点。

我国目前生产的自动准同期装置的功能基本上能满足上述要求。

第三章 微机型自动调节励磁装置

本章主要介绍的内容有：同步发电机励磁系统的作用和基本要求；同步发电机的励磁系统的分类及各种励磁方式的特点和应用场合；励磁调节与机端电压以及输出的无功功率之间的关系；同步发电机励磁系统的基本结构、各组成部分的工作原理及工作特性；励磁系统中可控整流电路的作用和调节励磁的原理，控制角和励磁电压的关系；微机型励磁系统的总体构成和工作原理。

第一节 励磁系统概述

一、励磁系统的概念

同步发电机是电力系统的主要设备，它将旋转的机械功率转换成电磁功率。为完成这一转换，必须在发电机内建立一个旋转磁场，即在发电机的转子绕组（又称励磁绕组）中通以直流电流（又称励磁电流），产生相对转子静止的磁场，转子在原动机的拖动下旋转，形成旋转磁场，使发电机定子绕组中感应出一定的电动势。励磁电流的大小决定了发电机的空载电动势 $\dot{E}_0$ 的大小，直接影响发电机的运行性能。

专门为同步发电机提供励磁电流的设备，即与同步发电机转子电压的建立、调整以及必要时使其消失有关的设备，统称为励磁系统。同步发电机的励磁系统由励磁功率单元和励磁调节装置（AER）两个部分组成。励磁功率单元向同步发电机的励磁绕组 GLE 提供直流励磁电流；励磁调节装置（又称励磁调节器）根据机端电压的变化控制励磁功率单元的输出，从而达到调节励磁电流的目的。同步发电机和励磁系统构成了同步发电机的励磁控制系统，如图 3-1 所示。

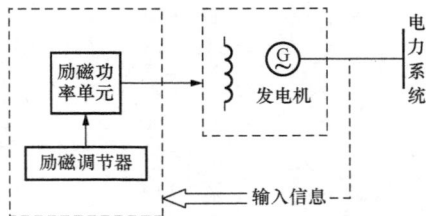

图 3-1 同步发电机励磁控制系统框图

励磁控制系统的主要任务是向发电机的励磁绕组提供一个可调的直流电流（或电压），以满足发电机正常发电和电力系统安全运行的需要。无论是在稳态运行还是在暂态过程中，同步发电机的运行状态都在很大程度上与励磁有关。对发电机的励磁进行调节和控制，不仅可以保证发电机及电力系统的可靠性、安全性和稳定性，而且可以提高发电机及电力系统的技术经济指标。

二、励磁系统的任务

励磁系统的主要任务有以下几个方面。

1. 系统正常运行条件下，维持发电机端或系统某点电压在给定水平

电力系统正常运行时，负荷是经常波动的，同步发电机的功率也随之相应地变化。随着

负荷的变化，要求及时调节励磁电流以维持发电机端电压或系统某点电压在给定水平。这是励磁系统最基本的任务。

　　为了阐明它的基本概念，可用简单的单机运行系统来进行分析。图 3-2（a）所示是同步发电机的运行原理图，图中 GLE 为发电机的励磁绕组，$I_{e,G}$ 为励磁电流。图 3-2（b）所示是同步发电机的等值电路，图中 $\dot{E}_i$ 是由励磁磁场在定子绕组中产生的感应电动势，$I_{e,G}$ 变化，则 $\dot{E}_i$ 变化。$\dot{E}_i$ 与 $\dot{U}_G$ 的关系可用等值电路图 3-2（b）来表示，在正常运行时，$\dot{E}_i$ 与 $\dot{U}_G$ 的关系式为

$$\dot{E}_i = \dot{U}_G + j\dot{I}_G X_d \tag{3-1}$$

式中　$\dot{U}_G$——机端电压；

　　　　$\dot{I}_G$——发电机定子电流；

　　　　X_d——发电机直轴同步电抗。

　　图 3-2（c）所示为隐极机的相量图。由此图可得到感应电动势 $\dot{E}_i$ 与机端电压 $\dot{U}_G$ 的数值关系为

$$E_i \cos\delta = U_G + I_{Q,G} X_d \tag{3-2}$$

式中　δ——$\dot{E}_i$ 与 $\dot{U}_G$ 间的相角，即发电机的功率角；

　　　　$I_{Q,G}$——发电机的无功电流。

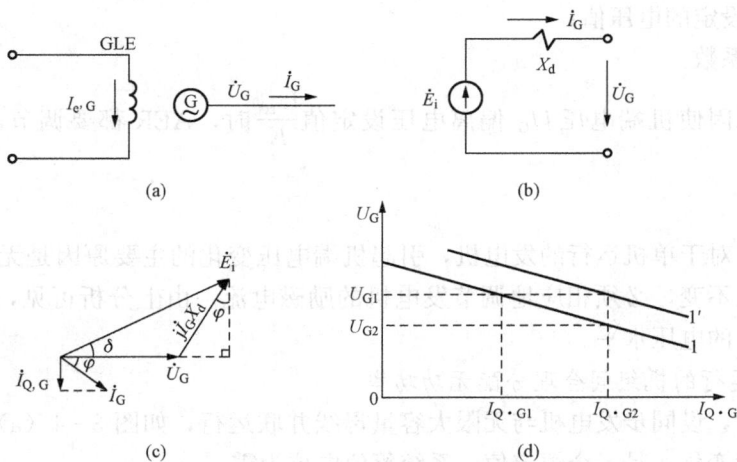

图 3-2　单机运行系统
(a) 原理图；(b) 等值电路；(c) 相量图；(d) 同步发电机的外特性

　　正常状态下，δ 值很小，可近似认为 $\cos\delta \approx 1$。则式（3-2）简化为

$$E_i \approx U_G + I_{Q,G} X_d \tag{3-3}$$

　　式（3-3）说明，在励磁电流一定、E_i 一定的条件下，负荷无功电流的变化是造成发电机电压变化的主要原因。由式（3-3）可以作出同步发电机的外特性（即 U_G 与 $I_{Q,G}$ 的关系曲线），如图 3-2（d）所示，当励磁电流不变时，外特性下降的斜率为 $\dfrac{\Delta U_G}{\Delta I_{Q,G}} \approx -X_d$，因 X_d 较大，故发电机的端电压随 $I_{Q,G}$ 的增大，降低的幅度也较大。当发电机的无功电流 $I_{Q,G}$

从 $I_{Q,G1}$ 增大到 $I_{Q,G2}$ 时，若励磁电流维持不变，则相应机端电压 U_G 从 U_{G1} 下降到 U_{G2}。如果要保持机端电压为额定值运行，即维持 U_G 不变，则应增加励磁电流，使外特性 1 向上平移至 $1'$。同样，无功电流减小时，为保持机端电压以额定值运行，励磁电流应减小，即外特性曲线下移。

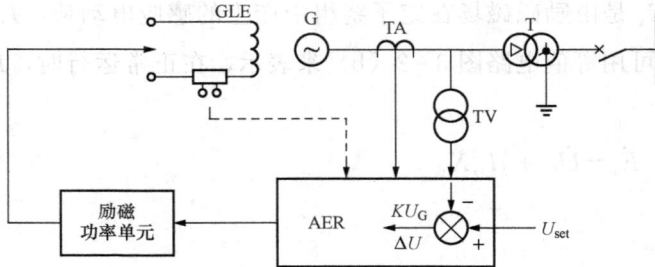

图 3-3　AER 调节控制系统方框图

这种机端电压维持额定电压的励磁电流调节，可以手动进行，也可以自动进行。自动进行励磁电流调节的装置是 AER。图 3-3 示出了 AER 调节控制系统方框图。励磁功率单元提供同步发电机正常运行、系统故障两种情况下的励磁电流，AER 根据输入信号和给定的调节准则控制励磁功率单元的输出，使发电机正常运行时维持给定电压水平。实际上，整个励磁自动控制系统是由 AER、励磁功率单元、发电机构成的以机端电压为被调量的负反馈控制系统。如果 AER 足够灵敏，调节结束时总有电压差值 $\Delta U \rightarrow 0$，从而使 $(U_{set} - KU_G) \rightarrow 0$，即

$$U_G \rightarrow \frac{U_{set}}{K} \tag{3-4}$$

式中　U_{set}——设定的电压值；

　　　K——系数。

不论何种原因使机端电压 U_G 偏离电压设定值 $\dfrac{U_{set}}{K}$ 时，AER 都要调节，最终使 U_G 等于 $\dfrac{U_{set}}{K}$。

综上所述，对于单机运行的发电机，引起机端电压变化的主要原因是无功负荷的变化，要保持机端电压不变，必须相应地调节发电机的励磁电流。由上分析可见，AER 可维持机端或系统中某点的电压水平。

2. 在并列运行的机组间合理分配无功功率

为便于分析，设同步发电机与无限大容量母线并联运行，如图 3-4 (a) 所示，发电机端电压不随负荷变化，是一个恒定值，系统等值电抗为零。

由于发电机输出的有功功率 P 只受调速器控制，发电机的输出功率由原动机输入功率决定，与励磁电流大小无关，故无论励磁电流如何变化，当原动机输入功率不变时，发电机输出功率 P 为常数，即

$$P = U_G I_G \cos\varphi = 常数 \tag{3-5}$$

式中　φ——功率因数角。

另一方面，对隐极发电机，由功角特性得到发电机输出的有功功率可表示为

$$P = \frac{E_i U_G}{X_d} \sin\delta = 常数 \tag{3-6}$$

计及 U_G=常数，X_d 不变时，式 (3-5) 和式 (3-6) 可写成

$$I_G \cos\varphi = 常数 \qquad (3-7)$$
$$E_i \sin\delta = 常数 \qquad (3-8)$$

图 3-4（b）示出了三种不同励磁电流值时的相应各电气分量。当励磁电流变化时，$\dot{E}_i$ 终端变化轨迹为平行于 $\dot{U}_G$ 的 $\overline{A1A2}$ 线段，相应定子电流的变化轨迹为 $\overline{B1B2}$ 线段，励磁电流增大，电动势 $\dot{E}_i$ 增大为 $\dot{E}_{i1}$，相应定子电流 $\dot{I}_G$ 增大为 $\dot{I}_{G1}$，无功电流 $\dot{I}_{Q,G}$ 增大为 $\dot{I}_{Q,G1}$；励磁电流减小，$\dot{E}_i$ 减小为 $\dot{E}_{i2}$，相应 $\dot{I}_G$ 减小为 $\dot{I}_{G2}$，$\dot{I}_{Q,G}$ 减小为 $\dot{I}_{Q,G2}$。可见，励磁电流变化时，发电机定子电流、功率因数以及功率角 δ 都会发生变化，即发电机发出的无功功率（$U_G I_{Q,G}$）会随之变化。

发电机接于无穷大容量电网时，调节其励磁电流只能改变其输出的无功功率。励磁电流过小，发电机将从系统中吸收无功功率。在实际运行中，发电机并联的母线并不是无限大系统，即系统等值电抗并不等于 0，系统电压将随负荷波动而变化，改变其中一台发电机的励磁电流不但影响其自身的电压和无功功率，而且也影响与其并联运行机组的无功功率。所以合理调节励磁，可使并列运行机组间的无功功率分配合理。

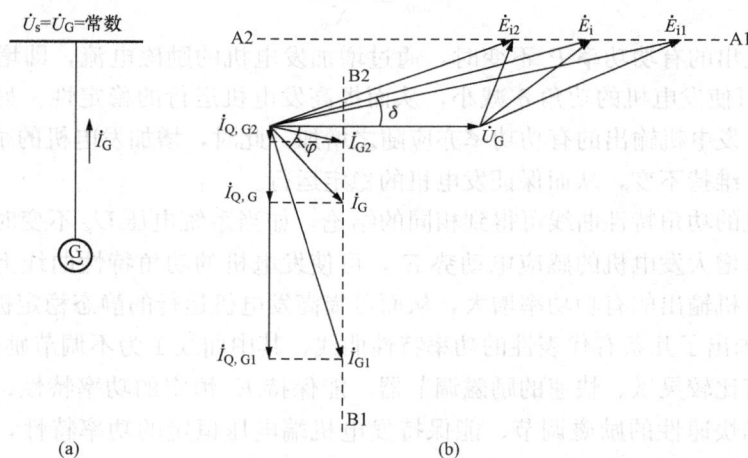

图 3-4　同步发电机与无穷大容量母线并联运行
（a）一次电路；（b）相量图（P＝常数）

3. 提高电力系统运行稳定性

同步发电机稳定运行是保证电力系统可靠供电的首要条件，电力系统在运行中随时都可能受到各种干扰，在这些干扰后，发电机组能够恢复到原来的运行状态，或者过渡到另一个新的稳定运行状态，则系统是稳定的。其主要标志是在暂态过程结束后，同步发电机能维持或恢复同步运行。通常把电力系统稳定性分为静态稳定性和暂态稳定性。

静态稳定性是指，在一个特定的稳态运行条件下的电力系统，在受到任何一个微小扰动后，经过一定时间，能够自动地恢复到或者靠近于原来稳定运行状态。

暂态稳定性是指，当电力系统在某一正常运行方式下突然受到大的扰动（例如高压电网发生短路或发电机被切除）后，能够过渡到一个新的稳定运行状态。

在分析电力系统稳定性时，无论是静态稳定或暂态稳定，在数学模型表达式中总会有发电机的空载电动势 E_0，而 E_0 与励磁电流有关，所以，励磁控制系统是通过改变励磁电流从

而改变 E_0 值来改善系统的稳定性的。励磁控制系统对暂态稳定的改善也有显著的作用。

下面我们分别来讨论励磁调节系统对静态稳定和暂态稳定的影响。

(1) 提高电力系统的静态稳定性。以图 3-4 为例，发电机直接并联于无穷大系统，发电机向系统送出的有功功率可表示为

$$P = \frac{E_i U_G}{X_d} \sin\delta \qquad (3-9)$$

在某一励磁电流下，发电机的功率 P 与 $\sin\delta$ 成正比，P 是 δ 的函数，$P(\delta)$ 关系曲线如图 3-5 所示，称为同步发电机的功角特性或同步发电机的功率特性。众所周知，在 $\delta < 90°$ 时，即在功率特性曲线的上升段运行时，发电机是静态稳定的。在 $\delta > 90°$ 时，即在特性曲线的下降段运行时，则发电机是不稳定的。如图 3-5 所示，当发电机的空载电动势为 E_0，发电机输出功率为 P_0 时，则运行在图 3-5 中的 a 点是静态稳定的，发电机在 b 点不能稳定运行。由此可见，在励磁不调节的情况下，从特性图上可看出，$\delta = 90°$ 为稳定的极限情况，此时发电机输出的最大功率极限为

$$P_{\max} = \frac{E_i U_G}{X_d} \qquad (3-10)$$

当发电机发出的有功功率 P 不变时，通过增加发电机的励磁电流，即增大发电机的感应电动势 E_i，可使发电机的功角 δ 减小，从而提高发电机运行的稳定性。另外，当系统有功负荷增加时，发电机输出的有功功率亦应随之增加，此时，增加发电机的励磁电流，可使发电机的功角 δ 维持不变，从而保证发电机的稳定运行。

分析发电机的功角特性曲线可得到相同的结论，如当系统电压 U_s 不变时，提高发电机的励磁电流，即增大发电机的感应电动势 E_i，可使发电机的功角特性曲线上移，在相同的功角下，使发电机输出的有功功率增大，从而可提高发电机运行的静态稳定极限。

图 3-6 中画出了几条有代表性的功率特性曲线，其中曲线 1 为不调节励磁的功率特性；曲线 2 代表具有比较灵敏、快速的励磁调节器，能保持 E_i 恒定的功率特性；曲线 3 代表具有理想灵敏度和快速性的励磁调节、能保持发电机端电压恒定的功率特性，它是一条理想的、波幅最高的功率特性曲线，实际上只能做到接近这条曲线。

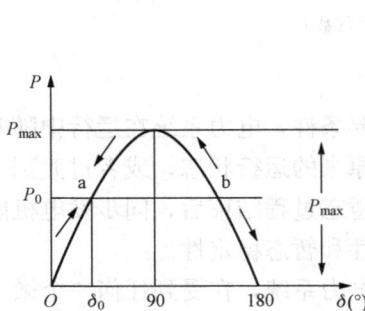

图 3-5 同步发电机的功角特性　　　　图 3-6 不同励磁系统对功率特性的影响

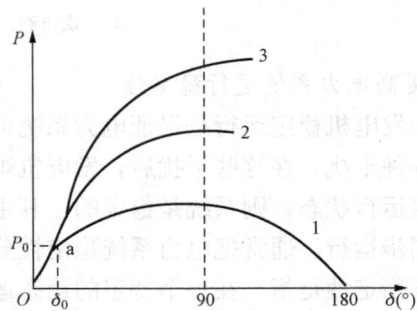

性能优良的励磁系统，改善了实际的运行功率特性，提高了功率极限，而且可以扩大稳定区，使同步发电机能在 $\delta > 90°$ 的区段运行。通常把这一区段称为人工稳定区，即由于采用了增大励磁调节而将原来不稳定的工作区变为稳定的工作区。

（2）改善电力系统暂态稳定性。当电力系统遭受大的扰动后，发电机组间或电厂之间的联系立即减弱。只有当系统具有较强的暂态稳定能力时，才能使系统中各机组保持同步运行。由于现代继电保护装置的快速切除故障，励磁自动控制系统对暂态稳定的影响一般不如对静态稳定的影响那样显著，但在一定条件下，仍然具有明显的作用，这可以用单机对无限大系统的例子来说明。图3-7为发电机暂态稳定的面积定则。设在正常运行时，发电机输送功率 P_0 在功角特性曲线Ⅰ的 a 点上运行，当突然受到大扰动后，电压突降，系统运行点由 a 点突降到功角特性

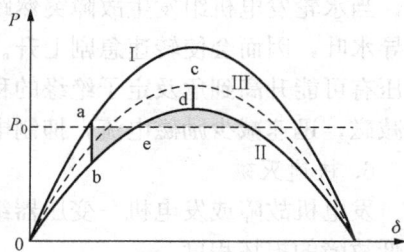

图3-7　发电机暂态稳定的面积定则

曲线Ⅱ的 b 点。如果事故消除前，励磁装置保持原状态，则由于动力输入部分存在惯性，输入功率仍为 P_0，于是发电机轴上将出现过剩转矩使转子加速，运行点由 b 点沿曲线Ⅱ向 e 点移动。abe 包围的面积均表现为这种加速的区域，称为加速面积。过了 e 点，发电机输出功率大于 P_0，转子轴上将出现制动转矩，使转子减速。曲线Ⅱ与 P_0 直线间所形成的上块阴影部分面积表示使转子制动的能量，称为减速面积。发电机能否稳定运行决定于这两块面积是否相等，即所谓等面积法则，只要减速面积小于加速面积，发电机将失去稳定。

若在刚受到扰动后，励磁装置进行强励增大励磁，则发电机组的运行点将移到功角曲线Ⅲ上，这样不但减小了加速面积，而且还增大了减速面积，因而使发电机第一次摇摆时功角 δ 的幅值减小，改善了发电机的暂态稳定性。当往回摆动时，过大的减速面积并不有利，这时如能让它回到特性曲线Ⅱ上的 d 点运行，就可以减小回程振幅，对稳定性更为有利。

提高同步发电机的强励能力，即提高励磁顶值电压和励磁电压的上升速度，是提高电力系统暂态稳定性最经济、最有效的手段之一。

4. 改善电力系统的运行条件

当电力系统由于各种原因出现短时低电压时，励磁自动调节控制系统发挥其调节功能，即大幅度地增加励磁以提高系统电压。这在下述情况下可以改善系统的运行条件。

（1）改善异步电动机的自起动条件。电网发生短路等故障时，电网电压降低，必然使大多数用户的电动机处于制动状态。故障切除后，由于电动机自起动需要吸收大量无功功率，以致延缓了电网电压的恢复过程。此时，如果对发电机进行强行励磁，那么就可以加速电网电压的恢复，有效改善电动机的运行和自起动条件。

（2）为发电机异步运行创造条件。同步发电机失去励磁时，需要从系统中吸收大量无功功率，造成系统电压大幅度下降，严重时甚至会危及系统的安全运行。在此情况下，如果系统中其他发电机组能提供足够的无功功率，以维持系统电压水平，则失磁的发电机还可以在一定时间内以异步运行方式维持运行，这不但可以确保系统安全运行而且有利于机组热力设备的运行。

（3）提高继电保护装置工作的正确性。当系统处于低负荷运行状态时，发电机的励磁电流不大，若系统此时发生短路故障，其短路电流较小，且随时间衰减，以致带时限的继电保护不能正确工作。励磁自动控制系统就可以通过调节发电机励磁以增大短路电流，使继电保护正确工作。

5. 满足水轮发电机组强减励磁的要求

当水轮发电机组发生故障突然跳闸时，由于它的调速系统具有较大的惯性，不能迅速关闭导水叶，因而会使转速急剧上升。如果不采取措施迅速降低发电机的励磁电流，则发电机电压有可能升高到危及定子绝缘的程度。所以，在这种情况下，励磁自动控制系统能实现强行减磁，迅速减少励磁电流，抑制电压上升。

6. 快速灭磁

发电机故障或发电机—变压器组单元接线的变压器故障时，对发电机实行快速灭磁，以降低故障的损坏程度。

由此可见，发电机励磁自动控制系统在改善电力系统运行方面起着十分重要的作用。

三、对励磁自动控制系统的基本要求

（1）励磁自动控制系统要简单、可靠，动作要迅速，调节过程要稳定，应无失灵区，以保证在稳定区内运行。

（2）在电力系统正常运行时，励磁自动控制系统能按机端电压的变化自动地改变励磁电流，维持电压值在给定水平。因此，AER 应有足够的调节容量，励磁自动控制系统应有足够的励磁容量。

（3）电力系统发生事故使电压降低时，励磁系统应有很快的响应速度和足够大的顶值励磁电压，以实现强行励磁的作用。对水轮发电机的励磁系统，还应有快速强行减磁能力，或增设单独的快速强行减磁装置。为了提高励磁系统的响应速度，应提高自动励磁调节装置的响应速度和励磁机的响应速度。

（4）并列运行发电机上装有励磁调节装置时，应能稳定分配机组间的无功负荷。

（5）励磁系统应有快速动作的灭磁性能，在发电机内部故障或停机时，快速动作的灭磁性能可迅速将磁场减小到最低，保障发电机的安全。

第二节　同步发电机的励磁方式和励磁调节方式

在电力系统发展初期，同步发电机的容量不大，励磁电流通常是由与发电机组同轴的直流发电机供给的。随着发电机容量的提高，所需励磁电流也相应增大，于是直流励磁机逐渐不能满足需要，其原因是：①直流励磁机受到制造容量的限制；②整流子电刷维护困难，且易发生故障；③调节速度较慢。这些问题均使得直流励磁机无法适应电力系统发展的需要，取而代之的是由大功率半导体元件和交流发电机构成的交流励磁机系统。

无论是直流励磁机励磁系统还是交流励磁机励磁系统，一般都与主机同轴旋转。

下面对几种常见的同步发电机的励磁方式作简要介绍。

一、直流励磁机供电的励磁方式

直流励磁机供电的励磁方式是最早采用的励磁方式。由于它是靠机械整流子换向整流的，当励磁电流过大时，换向就会很困难。直流励磁机大多与发电机同轴，它是靠剩磁来建立电压的。按照励磁机励磁绕组供电方式的不同，直流励磁机可分为自励式和他励式两种。

图 3-8（a）所示为自励式直流励磁机系统原理接线图。

同步发电机 G 的励磁绕组 GLE 由同轴的直流励磁机 GE 供电，改变可调电阻 R 的阻值，可以改变直流励磁机自身的励磁电流大小，从而改变了直流励磁机的机端电压，达到人工调节励磁电流的目的。

　　AER 则通过电压互感器 TV 感受发电机端电压的变化，按预定要求自动调整，改变输出电流 I_{AER} 的大小，达到自动调节励磁电流的目的。

　　自励式直流励磁机系统在空载和低励磁时，发电机电压的稳定性较差，电压上升速度较慢。多用于中小型发电机组。

　　图 3-8（b）所示为他励式直流励磁机系统原理图。

　　他励式直流励磁机系统与前一种方式不同的是，与同步发电机 G 同轴的除主励磁机 GE1 外，还有一台副励磁机 GE2。主励磁机 GE1 的励磁绕组是由副励磁机 GE2 供电的，GE1 的励磁电流除可以自动调整的 I_{AER} 外，还有 GE2 供给

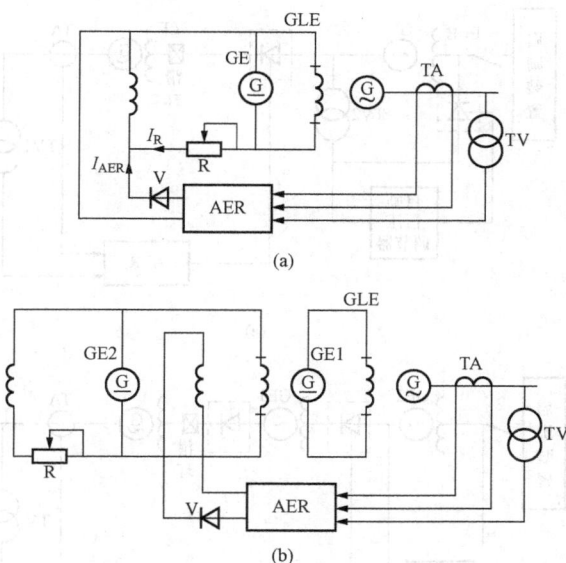

图 3-8　直流励磁机系统原理图
（a）自励式直流励磁机系统；（b）他励式直流励磁机系统

的他励电流，后者可通过改变可调电阻 R 来手动调节。

　　由于有了同轴的副励磁机，在要求相同的励磁容量下，他励式的时间常数小，因而电压响应速度较快，发电机电压的稳定性也较自励式好。此时，AER 的输出直接对主励磁机起作用。他励式直流励磁机系统多用于水轮发电机组。

　　综上所述，直流励磁机供电的励磁方式其主要优点是：结构简单，运行可靠；当励磁机故障时，发电机转子仍可与励磁机形成闭合回路，不会产生感应过电压。其主要缺点是：因为直流励磁机为机械整流子换流，平时对整流子、电刷的维护工作量大，且当需要的励磁电流很大时换向困难，所以直流励磁机的容量受到限制，这种方式只能在 100MW 以下中小容量机组中采用。

二、交流励磁机经整流供电的励磁方式

　　随着同步发电机容量的不断提高，大容量的机组多采用交流励磁机的励磁系统，因为交流励磁机的容量可以造得较大，目前，容量在 100MW 以上的同步发电机组可采用交流励磁机系统，即同步发电机的励磁机也是一台交流同步发电机，其输出电压经大功率整流后供给发电机转子。

　　交流励磁机系统的励磁功率单元由与发电机同轴的交流励磁机和硅整流器组成。交流励磁机可以分为自励与他励两种方式；整流器可以分成二极管整流器和晶闸管整流器两种，每一种又有静止与旋转两种形式。励磁功率单元的各种不同组合就可以构成各种不同的交流励磁机系统，下面介绍几种具有代表性的系统。

　　1. 带静止整流器的励磁系统

　　带静止整流器的励磁系统同样可分为自励与他励式两类，构成原理如图 3-9 所示。

　　图 3-9（a）所示的自励式系统中，交流励磁机 GE 采用自励方式工作。GE 的起励电压较高，不能像直流励磁机可以依靠剩磁起励。所以，在机组起动时，利用专门的起励电源保

(a)

(b)

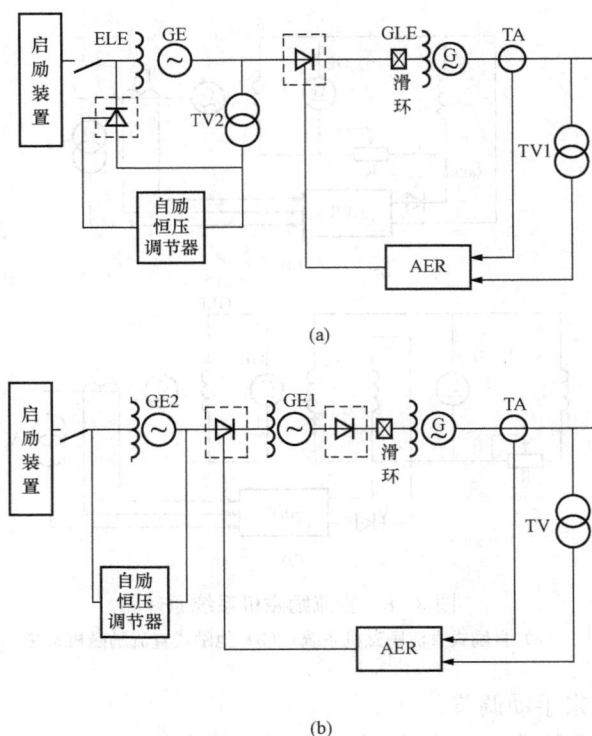

图 3-9 带静止整流器的交流励磁机系统原理图
(a) 自励式；(b) 他励式

证机组顺利进入正常工作状态。当机组进入正常工况后，起励电源退出工作。正常工作时，GE 由晶闸管整流器供给励磁电流，并受自动恒压元件控制，保持 GE 的输出电压为恒定。而同步发电机 G 的励磁电流由调节器 AER 实现自动调节。

图 3-9（b）为他励式系统。图中发电机 G 的励磁电流由交流励磁机 GE1 经硅整流器供给，交流励磁机 GE1 的励磁电流由晶闸管整流器供给，其电源由副励磁机 GE2 提供。副励磁机 GE2 是自励式交流发电机，用自励恒压调节器保持其端电压恒定。在此励磁系统中，励磁调节器控制整流器中晶闸管元件的控制角，来改变交流励磁机的励磁电流，达到自动调节励磁的目的。

以上两种方式中，整流器都是处于静止位置，故称为静止整流器式励磁系统。

2. 旋转硅整流励磁系统

在上述整流设备静止的励磁系统中，同步发电机的励磁电流必须通过转子滑环与电刷引入转子励磁绕组。目前由于电刷材料和压力的影响，当励磁（滑环）电流超过 8000～10000A 时，就要取消集电环与电刷，即采用无刷励磁系统。为此，交流励磁机的交流绕组和整流设备随同主轴旋转，而其直流绕组则是静止的，这就构成了他励旋转硅整流励磁系统，其优点是省去了电刷维护工作。此系统适用于不同容量的发电机，并在现代大型同步发电机励磁系统中获得了广泛的应用。

（1）自励式旋转硅整流励磁系统，如图 3-10（a）所示。

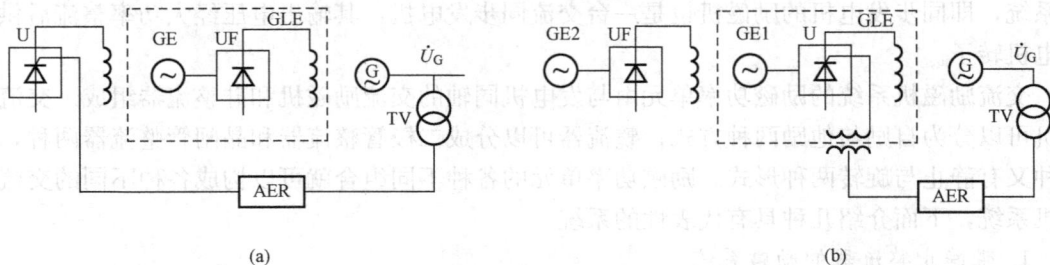

(a)

(b)

图 3-10 旋转整流的交流励磁机系统
(a) 自励式旋转整流励磁系统；(b) 他励式旋转整流励磁系统
U—晶闸管整流桥；UF—硅整流桥；[⋯⋯]—旋转部分

（2）他励式旋转晶闸管整流励磁系统，如图 3-10（b）所示。

三、自并励静止励磁方式

图 3-11 是发电机自并励静止励磁系统接线图。所谓静止励磁系统是指这种励磁系统中没有转动部分，所有设备与地面都是相对静止的。这种励磁系统，发电机励磁功率取自发电机机端，经过励磁变压器 TR 降压、晶闸管整流桥 U 整流后供给发电机励磁。发电机励磁电流通过自动励磁调节装置控制晶

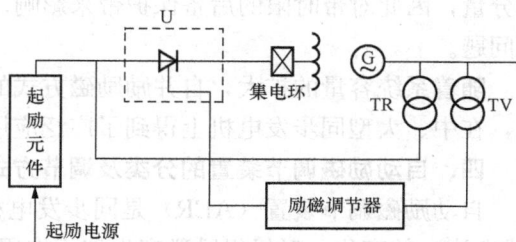

图 3-11 自并励静止励磁系统接线图

闸管的控制角来进行控制。由于励磁变压器是并联在发电机端的，且发电机向自己提供励磁功率，所以这种系统叫做自并励励磁系统。这种励磁系统有如下优点：

（1）结构简单、可靠性高、造价低、维护量小。

（2）没有励磁机，缩短了机组主轴长度，可减少电厂土地造价。

（3）直接用晶闸管控制转子电压，可获得很快的励磁电压响应速度，可以近似地认为具有阶跃函数那样的响应速度。

发电机自并励静止励磁方式起励有残压起励和他励起励两种方式。

自并励系统的机组起动时，发电机的端电压是残压，因现代大型发电机的定子电压较高，所以残压相对也较高。如定子额定电压为 20kV，残压为 2.5% 时，残压足可使晶闸管的触发脉冲电路正确，整流桥中的晶闸管也可正确工作，残压通过励磁变压器供给发电机初始励磁，即所谓起励，无需采取其他措施。因此，发电机只要有剩磁，一般情况下均能自励建压。

当发电机剩磁不足或没有剩磁时，励磁回路不能满足自励条件，发电机得不到建立电压所需的励磁电流，就需要他励起励来建起发电机电压。起励电源来自厂用蓄电池直流 220V 电源，也可由厂用交流降压整流提供。他励起励容量只要能建立使可控整流桥的晶闸管可靠导通所需阳极电压对应的机端电压即可，一般不大于空载励磁电流的 10%，他励容量很小。

对于自并励励磁系统人们曾有过两点疑虑。

（1）发电机近端附近发生短路故障时能否强励。容量稍大的机组一般采用发电机—变压器组接线，当发电机端或变压器发生短路故障时，发电机并不要求有强励作用，实际上由于发电机励磁回路有较长的时间常数，在强励作用前继电保护已动作跳闸；高压配电线路上出口附近发生短路故障时，因超高压线路上保护采用双重化配置，切除故障不仅可靠而且快速，特别在保护装置中设有快速距离Ⅰ段保护，发电机在强励作用前继电保护已动作切除故障；如果出口短路故障不是三相短路故障，发电机也未必不能强励；对高压配电线电厂侧的重合闸，为保证发电机的安全，三相重合闸采用检同期方式，不可能出现三相重合于永久性故障的情况。实际上，励磁回路存在的时滞使发电机的强励对提高系统暂态稳定的作用没有快速切除故障来得有效。

由上分析可见，自并励发电机近端附近发生短路故障时，不必担心发电机能否强励的问题，更不必担心发电机会失去励磁。

（2）发电机继电保护能否可靠动作。根据对自并励发电机三相短路电流的分析得到，在短路故障的 0.5s 内，即使故障在近端附近，发电机仍可提供较大的短路电流，因此对快速

动作的保护不会产生影响。近端附近三相短路故障时，发电机提供的短路电流中可能没有稳态分量，因此对带时限的后备保护带来影响。然而，现代继电保护技术已能很完善地解决这一问题。

随着系统容量的扩大，自并励励磁方式的优点更加明显。因此，发电机的自并励励磁方式，在中、大型同步发电机上得到了广泛应用。

四、自动励磁调节装置的分类及调节方式

自动励磁调节装置（AER）是同步发电机励磁控制系统的智能部件，它是根据端电压（或电流）的变化，对机组励磁产生校正作用的装置，用来实现正常和事故两种情况下励磁的自动调节，因此要求励磁调节装置是连续作用的比例式调节装置，即它产生校正作用的大小应与输出电压的偏差作用成正比。

励磁调节装置按其构成可分为机电型、电磁型、半导体型和微机型四种类型。机电型调节器是最早的调节器，不能连续调节，且响应速度缓慢，并有死区，已被淘汰；电磁型调节器调节速度慢，但可靠性高，通常用于直流励磁机系统；半导体型调节器响应速度快，且工作可靠，在电力系统中得到广泛应用；微机型励磁调节装置功能全面，灵活方便，近几年已开始在电力系统中大量应用，是今后的发展方向。

励磁调节装置按其调节原理可分为按电压偏差比例调节和补偿调节两种励磁调节方式。

按电压偏差比例调节，当机端电压 U_G 上升时，调节器控制励磁功率单元，输出励磁电流减小，使 U_G 下降；反之，则增大励磁电流，使 U_G 升高。这种调节系统，不管产生 U_G 偏差的原因是什么，只要 U_G 变化，调节器都能进行调节，最终使 U_G 维持在给定值水平上运行。

按定子电流、功率因数的补偿调节，是按照机端电压受定子电流和功率因数变化的影响进行调节，如它只补偿由于定子电流、功率因数的变化所形成的发电机端电压的降低，起到一定的补偿作用，对补偿后机端电压的高低并不能直接进行调节。因而，这种补偿调节带有盲目性，因为当定子电流变化时，机端电压的变化可能仍然是较大的。

自动励磁调节装置按电压偏差比例调节方式应用较普遍，而按定子电流、功率因数的补偿调节方式则几乎不再采用了，所以，本书对此方式不作叙述。

第三节 励磁系统中的整流电路

同步发电机励磁系统中的整流电路的主要任务是，将交流电压整流成直流电压，供给发电机励磁绕组或励磁机的励磁绕组。随着大功率高电压硅整流元件的出现，在发电机励磁系统中，往往采用硅整流或晶闸管整流电路。大型发电机的转子励磁回路通常采用三相不可控整流电路，在发电机自并励系统中采用三相全控桥式整流电路，励磁机励磁回路通常采用三相桥式半控整流或三相桥式全控整流电路。整流电路是励磁系统中必备的部件，它对运行有极其重要的影响。

一、三相桥式不可控整流电路

图 3 - 12（a）所示为三相桥式不可控整流电路。u_A、u_B、u_C 为三相对称电源电压，波形如图 3 - 12（b）所示；直流侧负载 R 根据不同励磁系统，可以是发电机转子绕组或交流励磁机的励磁绕组等；整流元件为二极管 V1～V6，图 3 - 12（a）中 6 个桥臂，其中 V1、

V3、V5 的阴极连在一起，构成共阴极组连接，V2、V4、V6 阳极连在一起，构成共阳极组连接。

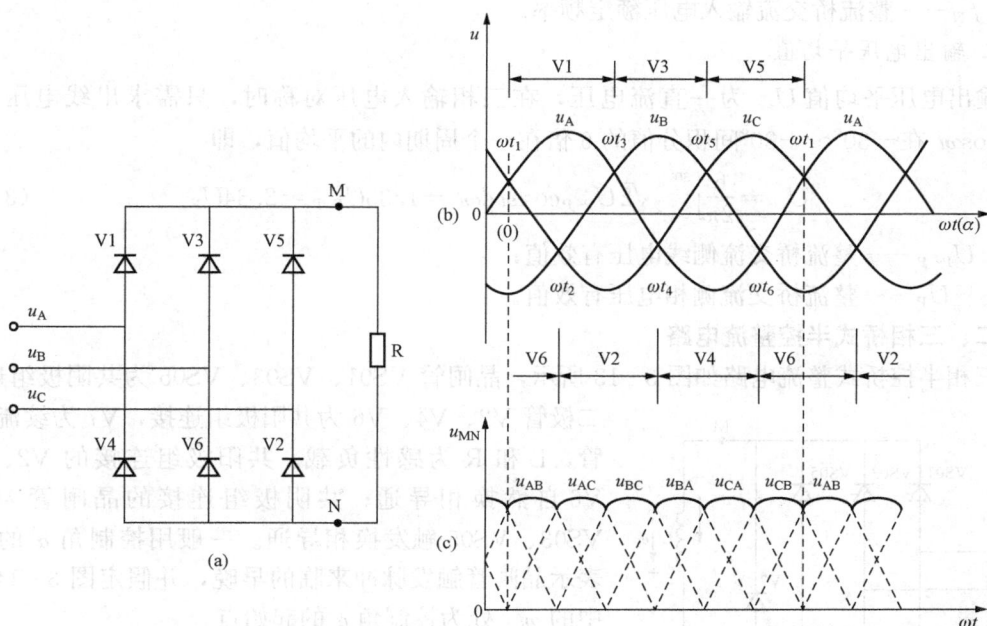

图 3-12 三相桥式不可控整流电路
(a) 电路图；(b) 输入相电压波形；(c) 输出线电压波形

根据二极管的单向导电性，共阴极组连接的二极管只有阳极电压最高的那一相二极管导通，其余二极管因承受反向电压而截止。同理，共阳极组连接的二极管只有阴极电压最低的那一相二极管导通，其余二极管因承受反向电压而截止。所以，6 个二极管均为自然换向（流）导通，每个工频周期（2π）内，共阴极组自然换向三次，自然换向点分别为 ωt_1、ωt_3、ωt_5；共阳极组自然换向三次，自然换向点分别为 ωt_2、ωt_4、ωt_6，如图 3-12（b）所示。

1. 输出电压瞬时值

输出电压瞬时值 u_{MN} 的波形如图 3-12（c）所示。

在 $\omega t_1 \sim \omega t_2$ 区间，A 相电压最高，B 相电压最低，共阴极组的 V1 和共阳极组的 V6 导通，构成 A→V1→R→V6→B 通路，输出电压为 u_{AB}。

在 $\omega t_2 \sim \omega t_3$ 区间，A 相电压仍最高，共阴极组 V1 继续导通；在 ωt_2 点，C 相电压比 B 相电压低，则共阳极组的 V6 和 V2 自然换相，负载电流从 B 相的 V6 转移到 C 相的 V2，构成 A→V1→R→V2→C 通路，输出电压为 u_{AC}。

同理，在 $\omega t_3 \sim \omega t_4$ 区间，输出电压为 u_{BC}；

在 $\omega t_4 \sim \omega t_5$ 区间，输出电压为 u_{BA}；

在 $\omega t_5 \sim \omega t_6$ 区间，输出电压为 u_{CA}；

在 $\omega t_6 \sim \omega t_1$ 区间，输出电压为 u_{CB}。

可见，三相桥式整流电路输出电压 u_{MN} 在每个工频周期（2π）内有 6 个均匀波头，各相差 60°。u_{MN} 中最低交流谐波频率 f 为

$$f = 2mf_N \tag{3-11}$$

式中 m——整流相数;

f_N——整流桥交流输入电压额定频率。

2. 输出电压平均值

输出电压平均值 U_{av} 为一直流电压,在三相输入电压对称时,只需求出线电压在 $\sqrt{2}U_{P-P}\cos\omega t$ 在 $-30°\sim+30°$ 间积分值的 6 倍在一个周期内的平均值,即

$$U_{av} = \frac{6}{2\pi}\int_{-30°}^{30°}\sqrt{2}U_{P-P}\cos\omega t\, \mathrm{d}\omega t = 1.35U_{P-P} = 2.34U_P \tag{3-12}$$

式中 U_{P-P}——整流桥交流侧线电压有效值;

U_P——整流桥交流侧相电压有效值。

二、三相桥式半控整流电路

三相半控桥式整流电路如图 3-13 所示,晶闸管 VS01、VS03、VS05 为共阴极组连接,二极管 V2、V4、V6 为共阳极组连接,V7 为续流二极管,L 和 R 为感性负载。共阳极组连接的 V2、V4、V6 自然换相导通;共阴极组连接的晶闸管 VS01、VS03、VS05 触发换相导通。一般用控制角 α 的大小表示晶闸管触发脉冲来临的早晚,并假定图 3-14 (a) 中的 ωt_1 处为控制角 α 的起始点。

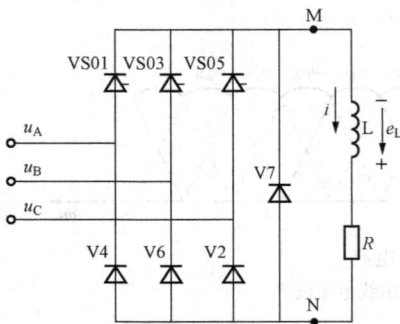

图 3-13 三相半控桥式整流电路

1. 对触发脉冲的要求

(1) 同步问题:任一相晶闸管的触发脉冲应在控制角 α 为 $0°\sim180°$ 区间内发出,即 VS01 的触发脉冲在 $\omega t_1\sim\omega t_4$ 区间内发出,VS03 的触发脉冲在 $\omega t_3\sim\omega t_6$ 区间内发出,VS05 的触发脉冲在 $\omega t_5\sim\omega t_2$ 区间内发出 [见图 3-14 (a)],以便使触发脉冲与晶闸管的交流电源保持同步。

(2) 顺序问题:晶闸管的触发脉冲,应按 VS01、VS03、VS05 的顺序间隔 $120°$ 电角度依次发出。

2. 输出电压

在不考虑交流回路的电感,即认为换相是瞬时完成的情况下,三相半控桥输出电压波形如图 3-14 所示,输出电压平均值 U_{av} 为瞬时值 U_{MN} 的平均值。

(1) 输出电压瞬时值。

1) 如图 3-14 (b) 所示,在 $\alpha = 0°$ 的 ωt_1 瞬间触发 VS01,以后每隔 $120°$ 依次触发 VS03、VS05。其输出电压与不可控桥式整流电路相同,只是在 ωt_1、ωt_3、ωt_5 自然换相点分别给 VS01、VS03、VS05 以触发脉冲。

2) 如图 3-14 (c) 所示,在 $\alpha = 30°$ 的 $\omega t_1'$ 瞬间触发 VS01,以后每隔 $120°$ 依次触发 VS03、VS05。在 $\omega t_1'\sim\omega t_2'$ 区间,VS01 阳极电压 (A 相) 最高,同时接受触发脉冲而导通,V6 的阴极电位最低导通,构成 A→VS01→LR→V6→B 通路,输出电压为 u_{AB};在 ωt_2 时刻,V6 和 V2 自然换相,故在 $\omega t_2\sim\omega t_3$ 区间 VS01 和 V2 导通,输出电压为 u_{AC}。

在 $\omega t_3'$ 时刻触发 VS03,此时 VS03 阳极电压 (B 相) 高于 VS01 阳极电压 (A 相),VS03 导通,VS01 处于反相电压被迫截止,V2 继续导通,输出电压 u_{BC};在 ωt_4 时刻,V2

和 V4 自然换相，输出电压为 u_{BA}。

在 $\omega t_5'$ 时刻触发 VS05。同理，在 $\omega t_5' \sim \omega t_6'$ 区间，VS05 和 V4 导通，输出 u_{CA}；在 $\omega t_6 \sim \omega t_1'$ 区间，VS05 和 V6 导通，输出 u_{CB}。以后重复上述过程，输出电压瞬时值如图 3 - 14（c）所示。

3）图 3 - 14（d）是 $\alpha = 90°$ 的波形，在 $\omega t_1' \sim \omega t_4$ 区间，VS01 接受触发脉冲而导通，C 相电压最低使 V2 导通，输出电压 u_{CA}。到 ωt_4 时刻，A 相和 C 相电压相等，输出电压 $u_{MN} = u_{AC} = 0$。由于 VS03 的触发脉冲尚未出现，故 VS01 和 VS03 不能触发换相。又由于负载为感性，在输出电压等于零、负载电流 i 开始变小时，电感 L 上将产生感应电动势 e_L，如图 3 - 13 所示，e_L 阻止电流 i 减小。当 e_L 的绝对值大于零，输出 M 端为负、N 端为正时，V7 是当 MN 间电压不连续时供负载电流续流用的二极管。由于续流二极管 V7 的存在，使负载电流 i 大部分经 V7 形成通路。流过 VS01 的电流小于其维持电流，VS01 自行关断。在 $\omega t_4 \sim \omega t_3'$ 区间 V7 导通，构成 $e_L \to RN \to V7 \to M \to e_L$ 通路，输出电压 u_{MN} 近似等于零。

依此类推，得到输出电压波形如图 3 - 14（d）所示。

（2）输出电压平均值。输出电压平均值 U_{av} 与 α 角关系可表示为

$$U_{av} = 1.35 U_{P-P} \frac{1 + \cos\alpha}{2}$$

$$= 2.34 U_P \frac{1 + \cos\alpha}{2} \qquad (3 - 13)$$

式中　α——控制角，$\alpha = 0° \sim 180°$。

作出 U_{av} 与 α 角的关系曲线如图 3 - 15 曲线 1 所示，当 α 在 $0° \sim 180°$ 内变化时，U_{av} 对应于 $1.35 U_{P-P} \sim 0$ 变化。可见，只要改变控制角 α 的大小，就可以改变整流输出电压的大小，以满足励磁调节装置对晶闸管实行控制的要求。

需要指出，考虑整流元件管压降以及供电回路中电感的存在，一个晶闸管的导通和另一个晶闸管的关断不能在瞬间完成，需要一个过渡阶段，从而造成换向压降，因此实际输出电

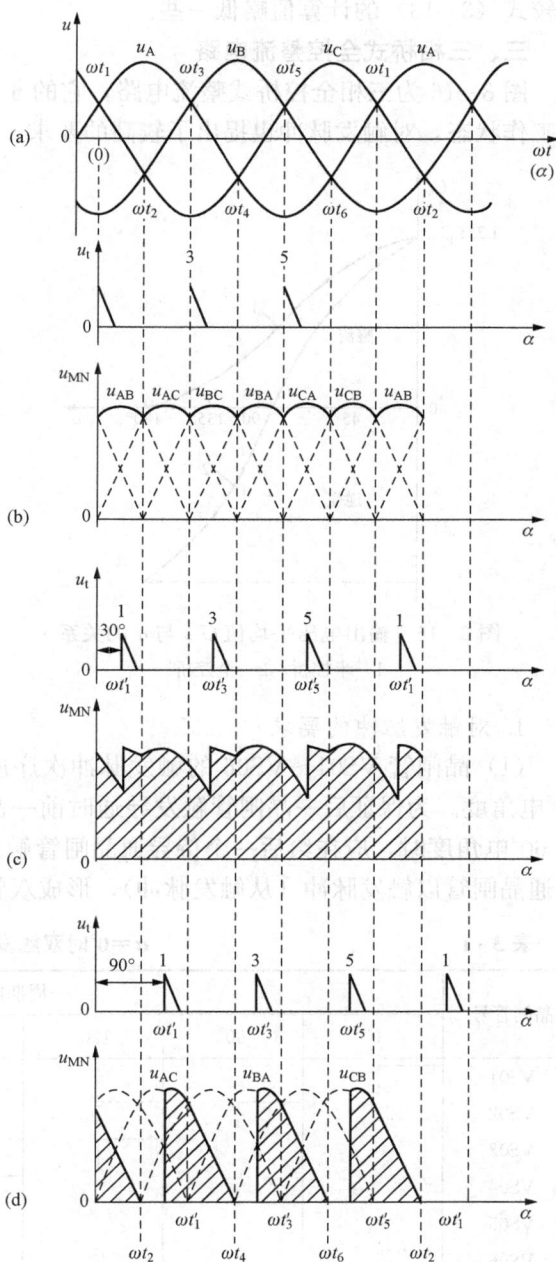

图 3 - 14　三相半控桥输出电压波形

（a）输入相电压波形；（b）$\alpha = 0°$ 输出线电压波形；
（c）$\alpha = 30°$ 输出线电压波形；（d）$\alpha = 90°$ 输出线电压波形

压较式（3-13）的计算值略低一些。

三、三相桥式全控整流电路

图 3-16 为三相全控桥式整流电路，它的 6 个整流元件均为晶闸管。它有整流和逆变两种工作状态，对触发脉冲也提出了较高的要求。

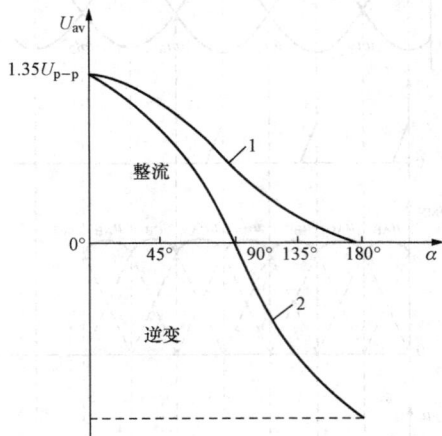

图 3-15 输出电压平均值 U_{av} 与 α 的关系
1—半控桥；2—全控桥

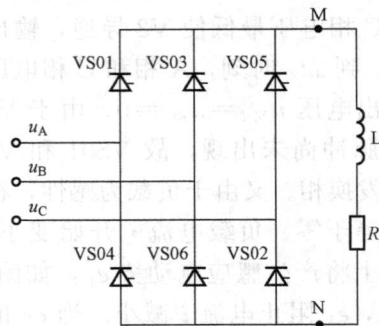

图 3-16 三相全控桥式整流电路

1. 对触发脉冲的要求

（1）晶闸管 VS01～VS06 的触发脉冲次序应为 VS01、VS02、…、VS06，且依次间隔 60°电角度。为保证后一晶闸管触发导通时前一晶闸管处于导通状态，在触发脉冲的宽度小于 60°电角度时，应在给后一个待导通晶闸管触发脉冲（主触发脉冲）的同时，也给前一已导通晶闸管以触发脉冲（从触发脉冲），形成双脉冲触发，如表 3-1 所示。

表 3-1 α＝0°时双触发脉冲次序

晶闸管号	一周期内触发脉冲的次序						
	0°	60°	120°	180°	240°	300°	360°
VS01							
VS02							
VS03							
VS04							
VS05							
VS06							

注 实线为主触发脉冲，虚线为从触发脉冲。

（2）VS01～VS06 的触发脉冲应在图 3-17（a）中以 $\omega t_1 \sim \omega t_6$ 点为起点的 180°区间内发出，即触发脉冲与相应交流电源电压同步。

2. 输出电压

（1）整流工作状态。整流工作状态就是控制角 $\alpha \leqslant 90°$ 时，将输入的交流电压转换为直流电压，如图 3-17 所示。

$\alpha=0°$ 时，输出电压波形与三相不可控桥式整流电路相同。

$\alpha=60°$ 时，各晶闸管在触发脉冲作用下换相，输出电压波形如图 3-17（b）所示。

$60°<\alpha<90°$ 时，输出电压波形如图 3-17（c）所示，输出电压瞬时值 u_{MN} 将出现负的部分，这是由电感性负载产生的感应电动势维持负载电流持续流通所引起的。

$\alpha=90°$ 时，输出电压波形如图 3-17（d）所示，其正值部分与负值部分面积相等，输出电压平均值为零。

（2）逆变工作状态。逆变工作状态就是控制角 $\alpha>90°$ 时，输出电压平均值 u_{av} 为负值，将直流电压转换为交流电压，其实质是将负载电感 L 中储存的能量向交流电源侧倒送，使 L 中磁场能量很快释放掉。

图 3-18（b）为 $\alpha=120°$ 时输出电压波形，ωt_3 时刻虽然 u_{AB} 过零变负，但电感 L 上阻止电流 i 减小的感应电动势 e_L 较大，使 e_L-u_{AB} 仍为正〔见图 3-18（a）〕，VS01 和 VS06 仍承受正向压降导通。这时 e_L 与电流 i 方向一致，直流侧发出功率，即将原来在整流状态下储存于磁场的能量释放出来送回到交流侧。交流侧电压瞬时值 u_{AB} 与电流 i 方向相反，交流侧吸收功率，将能量送回交流电网。

三相全控桥式整流电路工作在逆变状态，需要如下条件：

1）负荷必须是电感性（如发电机的励磁绕组），并且原来三相全控桥工作于整流工作状态，即负载电感（转子绕组）已储存有能量。当然，纯电阻负载时三相全控桥不能实现逆变。

2）控制角应大于 $90°$ 小于 $180°$，输出电压平均值 U_{av} 为负值。

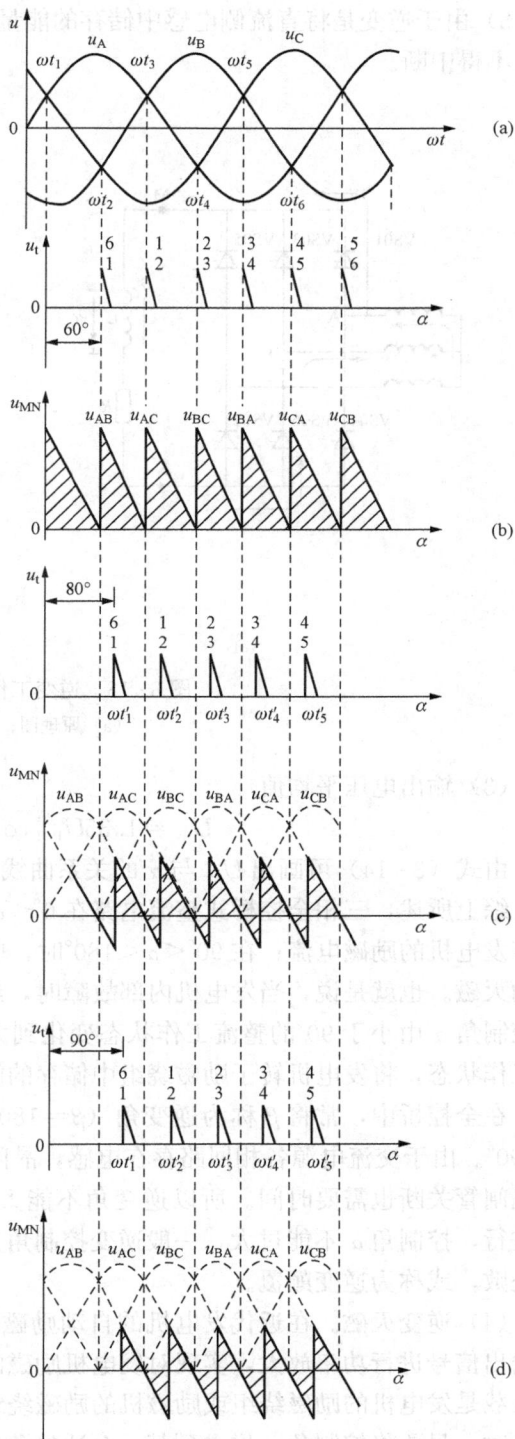

图 3-17　三相全控桥输出电压波形（$0°\leqslant\alpha\leqslant90°$）

（a）输入相电压波形；（b）$\alpha=60°$ 输出线电压波形；

（c）$\alpha>80°$ 输出线电压波形；（d）$\alpha=90°$ 输出线电压波形

　　3）由于逆变是将直流侧电感中储存的能量向交流侧倒送的过程，因而逆变时交流电源电压不得中断。

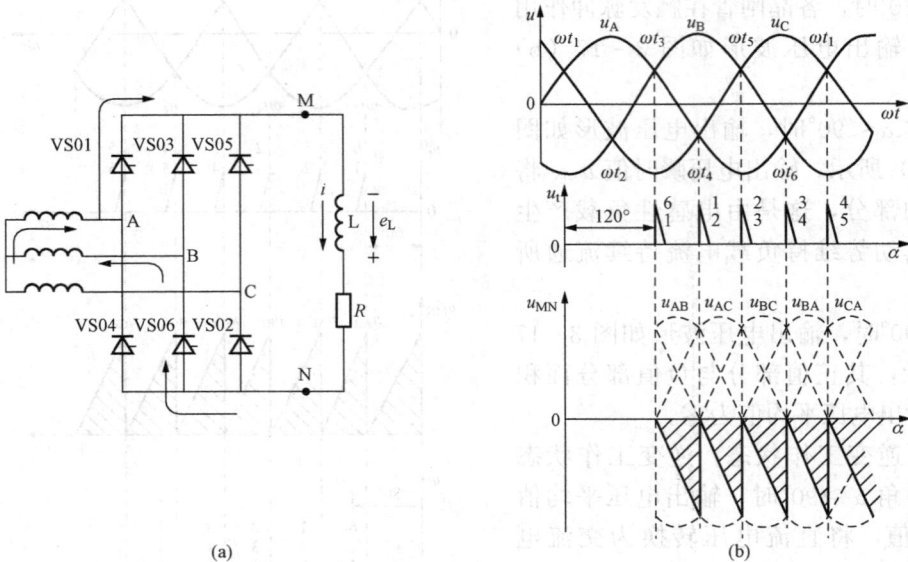

图 3-18　逆变工作状态（$\alpha = 120°$）

(a) 原理图；(b) 波形图

（3）输出电压平均值

$$U_{av} = 1.35 U_{P-P} \cos\alpha = 2.34 U_P \cos\alpha \qquad (3-14)$$

　　由式（3-14）可画出 U_{av} 与 α 的关系曲线，如图 3-15 中曲线 2 所示。

　　综上所述，三相全控桥式整流电路在 $0° < \alpha < 90°$ 时处于整流工作状态，改变 α 角，可以调节发电机的励磁电流；在 $90° < \alpha < 180°$ 时，电路处于逆变工作状态，可以实现对发电机的自动灭磁。也就是说，当发电机内部故障时，继电保护动作后，给励磁调节装置一个信号，使控制角 α 由小于 $90°$ 的整流工作状态变化到大于 $90°$ 的某一适当的角度（如 $150°$）进入逆变工作状态，将发电机转子励磁绕组中储存的能量迅速反馈给交流电源，实现逆变灭磁。

　　在全控桥中，常将 β 称为逆变角（$\beta = 180° - \alpha$），由于 $\alpha > 90°$ 时处于逆变状态，因此，$\beta < 90°$。由于交流电源各相回路存在电感，晶闸管换流需要一定时间，因此出现换流角，另外晶闸管关断也需要时间。所以逆变角不能太小，通常 $\beta_{min} \approx 30°$。为了保证逆变灭磁的顺利进行，控制角 α 不能过大，一般逆变控制角为 $90° < \alpha < 160°$，若控制角 α 过大，会造成逆变失败，或称为逆变颠覆。

　　（4）逆变灭磁。在近代发电机的自动励磁调节系统中，几乎都采用三相全控桥对 AER 的输出信号进行功率放大，实现对发电机励磁的自动调节。图 3-9～图 3-11 中三相全控桥的负载是发电机的励磁绕组或励磁机的励磁绕组，符合逆变条件。当发电机故障或停机需要灭磁时，只要将控制角 α 增大到某一合适的角度（如 $130°$）就可进行逆变灭磁。

　　事实上，逆变灭磁到一定程度时，负载电感 L 中的能量不能维持逆变，此时借助灭磁电阻（与励磁绕组并接）使 L 中的储能释放进行灭磁。需要指出，在近代大型发电机自并励励磁方式中，逆变灭磁只是在发电机正常停机时使用，发电机故障情况下采用灭磁装置或非线性电阻进行灭磁。

第四节 微机型自动励磁调节装置的工作原理

一、自动励磁调节装置构成环节

不论是模拟式 AER 还是微机型 AER，其基本功能是相同的，只是微机型 AER 有很大的灵活性，可实现和扩充模拟式 AER 难以实现的功能，充分发挥了微机型 AER 的优越性。利用功能框图能方便地说明系统各环节的相互联系及其功能，并能方便地应用控制理论分析系统。最基本的自动励磁调节系统功能框图，如图 3-19 所示，由调差环节、测量比较、综合放大、移相触发、可控整流等基本部分组成，构成以机端电压为被调量的自动励磁调节的一个反馈控制系统。

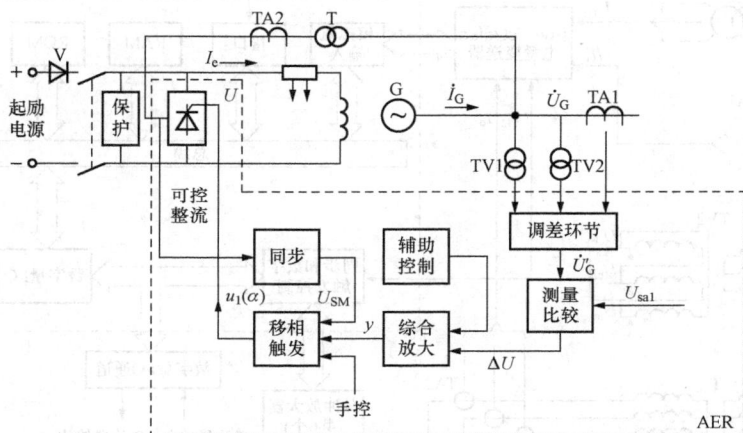

图 3-19 自动励磁调节系统功能框图

辅助控制是为了满足发电机的不同工况要求，改善电力系统稳定性和励磁系统动态性能而设置的，如为保证发电机运行的安全，设置有各种励磁限制；为便于发电机运行，装置设有电压给定值系统。

在图 3-19 的主通道自动励磁调节中，若由于某种原因使发电机电压升高时，偏差电压 ΔU 经综合放大后得到一控制量，使移相触发脉冲后移，控制角 α 增大，可控整流输出电压减小，减小发电机的励磁，机端电压随之下降。反之，发电机电压下降时，综合放大后得到的这一控制量使移相触发脉冲前移，控制角 α 减小，可控整流输出电压增大，增大发电机的励磁，机端电压随之升高。因此，调节结果可使机端电压在给定值水平。

除上述主通道调节外，还可切换为以励磁电流为被调量的闭环控制运行。由于采用自动跟踪系统，切换不会引起发电机无功功率的摆动。以励磁电流为被调量的闭环控制运行，也称手动运行，通常应用于发电机零起升压以及自动控制通道故障时。在模拟式 AER 中，用模拟电路、电子电路来实现图 3-19 所示功能。在数字式 AER 中，由硬件和软件来实现图 3-19 所示功能。

随着电力系统的发展，发电机的单机容量不断增加，系统越来越大，越来越复杂，对励磁调节装置的要求也日益提高。同时，随着计算机和大规模集成电路在电力工业中的广泛应用，微机（数字）型励磁调节装置将替代模拟型励磁调节装置。微机型励磁调节装置由一专用的计算机控制系统构成，如按计算机控制系统来划分，则由硬件（即电气元件）和软件（即程序）两部分组成，以下分别进行介绍。

　　1. 微机型励磁调节装置的硬件

　　按照计算机控制系统的组成原则，硬件的基本配置由主机以及输入、输出接口和输入、输出过程通道等环节组成。由于大规模集成电路技术日益进步，计算机技术不断更新，具体的系统从单微处理器（CPU）、多微处理器向分布式、网络方向发展。所以微机型励磁调节装置的硬件也将随之发生变化，无固定模式可言。但典型的硬件结构基本相同，如图 3-20 所示。

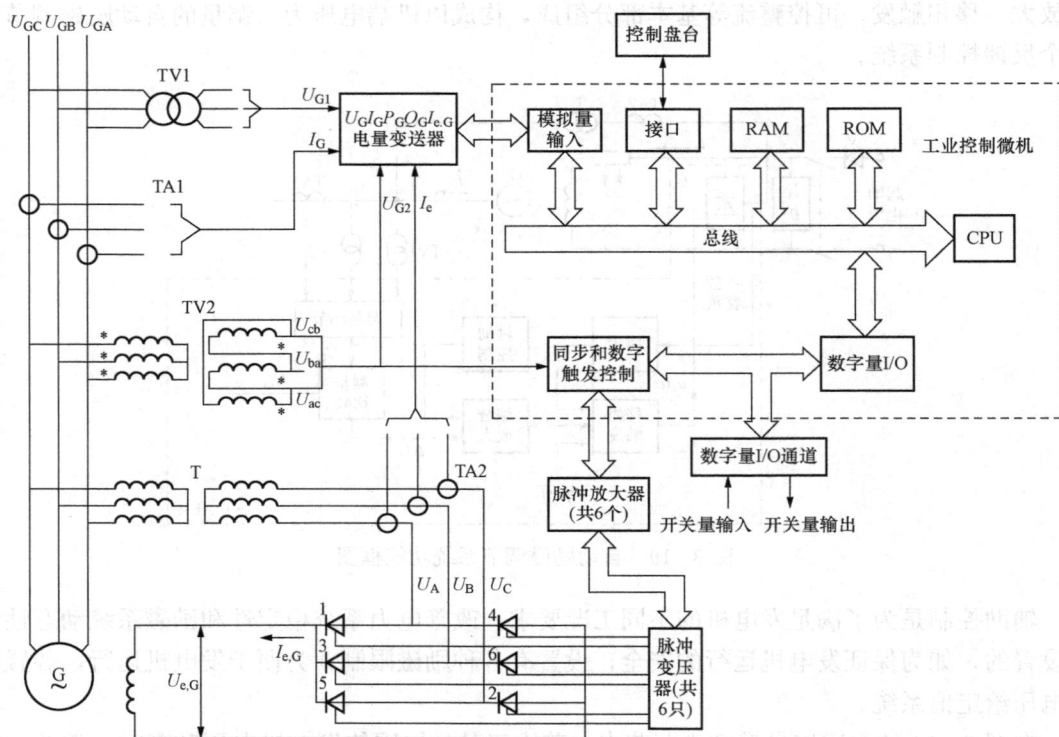

图 3-20　微机型励磁调节装置典型硬件结构框图

　　（1）模拟量输入和电量变送器。一般来说，发电机微机励磁系统的输入为发电机电压 U_G、电流 I_G。有的产品还输入发电机有功功率 P_G 和无功功率 Q_G、频率 f 和励磁电流 $I_{e,G}$。输入两路发电机电压 U_{G1} 和 U_{G2} 是为了防止电压互感器断线（如熔丝熔断）时产生误调节。发电机的励磁电流可以取自晶闸管整流电路的交流侧，如图 3-20 所示；也可以取自晶闸管整流电路的直流侧，由直流互感器供给。输入微机型励磁调节装置的这些模拟电量需转换成数字量才能输入到微机励磁调节装置的核心部分——微型计算机。

　　模拟量输入计算机的方式有两种，即采用电量变送器和交流采样。

　　1）采用电量变送器。图 3-20 是采用电量变送器方式的。电量变送器输出的直流电压与其输入电量成正比。发电机的运行参数 U_G、I_G、P_G、Q_G、f、$I_{e,G}$ 等分别经过各自的变送器变成直流电压。多路转换开关按照分时多路转换原理，把已经变成的直流电压的各输入量按预定的顺序依次接入一个公用的 A/D 转换器，将模拟量转变为数字量送入微型计算机。

2）采用交流采样。采用交流采样时，励磁所需的发电机运行参数，通过对交流电压和交流电流采样，然后用一定的算法（如傅氏算法）计算出来。

（2）CPU 系统。图 3-20 中，虚线框内为微机励磁调节装置配用的 CPU 系统（也称工业控制微型计算机）。图中，处理器（CPU）和 RAM、ROM 合在一起通常又称为主机。发电机运行状态变量的实时采样数据、控制计算过程中的一些中间数据和主程序中控制用的计数值等存放在可读写的随机存储器 RAM 中。固定系数、设定值、应用软件和系统软件等则事先固化存放在只读存储器 ROM 或 EPROM、EEPROM 中。主机是励磁调节装置的核心部件。它根据从输入通道采集的发电机运行状态变量的实时数据，实现控制计算和逻辑判断，求得控制量。该控制量即为要求将晶闸管的控制角 α 控制到多少度。该控制量输入到"同步和数字触发控制"单元，发出载有控制角 α 的触发脉冲信号，经脉冲放大器放大和脉冲变压器整形后送到晶闸管整流桥的 SCR1～SCR6，从而实现对发电机励磁电流 I_{eG} 的控制。

（3）接口电路。在计算机控制系统中，输入、输出通道是不能直接与主机交换信息的，必须由接口电路来完成两者间传递信息的任务。励磁调节装置除采用通用的接口电路如并行和管理接口（中断、计数/定时）外，还在微机中设置了与模拟量连接的模拟输入接口、与数字量连接的数字量 I/O 接口和与监控盘台连接的接口电路。

（4）同步和数字触发控制电路。同步和数字触发控制电路是数字励磁调节装置的一个专用输出过程通道。它的作用是将微型计算机 CPU 计算出来的、用数字量表示的晶闸管控制角转换成晶闸管的触发脉冲。实现上述转换有两种方式：其一是将 CPU 输出的表征晶闸管控制角的数字量转换成模拟量，再经过模拟式触发电路产生触发脉冲，经放大后去触发晶闸管整流桥中的晶闸管；其二是用数字电路将 CPU 输出的表征晶闸管控制角的数字量直接转换成触发脉冲，经放大后去触发晶闸管。第二种方式称为直接数字触发。

为了保证晶闸管按规定的顺序导通，保证晶闸管触发脉冲与晶闸管的阳极电压同步，必须有同步电压信号。

（5）并行 I/O 和显示接口。励磁调节装置也需要采集发电机运行状态信号，如断路器、灭磁开关等状态信号。这些状态信号经转换后与数字输入接口电路连接。

外部中断申请以及机组起动和停机、励磁系统开关量状态、过励保护等继电器触点信号等都通过并行 I/O 传输。

为了便于调试和运行监视，设有接口与监控盘台通信，以便在盘台上显示必要的数据，如实时控制角、调差压降、有关程序运行标志等；供运行人员操作的控制设备，用于增、减励磁和监视调节器的运行。另外还有供程序员使用的操作键盘，用于调试程序、设定参数等。

励磁系统运行中异常情况的告警或保护等动作信号从接口电路输出后，也需变换，以便驱动相应的设备，如灯光、音响等。

2. 软件框图

（1）软件的组成。发电机的励磁调节是一个快速实时的闭环调节，它对发电机机端电压的变化要有很高的响应速度，以维持端电压在给定水平。同时，为了保证发电机的安全运行，励磁调节装置还必须具有对发电机及励磁系统起保护作用的一些限制功能，如强励和低励限制等。

微机型励磁调节装置的调节和限制及控制等功能，都是通过软件实现的。它不仅取代了模拟式励磁调节装置中的某些调节和限制电路，而且扩充了许多模拟电路难以实现的功能，充分体现出微机型励磁调节装置的优越性。

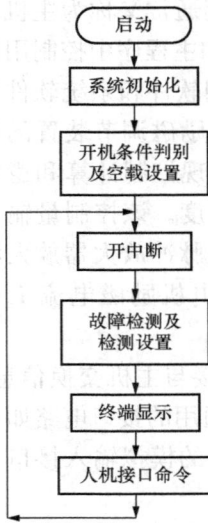

图 3-21　主程序流程图

微机励磁调节装置的软件由监控程序和应用程序组成。监控程序就是计算机系统软件，主要为程序的编制、调试和修改等服务，而与励磁调节没有直接关系，但仍作为软件的组成部分安置在微机励磁调节装置中。应用程序包括主程序和调节控制程序，是实现励磁调节和完成数据处理、控制计算、控制命令的发出及限制、保护等功能的程序；以及用于实现交流信号的采样及数据处理、触发脉冲的软件分相和机端电压的频率测量等功能。微机励磁调节装置的软件设计主要集中在主程序和调节控制程序。

（2）主程序的流程及功能。主程序流程如图 3-21 所示。

1）系统初始化。系统初始化就是在微机励磁调节装置接通电源后、正式工作前，对主机以及开关量，模拟量输入、输出等各个部分进行模式和初始状态设置，包括对中断初始化、串行口和并行口初始化等。系统初始化程序运行结束就意味着微机励磁调节装置已准备就绪，随时可以进入调节控制状态。

2）开机条件判别及开机前设置。图 3-22 是开机条件判别及开机前设置流程图。现假定微机励磁调节装置用于水轮发电机励磁系统。首先判别是否有开机命令。若无开机命令，则检查发电机断路器的分、合状态：分，表明发电机尚未具备开机条件，程序转入开机前设置，然后重新进行开机条件判别；合，表明发电机已并入电网运行，转速一定在 95% 以上，程序退出开机条件判别。若有开机命令，则反复不断地查询发电机转速是否达到 95%，一旦达到表明开机条件满足，结束开机条件判别，进入下一阶段。

开机前设置主要是将电压给定值置于空载额定位置以及将一些故障限制复位。

3）开中断。微机励磁调节装置的调节控制程序是作为中断程序调用的。因此，主程序中"开中断"一框表示微机励磁调节装置在此将调用各种调节控制程序实现各种功能。开中断后，中断信号一出现，CPU 即中断主程序转而执行中断程序，中断程序执行完毕，返回继续执行主程序。

4）故障检测及检测设置。微机励磁调节装

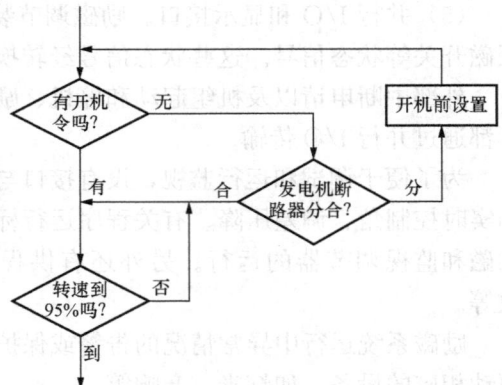

图 3-22　开机条件判别及开机前设置流程图

置中配备了对励磁系统故障的检测及处理程序，它包括 TV 断线判别、工作电源检测、硬件检测信号、自恢复等。检测设置就是设置了一个标志，表明励磁系统已经出现了故障，以便执行故障处理程序。

5）终端显示和人机接口命令。为了监视发电机和微机励磁调节装置的运行情况，可通过 CRT 动态地将发电机和励磁调节装置的一些状态变量显示在屏幕上。终端显示程序将需要监视的量从计算机存储器中按一定格式送往终端显示出来。

在调试过程中，往往需要对一些参数进行修改，为此，设计了人机接口命令程序。该程序能实现对电压偏差的比例积分微分（PID）调节参数、调差系数等在线修改。

（3）调节控制程序的流程和功能。图 3-23 是调节控制程序的流程图。如图 3-16 所示的晶闸管全控桥式整流电路，每个交流周期内触发 6 次，对于 50Hz 的工频励磁电源则每秒触发 300 次。为了满足这种实时性要求，中断信号每隔 60°电角度出现一次，每次中断间隔时间约 3.3ms。要在每个中断间隔时间内，执行完所有的调节控制计算和限制判别等程序是不可能的。因此，程序采用分时执行方式，在每个周期的 6 个中断区间，分别执行不同的功能程序。这 6 个中断区间以同步信号为标志。

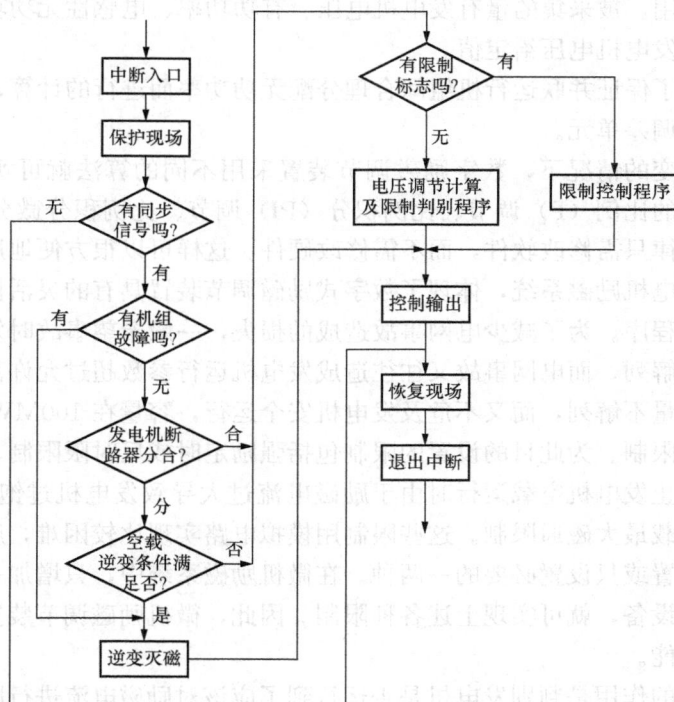

图 3-23　调节控制程序流程图

进入中断以后，首先压栈保护现场，将被中断的主程序断点和寄存器的内容保护起来，以便中断结束后返回到主程序断点继续运行。接下来查询是否有同步信号。同步信号是通过开关量输入、输出口读入的。若没有同步信号，则表示没有励磁电源，不执行调节控制程序，退出中断。若有同步信号，则查询是否有机组故障信号。因为机组故障是紧急事件，必须马上处理。一旦查询到机组故障信号便转入逆变灭磁程序。若机组正常无故障，且发电机断路器在分开状态（即机组空载运行），则检查空载逆变条件是否满足。

空载逆变条件有三个：①有停机命令；②发电机机端电压大于 130%额定电压；③发电机频率低于 45Hz。

只要其一成立，则转入逆变灭磁程序。如果发电机处于闭合状态（即机组并网运行），或空载运行而不需逆变灭磁，则转入调节计算程序或限制控制程序。

在执行调节计算程序或限制程序之前，首先检查是否有限制标志。限制标志包括强励限制标志、过励限制标志和欠励限制标志。若有限制标志，即转入限制控制程序；若无，则转入正常调节计算及限制判别程序。

执行电压调节计算程序或限制程序后，就得出晶闸管的控制角和应触发的桥臂号。"控制输出"将输出到同步和数字触发控制电路，生成晶闸管的触发脉冲。然后恢复现场，退出中断，回到主程序。

（4）电压调节计算。电压调节计算流程包括采样程序、调差计算程序和对电压偏差的比例调节等。

采样控制程序的作用是将各种变送器送来的电气量经 A/D 转换成微机能识别的数字量，供电压调节计算使用。被采集的量有发电机电压、有功功率、电感性无功功率、电容性无功功率、转子电流和发电机电压给定值。

调差计算是为了保证并联运行机组间合理分配无功功率而进行的计算，作用相当于模拟式励磁调节装置的调差单元。

在硬件配置不变的情况下，数字励磁调节装置采用不同的算法就可实现不同的控制规律，如对电压偏差的比例（P）调节、比例积分（PI）调节、比例积分微分（PID）调节等。实现不同的控制规律只需修改软件，而不需修改硬件。这样可以很方便地用同一套硬件构成满足不同要求的发电机励磁系统，体现了数字式励磁调节装置具有的灵活性。

（5）限制判别程序。为了减少电网事故造成的损失，一般希望事故时发电机尽量保持并网运行而不要轻易解列。而电网事故又往往造成发电机运行参数超过允许范围。为了保证电网事故时发电机尽量不解列，而又不危及发电机安全运行，容量在 100MW 以上的发电机一般应设置励磁电流限制。为此目的设置的限制包括强励定时或反时限限制、过励延时限制和欠励限制。为了防止发电机空载运行时由于励磁电流过大导致发电机过饱和而引起机过热，还应设置发电机空载最大磁通限制。这些限制用模拟电路实现比较困难，所以，在模拟式励磁系统中一般不设置或只设置必要的一两种。在微机励磁系统中，只增加一些应用程序，不增加或很少增加硬设备，就可实现上述各种限制。因此，微机励磁调节装置都配置有较完善的励磁电流限制功能。

限制判别程序的作用是判别发电机是否运行到了应该对励磁电流进行限制的状态。当被限制的参数超过限制值时，持续一定时间后，程序设置某种限制标志，表明发电机的某一运行参数已经超过了限制值，应该进行限制了。在下一次中断进入调节控制程序之前，首先检查是否有限制标志：有，则执行限制控制程序；无，则执行调节计算程序，如图 3 - 23所示。

二、工作通道各个环节的工作原理

由基本的自动励磁调节系统功能框图 3 - 19 可知，自动励磁调节系统工作通道由调差环节、测量比较、综合放大、移相触发、可控整流等基本部分组成。下面简单阐明工作通道各个环节的工作原理。

1. 调差环节

调差环节是为了稳定、合理地分配机组间的无功功率而设置的，有关原理详见第五节。

2. 测量比较环节

AER 工作过程中，需将发电机的各种电气量转换成微机能识别的数字量，被采集的电气量中，模拟量部分主要包括：发电机机端电压 U_G、发电机并列母线电压（或称系统电压）U_s、定子电流 I_G、发电机励磁电流 I_{eG}、励磁电压 U_{eG}、发电机有功功率 P 和无功功率 Q 以及发电机频率 f、励磁变压器低压侧电流。

再求出输出电压与给定电压之差就可得到测量比较输出的偏差电压。此环节输出的偏差电压 ΔU 可表示为

$$\Delta U = U_{set} - U'_G \tag{3-15}$$

式中 U_{set}——给定电压；

U'_G——通过调差环节后输出的电压值。

(1) 机端电压的测量。测量发电机机端电压 U_G，用作发电机机端电压稳定调节的反馈。通常为了避免测量 TV（电压互感器）断线（如 TV 高压侧熔丝熔断）时引起误强励，励磁控制器需同时测取励磁专用 TV 和测量仪表用 TV 两路电压信号，作为 TV 断线判别之用。

测量发电机并列母线电压 U_s 的作用是：在发电机起励建压时为发电机电压跟踪系统电压提供一个跟踪目标值。

在微机励磁控制系统中，交流电压的测量包括对励磁专用 TV 和测量仪表用 TV 两路电压信号，以及 U_s（系统电压）三个电压的测量。它们均为三相交流 100V 电压信号，取自各自的 TV 二次侧。

交流电压的测量有两种方式：①将经输入电路隔离变换后的三相电压进行整流、滤波变成直流电压，再经 A/D 变换变成微机可识别的数字量；②将隔离变换后的三相电压先进行 A/D 变换，变换成数字量后，取出正序电压，再进行数字滤波获得微机能识别的数字量。采用发电机的正序电压反映机端电压，可提高系统发生不对称短路故障时 AER 的检测灵敏度。

(2) 发电机励磁电流的测量。测量发电机励磁电流，用作励磁电流稳定调节的反馈和过励磁限制等。鉴于励磁电流在励磁控制与励磁限制中的重要性，通常需要在不同测量点以不同原理分别测取励磁电流，互为备用。

励磁电流可通过接在励磁回路中的分流器、变换器滤波后，经 A/D 变换测得。

在自并励励磁系统中，也可测量励磁变压器低压侧电流（图 3-19 中 TA2 的二次电流）来反应励磁电流。

(3) 发电机有功功率 P 和无功功率 Q 的测量。有功功率 P 是电力系统稳定器（PSS）及最优励磁控制器的主要状态量之一。无功功率 Q 是无功功率稳定调节（恒 Q 运行方式）和实现无功调差所必需的。

在 AER 中，有功功率和无功功率测量有两种方式：①直接采用功率变送器，直接获得三相有功功率和三相无功功率的数字量；②应用定子电压、定子电流的采样值直接计算出发电机三相有功功率和三相无功功率。前者要增加硬件设备，后者不增加硬件设备，完全由软件实现。

(4) 开关状态量的检测。AER 工作过程中，被采集的电气量中，开关量部分主要包括：发电机出口主断路器 QF、发电机保护出口继电器 KOM、发电机灭磁开关 FMK、发电机开停机信号、增减磁信号、功率单元局部故障信号（如风机停风，快速熔断器熔断，硅元件温

度高等）和运行方式转换信号等。

1）发电机出口主断路器 QF 的状态。QF 的状态对励磁控制非常重要。在发电机单机运行时，禁止使用恒 Q 运行方式；欠励限制、无功过载限制和 PSS 等功能仅在并网状态下执行；最大励磁电流瞬时限制的整定值在并网状态为 2 倍的额定励磁电流，而在单机状态通常只需取 0.5～0.7 倍额定励磁电流；灭磁仅在单机状态允许执行；发电机电压允许调节范围在单机运行时较大，而并网运行时较小等。

2）发电机保护出口继电器 KOM 的触点信号和发电机灭磁开关 FMK 状态信号。KOM 的触点信号主要用作继电保护动作时控制励磁控制器配合进行逆变灭磁，同时和磁场开关 FMK 的触点信号一起，用作触发励磁控制器的事故记录。

3）功率单元局部故障信号。功率单元局部故障信号包括快速熔断器熔断、冷却风机停风、硅元件温度过高等，作为限制功率单元最大出力的依据。

4）发电机开停机信号。对励磁控制器而言，发电机开停机信号主要用作起励与灭磁控制的辅助控制信号，其中停机信号如在并网状态有效时，可作为自动减无功负荷到零的命令。

5）增减磁信号。在发电机单机运行时，增减磁信号用作升降发电机机端电压，并网运行时用作增减无功负荷。

6）运行方式转换信号。运行方式转换信号用作选择恒 U_G 运行方式、恒 I_{eG} 运行方式或恒 Q 运行方式。

3. 综合放大环节（PID 控制）

PID 计算就是比例、积分、微分运算。在模拟式控制装置中称为综合放大单元。综合放大单元是将电压偏差 ΔU 与其他辅助信号进行综合放大，以提高装置的灵敏度，适应不同运行工况的要求。

综合放大单元要综合的信号按性质可分为三类：

（1）主控制信号。即电压偏差 ΔU 用于正常的励磁调节。

（2）反馈控制信号。为改善控制系统动态性能而设置的辅助控制信号，包括为改善励磁系统动态性能的微分反馈信号（励磁系统稳定信号）和提高电力系统稳定的信号（电力系统稳定器）等。

（3）限制控制信号。为保证发电机及系统安全运行设置的辅助控制信号，包括最大、最小励磁限制信号等。

以上三种信号中，前两种在正常情况下按预定规律对励磁系统实施控制；后一种在正常情况下不起作用，在异常情况下（危及发电机及系统安全时）才进行限制控制。

PID 计算环节输入的是偏差信号电压 ΔU，输出的是控制信号电压 y。

4. 移相触发环节

该部分主要包括数字移相及触发脉冲的形成。

数字移相就是将 PID 计算输出的数字量 y 转换为控制角 α，并在规定的角度区间内形成脉冲，经功率放大后形成触发脉冲，对相应晶闸管触发。对三相全控桥触发脉冲，控制角 α 有上、下限，即 $\alpha_{min} \leqslant \alpha \leqslant \alpha_{max}$，如取 $\alpha_{mim} = 5°$、$\alpha_{max} = 150°$。此外，须采用双脉冲触发。

（1）数字移相。数字移相工作特性就是输出的控制角 α 与输入量 y 间的关系曲线。根据 AER 调节规律，发电机机端电压在给定值 $\dfrac{U_{set}}{K}$ 水平上运行。当机端电压 U_G 降低时，励磁电压应升高，此时控制角 α 应减小，驱使机端电压 U_G 升高，从而使机端电压维持在水平上运行。

当机端电压 U_G 升高时，控制角 α 应增大，使励磁电压降低，驱使机端电压降低，从而使机端电压维持在 $\dfrac{U_\mathrm{set}}{K}$ 水平上运行。注意到上述规律有线性关系，并作出数字移相工作特性，如图 3-24 所示。图中粗线段表示发电机正常运行时的工作范围。$\alpha = f(y)$ 工作特性曲线不随 U_set 而改变。

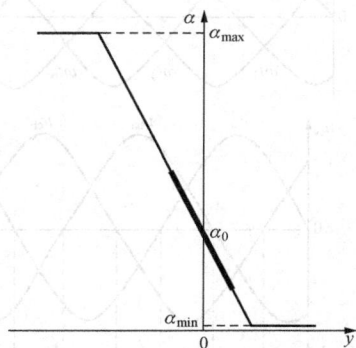

图 3-24　数字移相工作特性

数字移相就是将数字量 y 在规定的角度区间内转换成时间 t_α，再由 t_α 转换为工频电角度 α，从而实现数字移相。

数字移相是通过软件和可编程定时/计数器（如 8253 芯片）实现的。我们已经知道，三相全控桥式整流电路输出电压的高低取决于控制角 α 的大小，而 α 的大小可用触发脉冲距 α 角起始点的延时 t_α 来表示，再折算成对应的计数脉冲个数 D。α 换算为 t_α 的公式为

$$t_\alpha = \frac{\alpha}{360°} T \tag{3-16}$$

式中　T——晶闸管交流电源的周期。

如加到定时/计数器中的计数脉冲的频率为 f_c，则与 t_α 对应的计数脉冲数为

$$D = t_\alpha f_\mathrm{c} \frac{\alpha}{360°} T f_\mathrm{c} \tag{3-17}$$

如果已知控制角 α（ΔU_G 和 ΔQ 通过软件计算确定），可求得计算机的写入数 D。在 $\alpha = 0°$ 时，将其装入相应定时/计数器的计数器中。计数器为减法计数器，计数结束时，计数器输出端输出低电平信号，经功率放大电路和脉冲变压器，形成触发脉冲，去触发相应晶闸管。

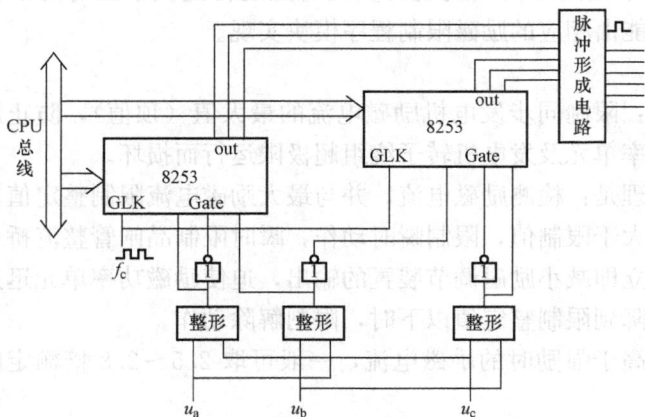

图 3-25　三相数字移相脉冲原理图

（2）同步电路。同步电路的任务是将同步变压器二次侧电压整形成方波，作为定时计数器的门控信号，指明控制角 α 的计时起始点，以触发相应晶闸管。图 3-25 为三相数字移相脉冲原理图，图中采用 2 个 8253 芯片、输出 6 个触发脉冲作为三相全控桥的双脉冲触发，脉冲间隔为 60°。

如图 3-26 所示，线电压 u_ac、u_ba、u_cb 经方波整形后可得宽度为 180° 的三个方波，它们各自的反相器也是三个宽 180° 的方波，这六个方波依次间隔 60°。它们的上升沿正好与 6 个自然换相点对应，分别接到 2 个 8253 芯片的 6 个 Gate 端，作为三相全控桥各晶闸管控制角 α 的计时起

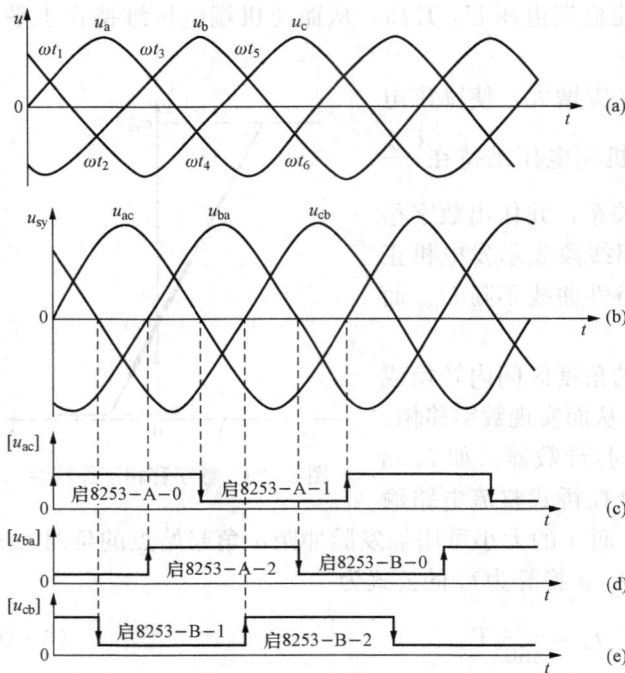

图 3 - 26 同步电压波形
(a) 交流电源相电压；(b) 晶闸管同步电压；
(c)、(d)、(e) 整形后的方波电压

点，6 个输出端信号经转换后得到输出的触发脉冲信号。

微机型励磁调节装置可以充分发挥其软件优势，无需添加硬件即可方便实现其控制功能，且"智能化"地计及运行中有关因素，具有模拟式调节器无法比拟的优点。

在自并励励磁系统中，触发脉冲属于弱电，励磁电压属强电，所以脉冲放大输出的脉冲变压器一、二次绕组间应有足够高的隔离耐压水平；又因励磁电流大，可控整流柜不止一面，故触发脉冲输出数量要满足要求，输出功率要足够大以保证晶闸管触发导通。

三、微机励磁调节装置的励磁限制

励磁限制是励磁调节装置的辅助控制环节。大、中型同步发电机组出于安全稳定运行的需要，要求现代励磁调节装置必须配备完善的励磁限制功能，如最大励磁电流瞬时限制、反时限延时过励磁电流限制、整流柜最大出力限制、欠励限制、伏赫限制等。这些励磁限制无论在同步发电机单机空载运行时，还是并网带负荷运行时，都能在保证同步发电机的试验运行、正常发电运行和调相运行的前提下，对同步发电机的励磁电流、定子电压、定子电流和无功功率等给予全面的安全限制和保护，给大、中型同步发电机组的安全稳定运行提供了强有力的保障。微机励磁调节装置的励磁限制功能由相应的励磁限制程序模块实现。

1. 最大励磁电流瞬时限制

最大励磁电流瞬时限制的作用是：限制同步发电机励磁电流的最大值（顶值），防止超出设计允许的强励倍数，避免励磁功率单元及发电机转子绕组超极限运行而损坏。

最大励磁电流瞬时限制的工作原理是：检测励磁电流，并与最大励磁电流限制整定值比较，若小于限制值，限制不动作；若大于限制值，限制瞬时动作，瞬时限制晶闸管整流桥中晶闸管控制角在预先规定的范围内，立即减小励磁调节装置的输出，迫使励磁功率单元迅速减小输出的励磁电流，当励磁电流下降到限制整定值以下时，限制解除动作。

最大励磁电流瞬时限制整定值应高于强励时的励磁电流，一般可取 2.5～2.8 倍额定励磁电流。

2. 反时限延时过励磁电流限制

反时限延时过励磁电流限制是用于防止同步发电机转子绕组因长时间过流而过热。同步发电机的励磁绕组及励磁功率单元的长期工作电流，是按额定励磁电流的 1.1 倍设计的，当励磁电流超过了额定励磁电流的 1.1 倍时，就称之为"过励"。

反时限延时过励磁电流限制实际上由一个热量积分器加一个定值小于 1.1 倍额定励磁电流的定电流调节器组成，通常，该限制提供反时限限制特性，即按发电机转子容许发热极限曲线对发电机转子电流进行限制。

3. 整流柜最大出力限制

在自并励励磁系统中，若晶闸管元件故障、快速熔断器熔断或冷却风机停运等故障时，则应根据具体情况判断是否限制发电机负荷，限制其最大出力，以免发生过载而扩大故障。如果此时不对整流柜的最大出力进行限制，那么发生强励时，整流柜可能严重过载而扩大故障甚至完全烧毁，严重危及发电机组的安全运行。如多台整流桥并列运行，则当一台整流柜故障时，可不限负荷、不限强励；如接着另一台再发生故障时，则需限制发电机励磁电流，不致引起整流柜故障扩大，同时解除强励。

4. 欠励限制（最小励磁限制）

欠励限制的作用是防止发电机因励磁电流过度减小而引起失步或因机组过度进相运行而引起发电机定子的端部过热。

当发电机的励磁不足时，发电机的定子电流将变成超前功率因数角，发电机从系统吸收感性无功功率，进入进相运行。励磁电流越小，发电机从系统吸收的无功就越多，其进相运行就越深。在系统处于轻负荷运行状态时，利用一部分发电机进相运行吸收系统过剩的无功，避免系统电压因无功过剩上升过高，是一种比较经济简便的调压措施。然而，发电机的进相运行不是无限制的，而要受到静态稳定和定子端部温升的限制。当发电机因吸收无功过多而导致机组过度进相运行时，容易导致发电机失稳和定子端部过热。为此，必须设置发电机欠励限制环节。

5. 伏赫限制

同步发电机解列运行时，其机端电压有可能升得较高，而其频率也有可能降得较低，如果其机端电压 U_G 与其频率 f 的比值 $\dfrac{U_G}{f}$（称为伏赫比）过高，则同步发电机及与其相连的主变压器（单元接线机组）的铁芯就会发生磁饱和，使空载励磁电流加大，造成铁芯过热。因此有必要对 $\dfrac{U_G}{f}$ 比值加以限制。伏赫限制的任务就是在机组解列运行时，确保 $\dfrac{U_G}{f}$ 比值不超出安全数值。$\dfrac{U_G}{f}$ 比值的整定值通常取标幺值为 1.1～1.15。

四、微机型励磁调节装置的主要性能特点

1. 硬件简单，可靠性高

由于采用了微处理器，以往调节器中的操作回路、部分可控整流触发回路、各种保护功能、机械或电子的电压整定机构都可以简化或省去，采用软件来完成。这样就使印刷电路板的数量大大减少，电路元件减少，焊点少，接插件少，使装置可靠性提高。

2. 便于实现复杂的控制方式

复杂的控制方式，如最优控制、自适应控制、人工智能等，往往要求大量的计算和判断，这对模拟式的励磁调节装置是不可能实现的，而微机型励磁调节装置为实现复杂的控制提供了可能性。

3. 硬件易实现标准化，便于产品更新换代

微机型励磁调节装置，硬件的功能主要是输入发电机的参数如电压、电流、励磁电压、

励磁电流等，输出各控制、报警信号及触发脉冲。这是任何晶闸管作为励磁调节装置的执行元件都必须具备的电路。对于不同容量、不同型号的发电机，只要改变软件及输出功率部分就可以。这样便于标准化生产，便于产品升级换代。硬件的调试工作量也大大减少。

4. 显示直观

发电机的各种运行状态、运行参数、保护定值等都可以通过显示面板的数码管显示出来，不仅显示十进制，还可以显示十六进制数。除此之外，还可显示各种故障信号，为运行人员提供了极大的方便。

5. 通信方便

可以通过通信总线、串行接口或常规模拟量方式方便灵活地与上位计算机进行通信或接受上位计算机的控制命令。上位计算机可直接改变机组给定电压值，非常简单地实现全厂机组的无功成组调节及母线电压的实时控制，便于实现全厂的自动化。

第五节　并联运行机组间无功功率的分配

一、调差环节的工作原理

1. 调差系数的概念

发电机励磁调节系统由励磁系统和发电机组成，考虑发电机转子电压和电流之间存在线性关系（未饱和时），利用励磁调节系统的工作特性 $I_{e,G}=f(U_G)$［或 $U_{av}=f(U_G)$］和同步发电机的调节特性 $I_{Q,G}=f(I_{e,G})$，可以合成发电机无功调节特性（即发电机的外特性）。

发电机的调节特性是指发电机励磁电流 $I_{e,G}$ 与无功负荷 $I_{Q,G}$ 之间的关系。由于在励磁调节装置作用下，发电机电压在额定值附近变化，图 3-27（a）给出了发电机电压处于额定值时的调节特性。图 3-27（b）是利用作图法作出的发电机无功调节特性曲线 $U_G=f(I_{Q,G})$，图上用虚线示出了作图过程。图 3-27（c）示出了不同给定电压值下的同步发电机无功调节特性曲线，与图 3-2（d）一样，是发电机的外特性曲线。

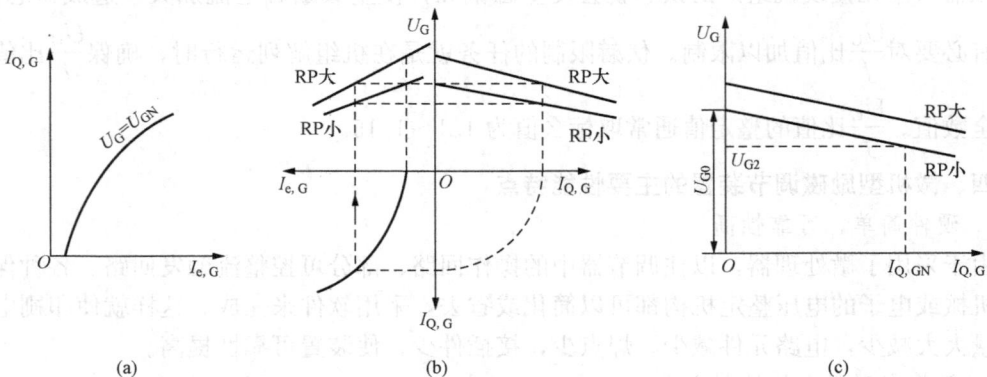

图 3-27　发电机无功调节特性（发电机外特性）的形成
（a）发电机的调节特性；（b）无功调节特性（外特性）求取；（c）无功调节特性（外特性）

由图 3-27（c）可以看出，改变端电压给定值可以上下平移无功调节特性。而在某一给定值下，调节特性随发电机无功电流 $I_{Q,G}$ 的增加稍有下倾，下倾的程度可以用一个重要参数——调差系数 K_u 来表示，它是具有 AER 发电机外特性的一个重要参数。由图 3-28 可得

到调差系数的定义为

$$K_u = \frac{U_{G0} - U_{G2}}{U_{GN}} = U_{G0*} - U_{G2*} = \Delta U_{G*} \qquad (3-18)$$

式中　U_{GN}——发电机额定电压；

U_{G0}、U_{G0*}——发电机空载电压（发电机无功电流 $I_{Q,G}=0$）及标幺值；

U_{G2}、U_{G2*}——发电机带额定无功负荷时的电压（$I_{Q,G}=I_{Q,GN}$）及标幺值。

调差系数 K_u 可理解为发电机无功功率从零增加到额定值时机端电压的相对下降值，也可以用百分数表示，即

$$K_u = \frac{U_{G0} - U_{G2}}{U_{GN}} \times 100\%$$

由式（3-18）可见，调差系数越小，无功电流变化时发电机端电压变化越小，所以调差系数 K_u 表征了励磁调节系统维持发电机端电压的能力，无功调节特性也被称为调差特性。

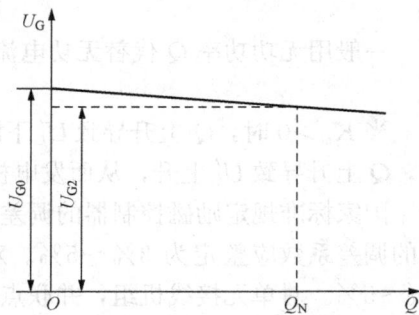

图 3-28　调差系数定义示意图

2. 调差环节的作用

由于发电机运行需要，调差系数需要调整，调整的内容是要求 $K_u > 0$ 或 $K_u < 0$，同时 K_u 数值必须调整。不同调差系数的发电机无功调节特性如图 3-29 所示。由式（3-18）可知，$K_u > 0$ 为正调差系数，其调差特性下倾，即发电机端电压随无功电流的增大而降低；$K_u < 0$ 为负调差系数，其调差特性上翘，发电机端电压随无功电流的增大而升高；$K_u = 0$ 为无差特性，调差特性呈水平，这时发电机端电压为恒定值。

由于同步发电机在电网中运行情况各异，对无功调节提出了不同的要求，因此在励磁调节装置中设置了调差单元，所以调差环节用来获得所需的调差系数。

图 3-30 为励磁调节装置接入调差环节简图，接入调差环节后，仅影响自动励磁调节系统的反馈通道。

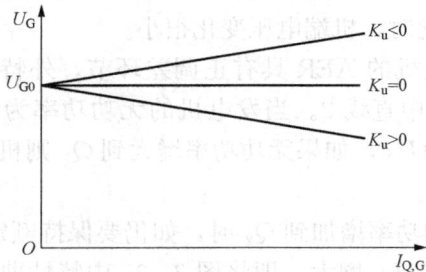

图 3-29　不同调差系数的发电机无功调节特性

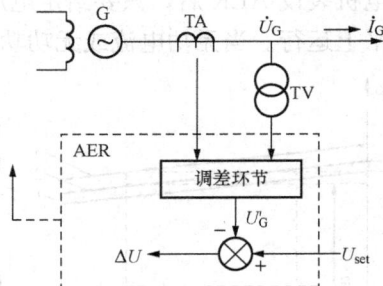

图 3-30　励磁调节装置接入调差环节简图

正调差系数的物理概念可理解为：无功电流 $I_{Q,G}$（或 Q）增大时，AER 感受到的电压 U_G' 在上升（相当于发电机电压虚假升高），于是 AER 降低发电机的励磁电流，驱使发电机电压降低，所以得到下倾的外特性曲线。正调差特性主要用来稳定并联运行机组间无功电流的分配，所以正调差环节也可称为电流稳定环节。

负调差系数的物理概念可理解为：无功电流 $I_{Q,G}$（或 Q）增大时，AER 感受到的电压 U'_G 在下降（相当于发电机电压虚假降低），于是 AER 增大发电机的励磁电流，驱使发电机电压升高，所以得到上翘的外特性曲线。负调差特性主要用来补偿变压器或线路压降，维持高压侧并列点的电压水平，所以负调差环节也可称为电流补偿环节。

3. 调差系数的整定

在微机励磁调节装置中采用的调差公式为

$$U'_G = U_G - K_u I_{Q,G} \tag{3-19}$$

一般用无功功率 Q 代替无功电流 $I_{Q,G}$ 成为名副其实的无功（功率）调差，即

$$U'_G = U_G - K_u Q \tag{3-20}$$

当 $K_u > 0$ 时，Q 上升导致 U'_G 下降，从而发电机电压 U_G 下降，即为正调差；当 $K_u < 0$ 时，Q 上升导致 U'_G 上升，从而发电机电压 U_G 上升，即为负调差。

国家标准规定励磁控制器的调差系数可调范围为 $\pm 10\%$，而电力系统运行要求机组并列点的调差系数应整定为 $3\% \sim 5\%$。对机端直接并联运行的机组，使用正调差系数整定为 $3\% \sim 5\%$。对单元接线机组，并联点在升压变压器高压侧，为补偿升压变压器的电压降落，应使用负调差系数，大容量升压变压器的电抗一般在 $12\% \sim 15\%$ 之间，折算为正调差系数为 $6\% \sim 8\%$，为保证并列点的调差系数为 $3\% \sim 5\%$，需要整定励磁控制器的调差系数为 -3% 左右。

二、具有自动调节励磁装置发电机外特性的移动

1. 调差特性的平移

发电机装设 AER 后，AER 调节结束时，由式（3-4）可见，发电机电压维持在 $\dfrac{U_{set}}{K}$ 水平。U_{set} 增大时，机端运行电压升高；U_{set} 减小时，机端运行电压降低。这种情况反映在 AER 的工作特性上，给定电压 U_{set} 增大，发电机外特性向上移动；给定电压 U_{set} 减小，发电机外特性向下移动。这种外特性曲线的移动，不会对调差系数产生影响。即发电机外特性曲线的上、下平移可通过改变给定电压 U_{set} 实现。

发电机装设 AER 后，只要给定电压不变，AER 调节结束后，总可使机端电压维持在给定值水平上运行。当无功电流或无功功率发生变化时，机端电压变化很小。

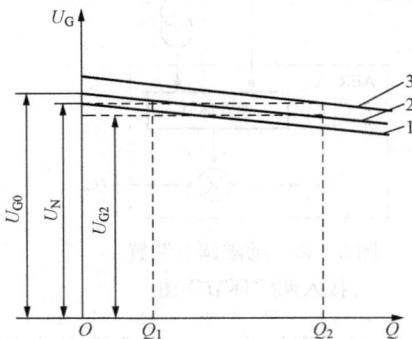

图 3-31　AER 可维持机端电压为
给定值水平说明

设发电机的 AER 具有正调差环节，外特性曲线如图 3-31 中直线 2。当发电机的无功功率为 Q_1 时，机端电压为 U_N，如果无功功率增大到 Q_2 则机端电压下降到 U_{G2}。

当无功功率增加到 Q_2 时，如仍要保持额定电压，则给定电压 U_{set} 增大，即将图 3-31 中特性曲线 2 平移到 3 位置。使 AER 调节结束后，机端电压总可维持在给定值水平。

2. 发电机无功功率转移

平移发电机外特性曲线可以改变发电机所承担的无功功率。设发电机并入系统时机端电压为额定电压 U_N，外特性曲线如图 3-31 中特性曲线 1 所示，此时发电机不承担无功功率；当 AER 的给

定电压逐渐增大时，发电机外特性曲线由特性曲线 1 上移到特性曲线 2、特性曲线 3，相应的发电机的无功功率上升到 Q_1、Q_2。可见，增大 AER 的给定电压，并接在系统上的发电机所承担的无功功率逐渐增大，此时的机端电压由系统电压确定，一般在额定值附近。

当发电机停机时，可先减小 AER 的给定电压，将外特性曲线向下移动，无功功率逐渐减小。当外特性曲线为图 3-31 中特性曲线 1 时，无功功率已减至零，此时断开发电机不会造成对系统无功功率的冲击。可以看出，减小 AER 的给定电压，并接在系统上的发电机所承担的无功功率会逐渐减小。

由上分析可见，增大或减小 AER 的给定电压，可平稳增大或减小发电机的无功功率，实现发电机无功功率的转移。

并联运行机组间无功功率的分配与各机组的调差特性密切相关，下面分别讨论。

三、并联运行机组间无功功率的分配

1. 一台无差特性的机组与有差特性机组的并联运行

设两台发电机组在公共母线上并联运行，第一台发电机为无差调节特性，如图 3-32 中曲线 1，第二台发电机为有差调节特性，且 $K_u > 0$，如图 3-32 中曲线 2。这时母线电压必定等于第一台发电机的端电压 U_1，并保持不变，第二台发电机的无功电流为 $I_{Q,G2}$。如果无功负荷改变，则第一台发电机的无功电流将随之改变，而第二

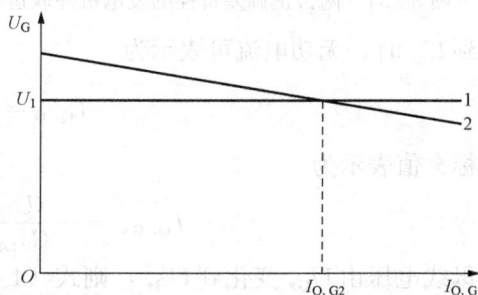

图 3-32　一台无差特性和一台有
差特性机组并联运行

台发电机的无功电流维持不变，仍为 $I_{Q,G2}$。移动第二台发电机调差特性曲线 2 可以改变发电机无功负荷的分配。移动第一台发电机调差特性曲线 1，不仅可以改变母线电压，而且也可以改变第二台发电机的无功电流。

由上面的分析可知，一台无差特性的发电机可以和一台或多台正调差特性的机组在同一母线上并联运行。但由于无差特性发电机组将承担所有无功功率的变化量，无功功率的分配是不合理的，所以实际中很少采用。两台及以上无差特性的机组是不能在同一母线上并联运行的，因为无功功率的分配是随意的，故机组不能稳定运行。

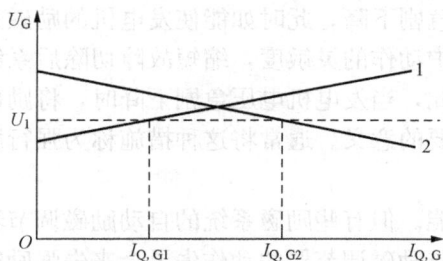

图 3-33　负调差特性机组直接
参与并联运行

2. 一台负调差特性机组和一台正调差特性机组并联运行

如图 3-33 所示，曲线 1 为第一台发电机的负调差特性，曲线 2 为第二台发电机的正调差特性，两机在同一母线上并联运行时，设并联点母线电压为 U_1（见图 3-33 中虚线），两台机组相应的无功电流为 $I_{Q,G1}$ 和 $I_{Q,G2}$。当系统中无功负荷变化（如增大），无功功率在两机组间发生摆动，不能稳定分配，因此不允许负调差特性机组直接参与并联运行。

3. 两台正调差特性的发电机并联运行

两台正调差特性的发电机在公共母线上并联运行，如图 3-34 所示，其调差特性分别为

曲线 1 和曲线 2。两台发电机端电压相同，均为母线电压 U_1，负担的无功电流分别为 $I_{Q,G1}$ 和 $I_{Q,G2}$。

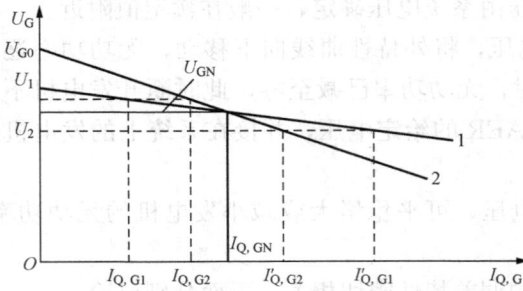

图 3-34 两台正调差特性的发电机并联运行

如果无功负荷增加，母线电压下降，调节器动作使新的稳定电压值为 U_2，这时发电机负担的无功负荷分别为 $I'_{Q,G1}$ 和 $I'_{Q,G2}$，两台机组分别承担一部分增加的无功负荷，无功负荷的分配取决于各机组的调差系数。

设发电机的调节特性如图 3-34 中曲线 1 所示。无功电流为零时的发电机端电压为 U_{G0}；无功电流为额定值 $I_{Q,GN}$ 时，发电机电压为 U_{GN}（见图中细实线）。当机端电压下降到 U_G 时，无功电流可表示为

$$I_{Q,G} = \frac{U_{G0} - U_G}{U_{G0} - U_{GN}} I_{Q,GN} \tag{3-21}$$

用标幺值表示为

$$I_{Q,G*} = -\frac{(U_G - U_{G0})/U_{GN}}{(U_{G0} - U_{GN})/U_{GN}} = -\frac{\Delta U_{G*}}{K_u} \tag{3-22}$$

若母线电压由 U_{G*} 变化到 U'_{G*}，则式（4-22）可写为

$$\Delta I_{Q,G*} = -\frac{\Delta U_{G*}}{K_u} \tag{3-23}$$

式（3-22）和式（3-23）说明，两台正调差特性机组在公共母线上并联运行时，无功负荷分配与调差系数成反比，无功增量分配也与调差系数成反比。通常要求各发电机组间的无功负荷应按机组容量分配，无功负荷增量也应按机组容量分配，即希望各发电机无功电流变化量标幺值 $\Delta I_{Q,G*}$ 相等，这就要求在公共母线上并联运行的发电机具有相同的调差系数。

第六节　同步发电机的强行励磁和灭磁

一、同步发电机的强行励磁

电力系统发生短路故障时，会引起发电机端电压急剧下降，此时如能使发电机的励磁迅速上升到顶值，将有助于电网稳定运行，提高继电保护动作的灵敏度，缩短故障切除后系统电压的恢复时间，并有利于用户电动机的自起动。因此，当发电机电压急剧下降时，将励磁迅速增加到顶值的措施，对电力系统稳定运行具有重要的意义。通常将这种措施称为强行励磁，简称强励。

一般发电机配置的自动励磁调节器均具有强励功能。但有些励磁系统的自动励磁调节器有时可能励磁顶值电压不够高，或响应速度不够快，或励磁调节器的动作失灵会丧失强励能力。在这种情况下，也可以增设强行励磁装置，作为自动调节励磁装置的强励补充。

从强励的作用可以看出，要使强励充分发挥作用，应满足强励顶值电压高且响应速度快的基本要求，因此用两个指标来衡量强励能力，即强励倍数和励磁电压响应比。

1. 强励倍数

强励时能达到的最高励磁电压 $U_{e,max}$ 与额定励磁电压 U_{eN} 的比值，称为强励倍数

K_Q，即

$$K_Q = \frac{U_{e, \ max}}{U_{eN}} \qquad (3 - 24)$$

显然，K_Q 愈大，强励效果愈好。但 K_Q 大小受励磁系统结构和设备费用的限制，通常为 1.2～2 倍。

2. 励磁电压响应比

励磁电压响应比又称励磁电压响应倍率，能反映出励磁响应速度的大小。注意到强励时励磁电压必须要通过转子磁场才能起作用，而转子回路具有较大的时间常数，所以转子磁场的增加将滞后励磁电压的增加。

对于图 3 - 8 直流励磁机系统来说，强励时由于励磁机存在时滞作用，发电机的励磁电压起始上升较慢、然后较快上升、最后又缓慢上升到顶值，励磁电压 u_e 变化曲线如图 3 - 35 (a) 所示。对于图 3 - 9～图 3 - 11 快速励磁系统来说，强励时发电机励磁电压几乎是瞬间上升的，励磁电压 u_e 变化曲线如图 3 - 35 (b) 所示。

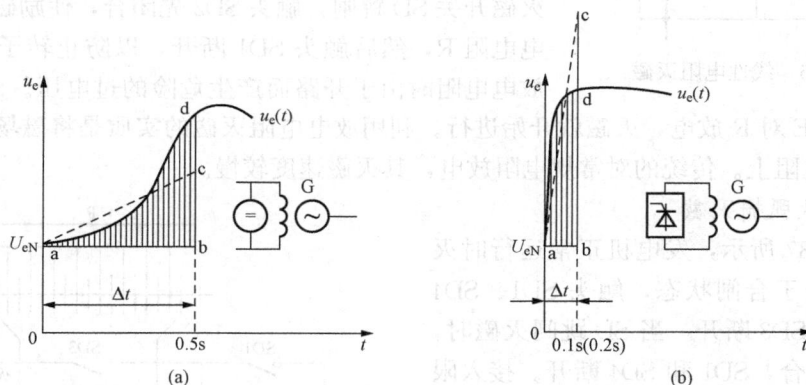

图 3 - 35　强励时发电机励磁电压变化曲线
(a) 直流励磁机系统；(b) 快速励磁系统

在时间相同的条件下，阴影线部分面积越大，表示强励作用越显著。为描述励磁上升速度，并对不同励磁系统进行比较，通常将图 3 - 35 中 abd 阴影处面积等面积变换成 abc。这样，励磁电压的上升速率等效变换成常数。定义 Δt 内励磁电压等速上升的数值与额定励磁电压之比为励磁电压响应比，即

$$励磁电压响应比 = \frac{bc/U_{eN}}{\Delta t}（电压标幺值 /s） \qquad (3 - 25)$$

对直流励磁机系统，取 $\Delta t = 0.55s$；对快速励磁系统，取 $\Delta t = 0.1s$。

不同的励磁系统，励磁电压响应比不同。对直流励磁机励磁系统，该值一般为 (0.8～1.2)U_{eN}(1/s)；对快速励磁系统，该值在 $3U_{eN}$(1/s) 以上。

二、同步发电机的灭磁

运行中的发电机，如果出现内部故障或出口故障，继电保护装置应快速动作，将发电机从系统中切除，但发电机的感应电动势仍然存在，继续供给短路点故障电流，将会使发电设备或绝缘材料等严重损坏。因此当发电机内部或出口故障时，在跳开发电机出口断路器的同时，应迅速将发电机灭磁。

所谓灭磁就是把转子绕组的磁场尽快减弱到最低程度。考虑到励磁绕组是一个大电感，突然断开励磁回路必将产生很高的过电压，危及转子绕组绝缘，所以用断开励磁回路的方法灭磁是不恰当的。在断开励磁回路之前，应将转子绕组自动接到放电电阻或其他装置中去，使磁场中储存的能量迅速消耗掉。对灭磁的基本要求有：

(1) 灭磁时间要短。

(2) 灭磁过程中转子过电压不应超过允许值，其值通常取额定励磁电压的 4～5 倍。

(3) 灭磁后，机组剩磁电压不应超过 500V。

灭磁的方法较多，常用的灭磁方法有：

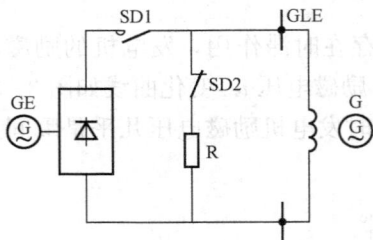

图 3-36　线性电阻灭磁

1. 利用放电电阻灭磁

利用放电电阻灭磁是一种传统的灭磁方法。如图 3-36 所示，发电机正常运行时，灭磁开关 SD 处于合闸位置，励磁机经主触头 SD1 供电给发电机的转子绕组励磁电流，而触头 SD2 断开。发电机退出运行需要灭磁时，灭磁开关 SD 跳闸，触头 SD2 先闭合，使励磁绕组接入放电电阻 R，然后触头 SD1 断开，以防止转子绕组切换到放电电阻时由于开路而产生危险的过电压。SD1 断开后，励磁绕组 GLE 对 R 放电，灭磁就开始进行。利用放电电阻灭磁的实质是将磁场能转换为热能，消耗于电阻上。传统的对常规电阻放电，其灭磁速度较慢。

2. 利用灭弧栅灭磁

如图 3-37 所示，发电机正常运行时灭磁开关 SD 处于合闸状态，触头 SD1、SD4 闭合，SD2、SD3 断开。当 SD 跳闸灭磁时，SD2、SD3 闭合，SD1 和 SD4 断开。接入限流电阻 R_y，是为了防止励磁电源被短接，在极短时间内，SD3 紧接着也断开，期间产生电弧，横向磁场将电弧引入灭弧栅中，电弧被灭弧栅分割成很多短弧，同时径向磁场使电弧在灭弧栅内快速旋转，散失热量，直到熄灭为止。灭磁过程中，励磁电流逐渐衰

图 3-37　灭弧栅灭磁

减，当衰减到较小数值时，灭弧栅电弧不能维持，可能出现电流中断而引起过电压，为限制过电压，灭弧栅并接多段电阻，避免整个电弧同时熄灭，实现按顺序熄灭。只要适当选择灭弧栅旁路电阻，可限制过电压在规定值以内。

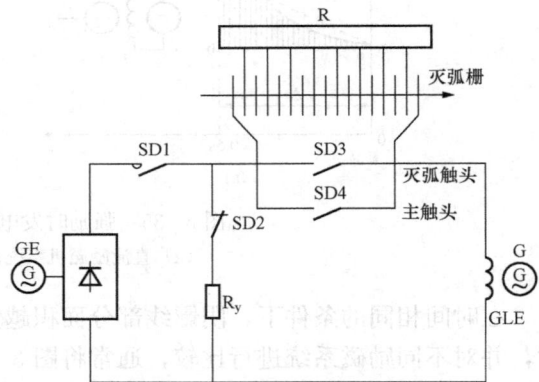

利用灭弧栅灭磁的实质是将磁场能转换为电弧能，消耗于灭弧栅片中。由于其灭磁速度快，通常应用于大、中型发电机组中。

3. 用可控整流桥逆变灭磁

这种灭磁方式只适合于励磁电源采用全控桥整流的机组。在正常工作情况下，全控桥工作在整流状态，供给发电机励磁。当需要灭磁时，将全控桥的控制角后退到最小逆变角，全控桥就可以从"整流"状态过渡到"逆变"状态（见本章第三节的相关内容）。在逆变状态下，转子励磁绕组中储存的能量就逐渐被反送回交流电源侧。由于励磁绕组是无源的，随着

储藏能量的衰减和逆变电流的降低，逆变过程将随之结束。

由于能量直接通过逆变桥从直流侧反送到交流侧，所以不需要灭磁开关。它具有接线简单、经济等优点。但在自并励励磁系统中，逆变电压受机端电压的影响很大，当发生机端三相短路时，发电机端电压下降到很低，从而导致励磁电压较小，逆变灭磁时间加长，严重的甚至有可能致使逆变灭磁失败。在实际现场运行中，逆变灭磁更多的是作为备用灭磁方案用于正常停机。

4. 非线性电阻灭磁

非线性电阻灭磁系统是利用非线性电阻的非线性伏安特性，保证灭磁过程中灭磁电压能较好地维持在一个较高水平，从而保持电流快速衰减，达到快速灭磁目的。国内厂家生产的非线性电阻灭磁由氧化锌（ZnO）非线性电阻构成。氧化锌元件非线性电阻的系数很小，正常电压下漏电流很小，可直接跨接在励磁绕组两端，灭磁可靠。非线性电阻灭磁原理电路如图 3 - 38 所示。

正常运行时，转子的端电压维持在正常水平，远没有达到非线性电阻 R_n 的导通电压值（也称为击穿电压），因此，R_n 的阻值非常大，该支路相当于开路。当收到灭磁指令，开关 K 跳开，由于转子励磁绕组大电感 L 的作用，R_n 的端电压迅速升高。当达到 R_n 的

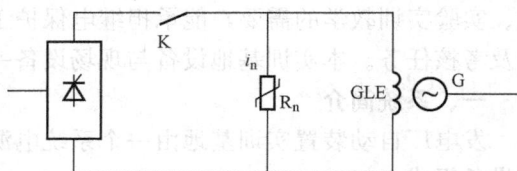

图 3 - 38　非线性电阻灭磁原理电路

导通电压值时，R_n 的阻值迅速下降到很小值，电流 i_n 快速增大。当 i_n 等于励磁绕组回路中的励磁电流时，K 的电弧熄灭，整个回路完成"换流"。这样，所有能量将在 R_n 和励磁绕组内阻上消耗掉。

由于 R_n 的端电压对流过它的电流不敏感，电流的衰减将对端电压影响不大，所以电流衰减速度一直维持在较快的水平。因此，这种灭磁方式的灭磁速度基本恒定。

综上所述，线性电阻灭磁，其灭磁电阻两端的电压是电流的线性函数，灭磁速度随电流的减小而越来越缓慢，最终致使整个系统的灭磁时间比较长。但这种灭磁方式接线简单，动作可靠，造价也十分低廉，因此现在仍然在应用。

灭弧栅灭磁在自并励励磁方式下，只能够在部分情况下获得比较快的灭磁速度，因为它完全依靠耗能型灭磁开关来实现灭磁，导致灭磁开关的负担比较重，随着励磁系统功率的日益增加，大容量的灭弧栅的制造越来越困难，再加上在励磁电流较小时由于开关横向磁场减弱导致容易断弧等原因，灭弧栅灭磁系统很难继续在大型机组广泛应用。

可控整流励磁系统中的逆变灭磁，在自并励励磁系统中，随着机端电压的衰减，其灭磁作用显著下降，因此更多的是用于正常停机时灭磁，而在故障时仍然需要专门的灭磁装置来实现快速灭磁。

非线性电阻灭磁系统，因为非线性电阻具有电阻电压受电流变化影响很小的特性，因此它具有较快的灭磁速度，灭磁曲线比较接近理想曲线，可应用在大容量机组上。

第四章 发电厂自动装置实训基地介绍

本章主要以重庆电力高等专科学校发电厂自动装置实训基地为例，介绍该实训基地的主要装置的结构和基本原理，使用及操作的主要注意事项。

第一节 发电厂自动装置实训基地简介

发电厂自动装置实训基地是电力系统继电保护与自动化、发电厂及电力系统、电力系统自动化等专业进行理论实践一体化教学的场所，能满足电力系统自动装置课程理实一体化教学、实验实训教学的需要，能承担继电保护工、变电站值班员、电气值班员职业技能鉴定培训及考核任务。本实训基地设备与现场设备一致，可承担电厂运行及调试人员培训。

一、系统简介

发电厂自动装置实训基地由一个系统电源稳压装置和四套完全相同的发电厂自动装置实训设备组成。

1. 系统电源稳压装置

系统电源稳压装置由稳压变压器和进线、出线微型断路器构成，安装在柜体中，输入为市电三相 380V 电压，给四套发电厂自动装置提供三相 380V 稳定的系统电源。

2. 发电厂自动装置实训设备

（1）电动发电机组。发电机由异步电动机驱动，异步电动机由变频器供电，通过手动和自动准同步装置自动调节发电机转速，发电机励磁由自动励磁调节器，进行手动和自动调节。

（2）发电机负荷。

1）有功负荷，与同步发电额定功率适配。

2）无功负荷：通过电容器和电抗器容量选择，使功率因数可在 ±0.5 范围变化且不产生谐振。

特别注意：发电机负荷投标方应优先采用平滑调节发热低的有功负荷和无功负荷（需详细说明技术方案）。

（3）发电机微机励磁调节器。发电机微机励磁调节器应是实际生产现场使用的正规产品，并与本项目机组配套，对发电机进行手动和自动调节励磁。

（4）发电机自动准同步装置。发电机自动准同步装置应是实际生产现场使用的正规产品，并与本项目机组配套，对发电机进行手动和自动调节频率和电压。

（5）主要实训项目。发电厂自动装置主要用于运行实训，验证发电机微机励磁调节装置和发电机自动准同步装置功能，以及发电机组的运行特性。也可用于发电机微机励磁调节装置和发电机自动准同步装置的调试实训。

二、系统原理图

发电厂自动装置实训基地单元系统如图 4-1 所示，图 4-2 为稳压电源系统图，图 4-3 为系统整体布置图。

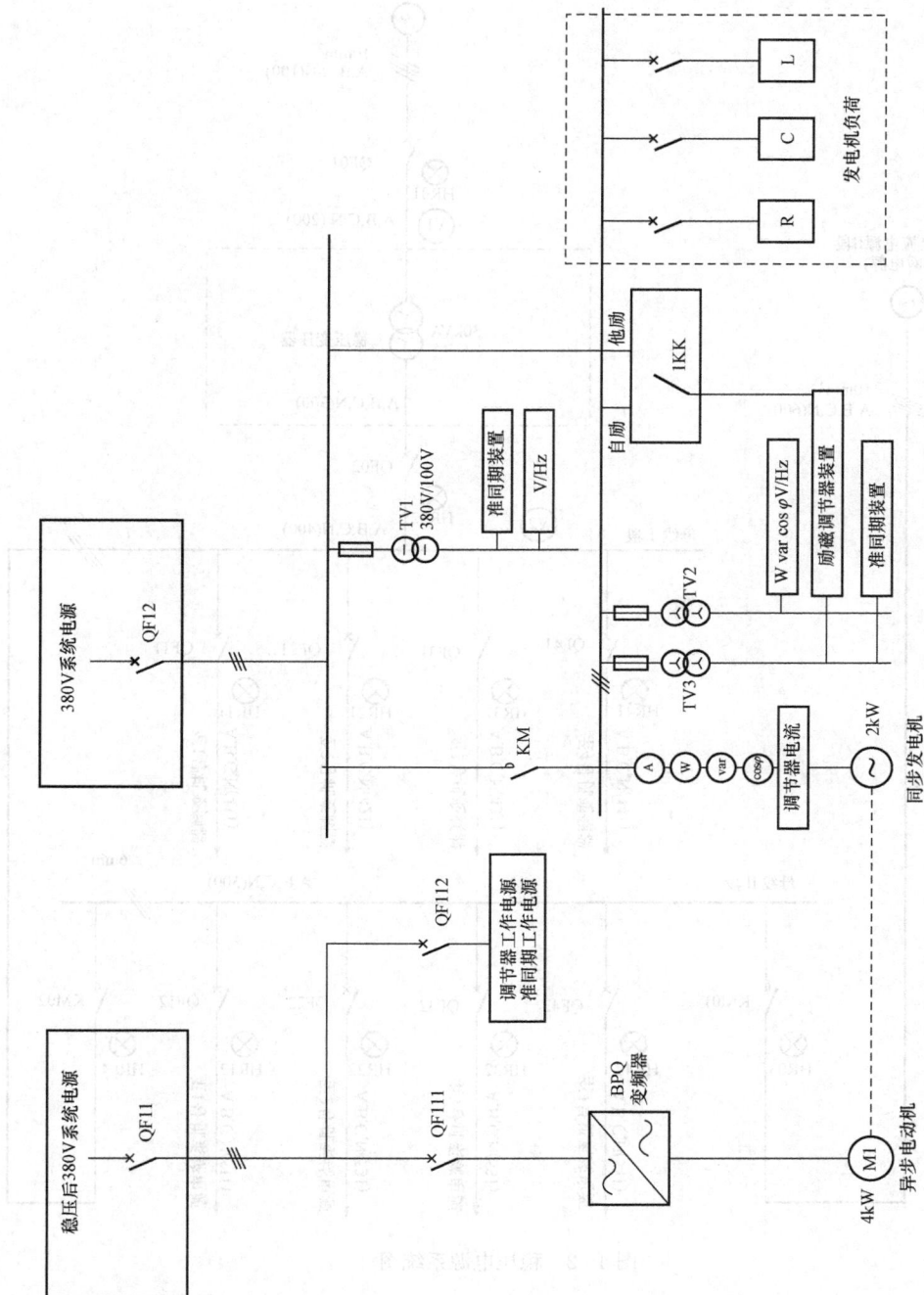

图 4-1　发电厂自动装置实训基地单元系统图

380V厂用交流电源I段

10mm²
A,B,C,N(100)

QF01

HR01

(V1) A,B,C,N (200)

380V厂用交流电源II段
（系统电网电源）

30kVA 稳压变压器

10mm²
A,B,C,N(600)

A,B,C,N(300)

QF02

(V2) HR02 A,B,C,N(400)

母线 I 段 6mm²

QF41 QF31 QF21 QF11

HR41 HR31 HR21 HR11

A,B,C,N(441) 至4号机变频器
A,B,C,N(431) 至3号机变频器
A,B,C,N(421) 至2号机变频器
A,B,C,N(411) 至1号机变频器

母线 II 段 A,B,C,N(500) 6mm²

KM01 QF42 QF32 QF22 QF12 KM02

HR03 HR42 HR32 HR22 HR12 HR04

A,B,C,N(541) 至4号机系统电源
A,B,C,N(531) 至3号机系统电源
A,B,C,N(521) 至2号机系统电源
A,B,C,N(511) 至1号机系统电源

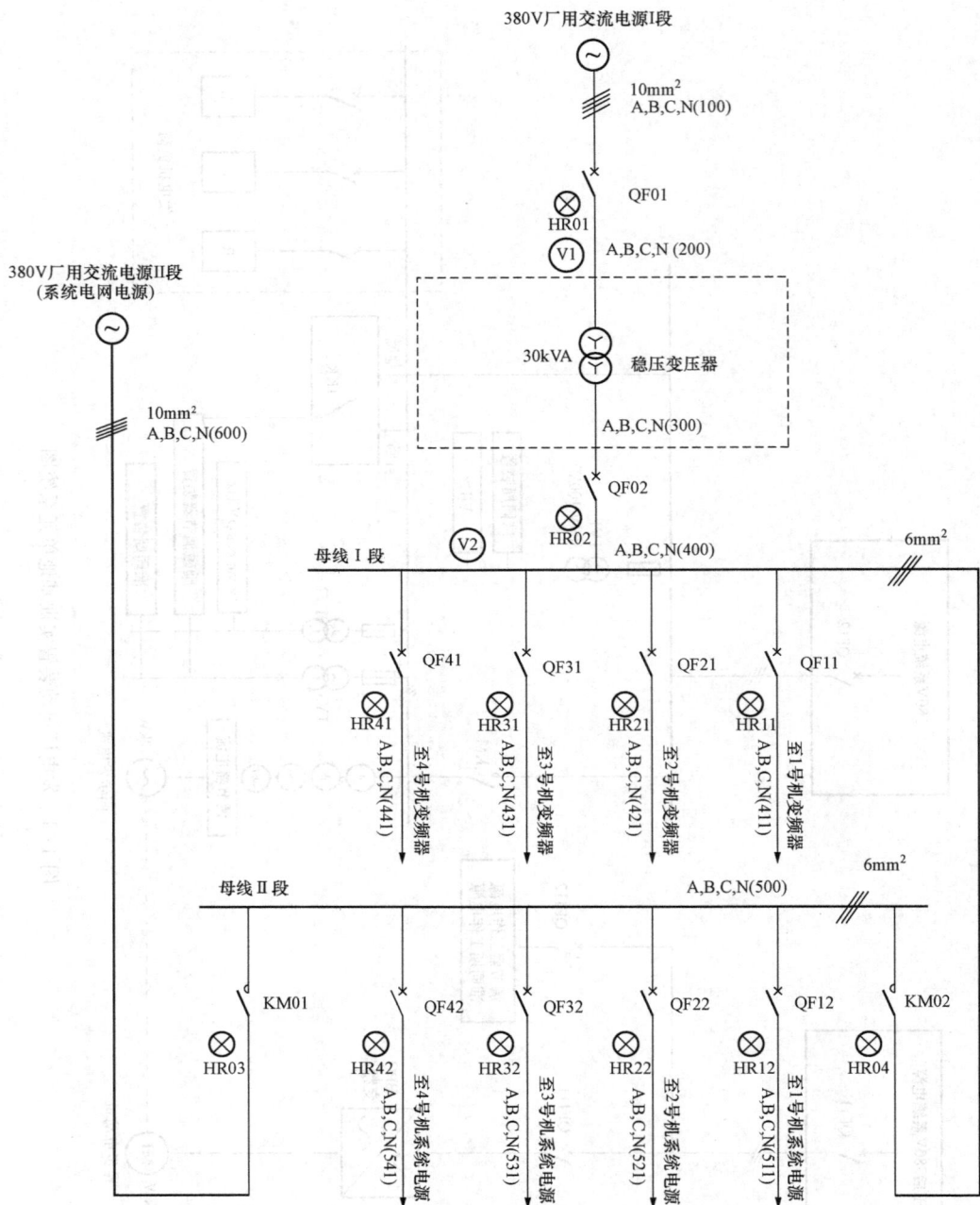

图 4 - 2 　稳压电源系统图

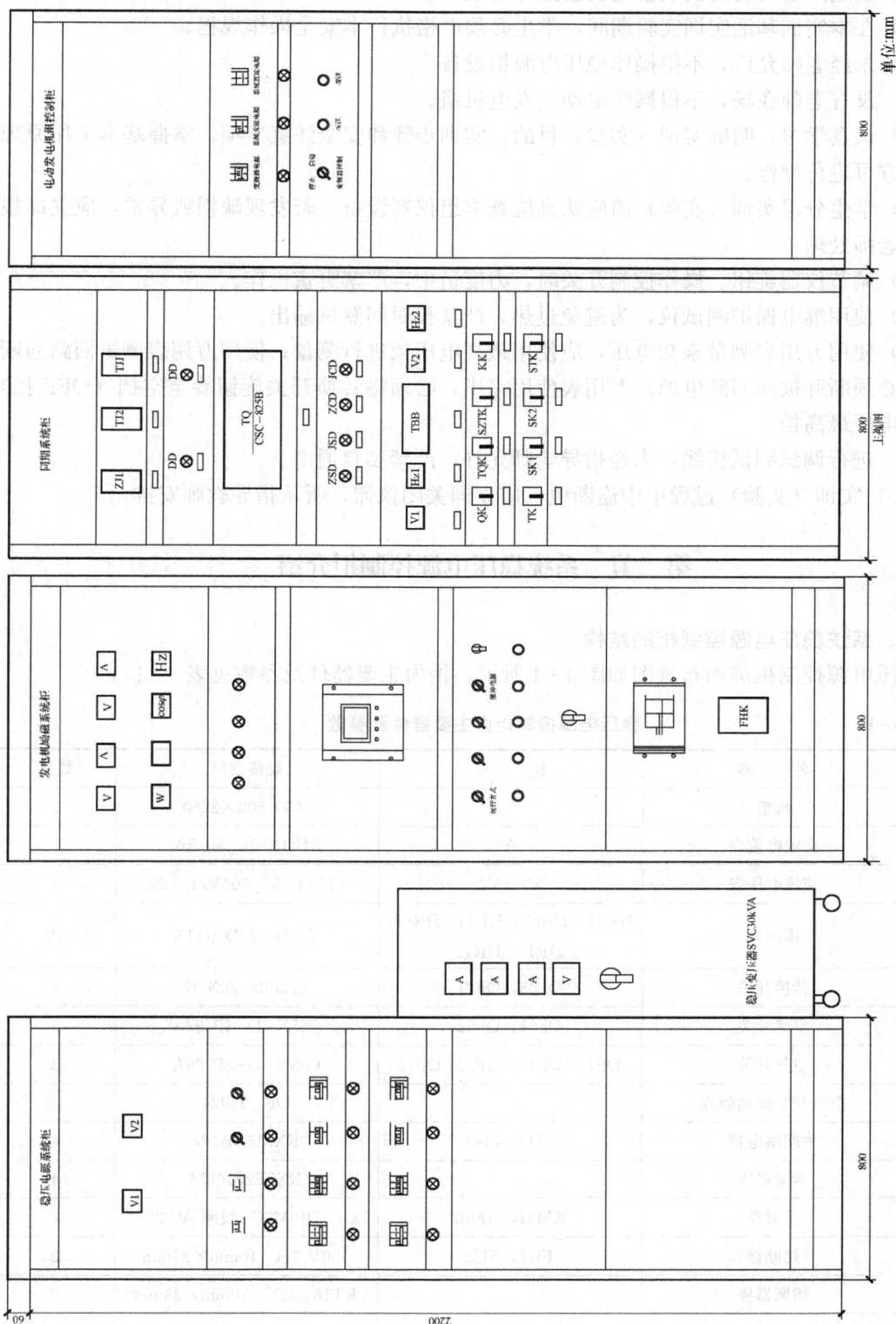

图 4 - 3　系统整体布置图

三、发电厂自动装置实训基地安全操作规程

（1）在本实训基地实训实验期间，学生必须严格执行本安全操作规程。

（2）未经老师允许，不得操作稳压电源柜设备。

（3）没有老师在场，不得操作电动—发电机组。

（4）认真学习，明确实训（实验）目的，实训步骤和安全注意事项，掌握基本工作原理以后，方可进行操作。

（5）学生分组实训（实验）前应认真检查本组仪器设备，若发现缺损或异常，应立即报告指导老师处理。

（6）调节仪器旋钮、操作控制开关时，力度适中，严禁野蛮操作。

（7）使用继电保护测试仪，为避免过热，严禁长时间测试输出。

（8）使用万用表测量未知电压，应使用最高电压挡进行测量；使用万用表测量回路通断状况，必须断开被测回路电源；万用表使用完毕，必须将转换开关旋钮旋至空挡（OFF 挡）或交流电压最高挡。

（9）进行调试测试接线，未经指导老师允许，严禁私自通电。

（10）实训（实验）过程中中途断电，应立即关闭仪器，听从指导教师安排。

第二节　系统稳压电源控制柜介绍

一、系统稳压电源控制柜的结构

稳压电源控制柜屏面布置图如图 4-4 所示。柜内主要器件及参数见表 4-1。

表 4-1　　　　　　　　　稳压电源控制柜内主要器件及参数

序号	名　称	代　号	规格型号	数量
1	机柜		800×600×2260	1
2	交流电流表	A	61L13 - A _ 50/5A	1
3	交流电压表	V1，V2	61L13 - V _ 500V/1.5 级	2
4	指示灯	HR01，HR02，HR11 - HR41，HR12 - HR42	AD16 - 22D/R31S	12
5	转换开关	QF03，QF04	LA39B - 20X/K	2
6	空气开关	QF01，QF02	C65N - D - 3P/63A	2
7	空气开关	QF11 - QF41，QF12 - QF42	C65N - D - 3P/25A	8
8	空气开关辅助触点		OF _ 26924	10
9	中间继电器	ZJ12 - ZJ42	RXM2AB2P7	4
10	继电器座		RXZE2S108M	4
11	接触器	KM01，KM02	LC1 - D40M7C - 线圈 AC 220V	2
12	熔断器	FU1，FU2	500V/2A _ 10mm×38mm	2
13	熔断器座		RT18 - 32X _ 10mm×38mm	2
14	熔断器端子	F01，F02	UK5 - HESI	2

续表

序号	名 称	代 号	规格型号	数量
15	通用端子	X1，X2	UK16N	20
16	通用端子	X3，X4	UK10N	40
17	通用端子	X5 - X7	UK5N	30
18	门控＋灯	ZD01，MK01	AC220V	1

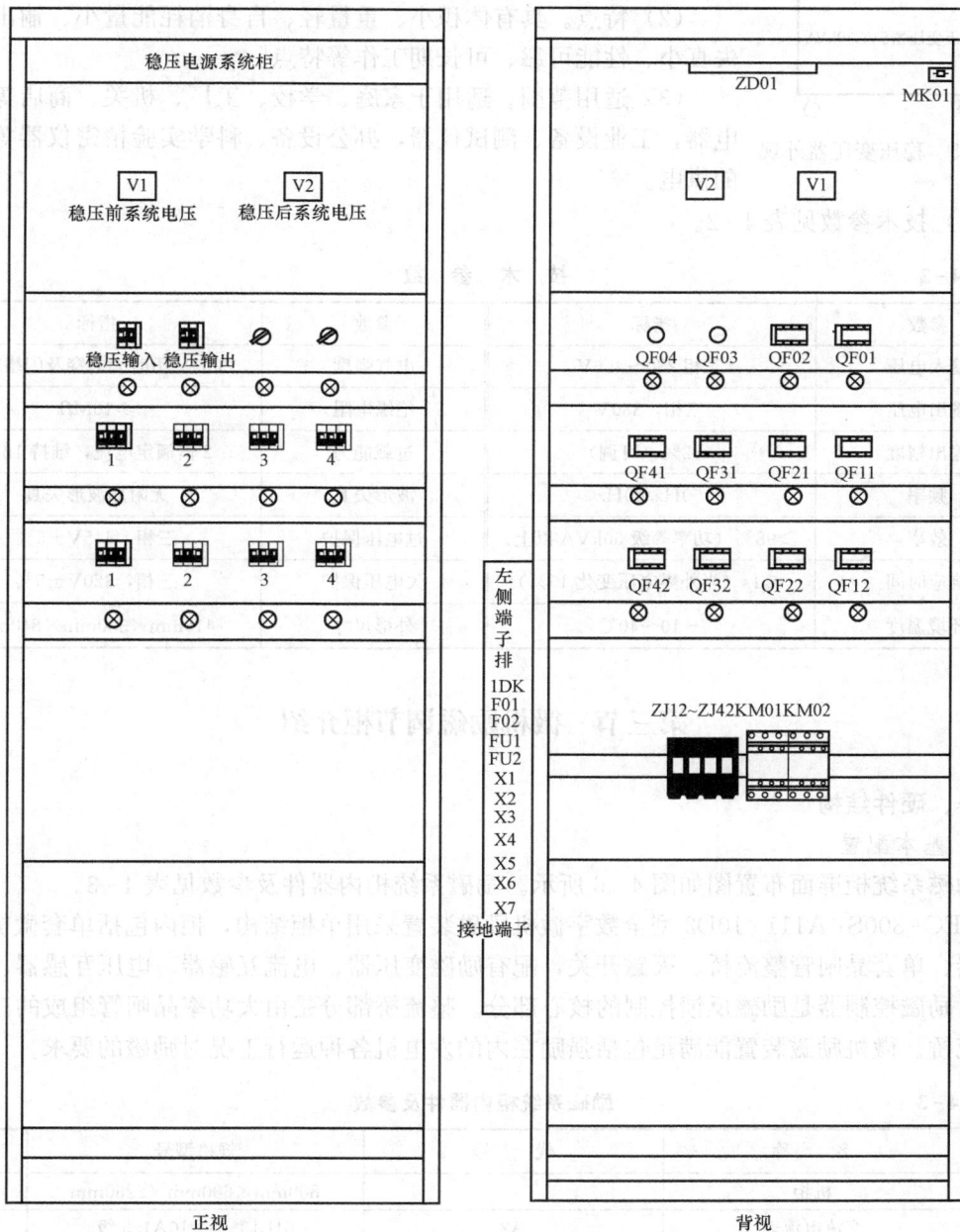

图 4 - 4　稳压电源控制柜屏面布置图

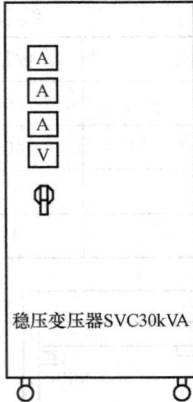

图4-5　稳压变压器外观

二、稳压变压器

（1）稳压变压器外观如图4-5所示。

SVC三相高精度全自动交流稳压器，是引进西欧和结合国内电压情况，精心研制生产的高性价比的交流稳压电源。其结构由接触式调压器、伺服电动机、自动控制电路等组成。当电网电压不稳定或负载变化时，自动采样控制电路发出信号驱动伺服电动机，调整变压器电刷位置，从而保证输出电压恒定。

（2）特点。具有体积小、重量轻、自身消耗能量小、输出波形失真小、性能可靠、可长期工作等特点。

（3）适用范围。适用于家庭、学校、工厂、机关、商店等家用电器，工业设备、测试仪器，办公设备、科学实验精密仪器等设施的供电。

（4）技术参数见表4-2。

表4-2　　　　　　　　　　　　技　术　参　数

参数	指标	参数	指标
输入电压	三相 280~456V	电气强度	2000V 历时无击穿及闪络现象
输出电压	三相，380V	绝缘电阻	≥10MΩ
输出精度	±2%（可调）	过载能力	2倍额定电流，维持 1min
频率	50Hz/60Hz	波形失真	无附加波形失真
效率	≥98%（功率等级 50kVA 以上）	过电压保护	三相，445V±5%
响应时间	≤1s（当外界电压变化 15%）	欠电压保护	三相，320V±5%
环境温度	-10~40℃	外形尺寸	415mm×380mm×840mm

第三节　微机励磁调节柜介绍

一、硬件结构

1. 基本配置

励磁系统柜屏面布置图如图4-6所示。励磁系统柜内器件及参数见表4-3。

GEC-300S-A111-10D2 型全数字微机励磁装置采用单柜结构，柜内包括单套微机励磁控制器、单套晶闸管整流桥、灭磁开关，配有励磁变压器、电流互感器、电压互感器、测量表计。励磁控制器是励磁反馈控制的核心部分。整流桥部分是由大功率晶闸管组成的三相全控整流桥。微机励磁装置能满足包括强励在内的发电机各种运行工况对励磁的要求。

表4-3　　　　　　　　　　　　励磁系统柜内器件及参数

序号	名　　称	代　　号	规格型号	数量
1	机柜		800mm×600mm×2260mm	1
2	交流电流表	A2	61L13-A-10A1.5级	1
3	交流电压表	V2	61L13-V-500V_1.5级	1

续表

序号	名　称	代　号	规格型号	数量
4	直流电流表	A1	61C13 - A - 10A _ 1.5 级	1
5	直流电压表	V1	61C13 - V - 100V1.5 级	1
6	频率表	Hz	61L13 - Hz - 45～55 - 380V	1
7	功率因数表	cosφ	61L13 - cosφ - 380V	1
8	无功表	var	61L13 - var - 3kW _ 2.5 级	1
9	有功表	W	61L13 - W - 3kW 2.5 级	1
10	指示灯	1HD 2HD	AD16 - 22D/R28	2
11	指示灯	1GD	AD16 - 22D/G28	1
12	指示灯	1BD	AD16 - 22D/B23	1
13	转换开关	1ZK 3ZK 11ZK	LA39B - 20X/K	3
14	转换开关	2ZK	LA39B - 20XS/K	1
15	转换开关	63KK	1A39B - 20XS/KFFU	1
16	按钮	AN1 AN3 AN5	LA39 - B - 20/r（红）	3
17	按钮	AN2 AN4	LA39 - B - 20/g（绿）	2
18	励磁变压器	ET	SCB - 1kVA - 380V/100V	1
19	微机励磁控制器	AVR	CT5A5A _ 带液晶 _ V2	1
20	晶闸管整流单元	ZLDY	4U 整流单元电流 20A	1
21	负载电阻	RL1	RX20 _ 150W/1kΩ	1
22	阳极转换开关	1KK	LW39 - 25 - 303/3P	1
23	灭磁开关	FMK	RMM1 - 63HP/3260 - 63A/CD2	1
24	6P 端子	DZ	6P	1
25	氧化锌电阻	FR1	MYN1 - 10kJ/1kV	1
26	熔断器	FU1	RCS4 - 16A/1000V	1
27	起励接触器	KM	LC1 - D09HD	1
28	起励二极管	RLD	ZP - 10A/1200V	1
29	起励电阻	RLR	RX20 _ 150W/200Ω	1
30	二极管	VD1	KBPC3510	1
31	电压互感器	1TV 2TV 3TV	SR60 - 380V/100V - 3P	3
32	电流互感器	TA1A TA2A TA1C TA2C	SDH - 0.66 - M10 - 10A/5A	
33	电流互感器	TAB	BH - 0.66 30I 5/5	1
34	电源模块	DY11 DY12	GZM - U60S24	2
35	电源并联板	DYBLB	GECC - DYBLB - 090430	1
36	继电器	K01 - K03，K05 - K011	MY2NJ - D2/DC24V	10
37	继电器	KI1 - KI5 KI7 - KI10 ZJ1	RXM4AB1HD	10
38	继电器座		RXZE2M114	10
39	继电器	K04	NKS3P _ DC24V	1
40	直流空开	10K 61DK	C65H - DC - C6A/2P	2
41	直流空开	63DK	C65H - DC - C10A/2P	1
42	交流空开	20K	C65N - C6A/2P	1
43	交流空开	PDK1 PDK2	C65N - C6A/3P	2

续表

序号	名　称	代　号	规格型号	数量
44	熔断器端子	P01 - P03	UK5 - HESI	3
45	熔断器	FU01 - FU09	500V/2A _ 10mm×38mm	9
46	熔断器	FU10 - FU12	500V/10A _ 10mm×38mm	3
47	熔断器座		RT18 - 32X _ 10mm×38mm	12
48	试验端子	1X1 - 1X4	URTK/S	35
49	普通端子	1X5 1X6	UK10N	20
50	普通端子	1X7 1X12	UK5N	81

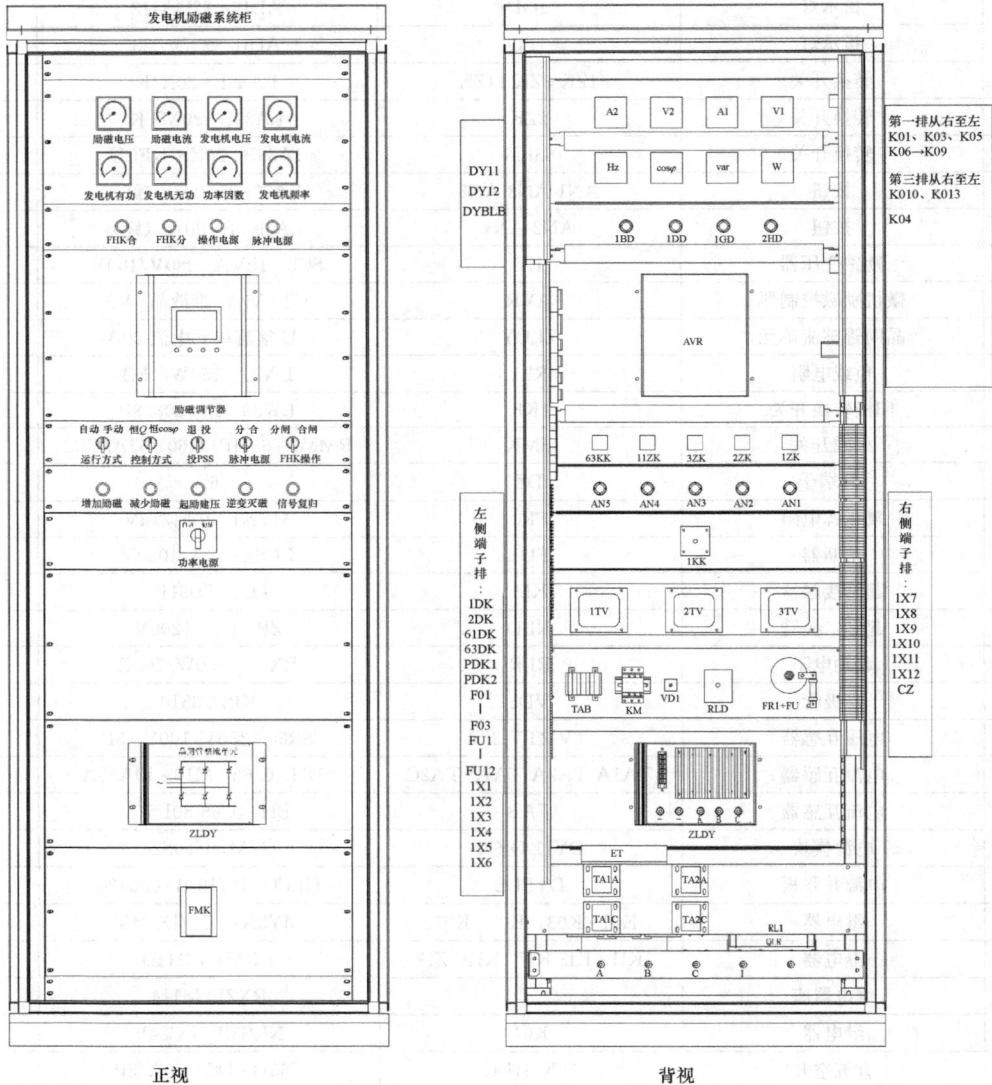

图 4 - 6　励磁系统柜屏面布置图

图 4 - 7 为 GEC - 300S - A111 - 10D2 型微机励磁装置简单电气原理图。GEC - 300S - A111 - 10D2 型全数字微机励磁装置包含了以下三个部分：

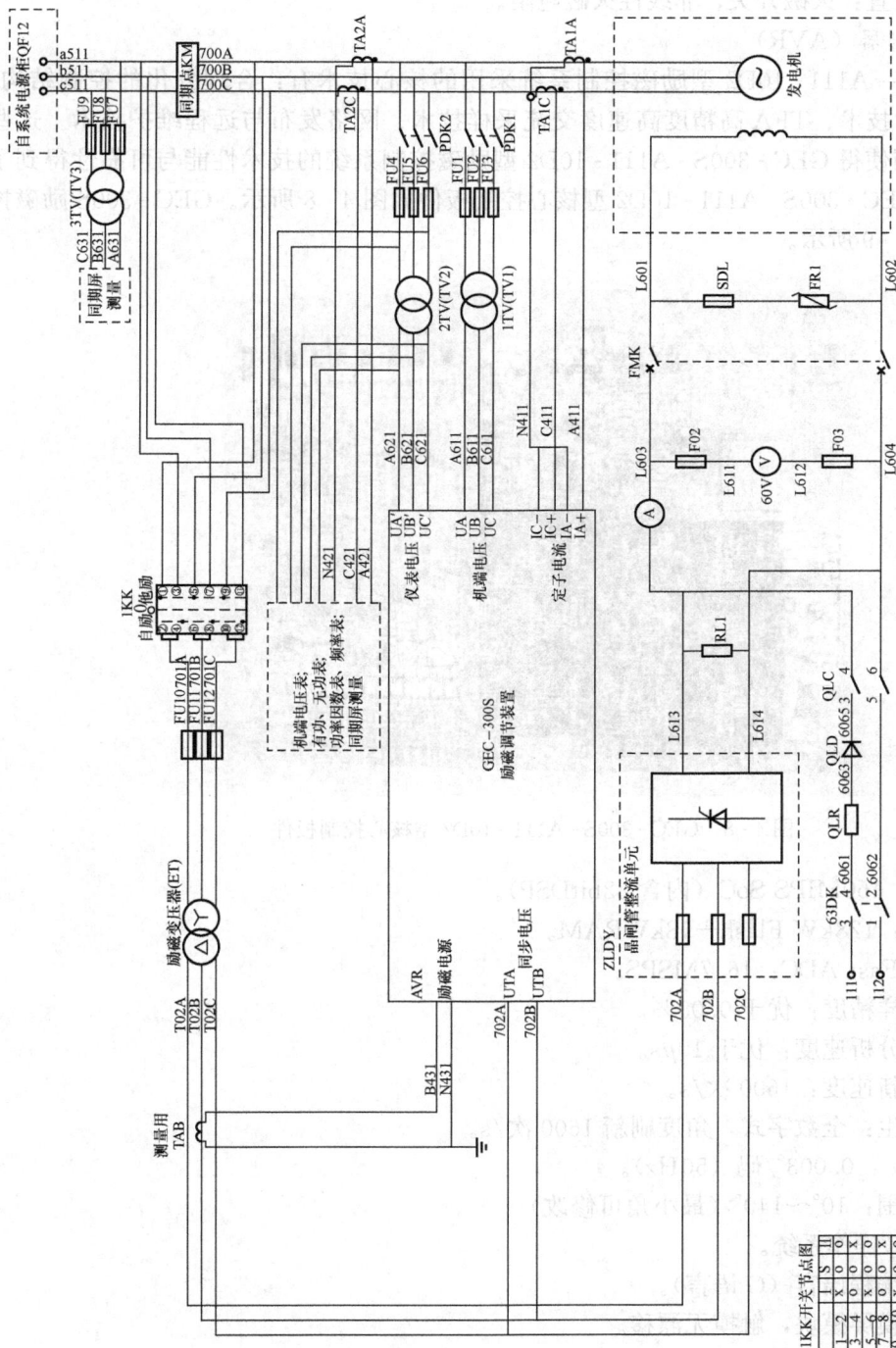

图 4-7 GEC-300S-A111-10D2 型微机励磁装置单电气原理图

（1）励磁调节装置：励磁反馈控制的核心部分。

（2）大功率整流桥：大功率三相全控整流桥及输入转换开关。

（3）灭磁装置：灭磁开关、非线性灭磁电阻。

2. 励磁控制器（AVR）

GEC-300S-A111-10D2 型励磁控制系统采用的核心技术有：合理分化的控制结构、SoC 系统级芯片技术、TFA 高精度高速度交流采样技术、网络发布与远程维护技术。这些先进技术的采用使得 GEC-300S-A111-10D2 型励磁控制系统的技术性能与可靠性得到了很大的提高。GEC-300S-A111-10D2 型核心控制板件如图 4-8 所示。GEC-300S 励磁控制器外观如图 4-9 所示。

图 4-8　GEC-300S-A111-10D2 型核心控制板件

（1）AVR：150MIPS SoC（内含 32bitDSP）。

1）存储器：128kW Flash＋18kWRAM。

2）Ultra-Fast ADC：16.7MSPS。

3）总体采样精度：优于 0.05%。

4）单通道分析速度：优于 10μs。

5）控制刷新速度：1600 次/s。

6）脉冲发生：全数字式，角度刷新 1600 次/s。

7）控制角 α：0.003°/码（50Hz）。

8）移向范围：10°～140°（最小角可修改）。

（2）WinCE 操作系统。

1）图形化编程语言（G 语言）。

2）专用触摸屏模块，触摸无漂移。

3）采用低功耗 32 位高速 ARM 芯片，ARM920T 核心，400MHz 主小频。

4）接口丰富，配有 USB（可达 2G）、SD 卡、232 通信串口（2 个）等。

5）系统内存为 SDRAM 64M、NAND Flash 128M。

图 4-9 GEC-300S 励磁控制器外观

6）4.3 寸高清晰真彩数字屏（16：9），输出分辨率 480×272，LED 背光。

7）可直接支持四线电阻触摸，精确方便。

8）电源电压输入范围：9～28V。

9）工作温度：－20～＋70℃，存储温度：－30℃，工作湿度：45％～80％。

10）前面板尺寸：136mm×104mm。

11）安装孔尺寸：126mm×95mm。

（3）电源。GEC-300S 控制器是交、直流双路供电的，任何一路电源有电即可保证 AVR 的运行，正常时交直流双路并列供电。

（4）测量回路。励磁控制器采集的信号都是 100V、5A 或 1A 的强电信号，而计算机的 A/D 转换一般只能处理 3V 以内的弱电信号，GEC 微机励磁控制器用测量转换电路将一次系统中的强电信号转换为弱电信号，完成强、弱电的隔离。

GEC 微机励磁控制器将励磁 TV 和仪表 TV 的 100V 电压经二次电压传感器及运放电路隔离、转换成 3V 以内的交流弱电信号，将定子 TA 的 A、C 相电流经二次电流传感器隔离、转换成 3V 以内的交流弱电信号，将励磁电流（或励磁电压）经电压变送器转换成 3V 以内的弱电信号，供给计算机作 A/D 采样。

（5）脉冲放大。GEC 微机励磁控制器 CPU 产生六相脉冲后经 NPN 三极管放大形成六相双脉冲，再经整流器的脉冲放大板放大去触发晶闸管。

（6）逻辑回路。微机励磁由于大部分功能均由软件实现，外部逻辑回路就显得非常简单，主要是用若干直流 220V 或 110V 继电器完成外部开关量信号的隔离，从现场来的灭磁开关、主油开关、增磁节点、减磁节点等，均经过直流 220V 或 110V 继电器隔离，因为这些信号一般传送距离较远，且混在强电电缆沟里，直流 220V 或 110V 操作有利于提高抗干扰能力。经隔离后的继电器节点送入 DI/DO，再经光隔后读入计算机，由此可见 GEC 的开关量经过电磁与光电双重隔离，并保证柜外均是强电接口，柜内 24V 电源不引出柜体，从而保证可靠性。

3. 大功率晶闸管整流桥

GEC-300S-A111-10D2 型全数字微机励磁装置采用单套大功率晶闸管三相全控整流桥，保证满足包括发电机强励在内的所有运行工况的运行要求。

装置中的大功率晶闸管一般使用瑞士 ABB 或南车集团株洲电力机车研究所生产的大功率晶闸管，其电性能参数稳定，质量可靠。由于单只容量大，因此桥臂无串并联，减少了装置的体积。

4. 灭磁装置

GEC-300S-A111-10D2 型全数字微机励磁装置的灭磁装置主要由 FMK 灭磁开关与非线性电阻 FRI 组成。

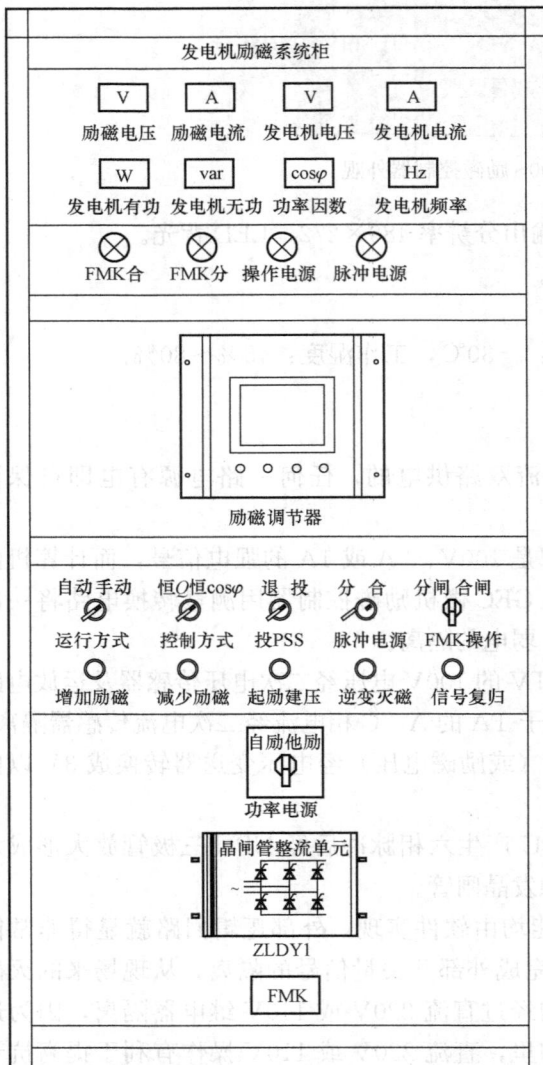

图 4-10　GEC-300S-A111-10D2 型
全数字微机励磁装置面板布置图

氧化锌（ZnO）是目前所知的最理想的灭磁及过电压保护材料，目前国内基本上都采用此种材料。它主要有以下优点：

（1）氧化锌阀片单位体积能容量大，可做到 $300J/cm^2$，单只阀片可做到 20kJ/只。

（2）保护性能好，残压比仅为 1.4，氧化锌电阻开通后电压几乎为一定值，不随电流的变化而变化，具有优良的非线性伏安特性。

（3）漏电流小，氧化锌阀片漏电流一般小于 $50\mu A$，漏电流越小，在正常工况下耗散的功率越小。

（4）老化寿命长，阀片能够在持续运行电压 $U_e = 0.75U_{10mA}$（即荷电率为 0.75）下工作 100 年。

针对各种过电压，选配保护元件如下：

非线性电阻（FR1），对灭磁过电压进行保护，为了保证灭磁装置的优良品质，通过以下措施保证灭磁效果：①对灭磁能量精确计算；②对每片阀片采用先进技术进行测量并保证精度；③对阀片做全电流的测试；④用均能的原则对阀片进行合理的组合匹配，保证各并联支路的能量吸收误差小于 2%。

5. 各部分名称

GEC-300S-A111-10D2 型全数字微机励磁装置的柜体尺寸为 800mm×600（800）mm×2260（2360）mm（宽×深×高）。图 4-10 为 GEC-300S-A111-10D2

型全数字微机励磁装置面板布置图，其上安装有励磁电压表、励磁电流表、发电机电压表、发电机电流表、发电机有功表、发电机无功表、发电机频率表、功率因数表、指示灯、单套励磁控制器、操作按钮、晶闸管整流单元、功率电源转换开关、灭磁开关和非线性或线性过电压保护装置。

柜门表计及功能见表 4-4。

表 4-4　　　　　　　　　　　　　　　柜 门 表 计 及 功 能

表　　计	功　　能
发电机电压表	指示发电机定子电压，机端电压表的变比需与发电机出口 TV 变比一致
发电机电流表	指示发电机定子电流，机端电压表与发电机出线 B 相直接接通
励磁电压表	指示发电机转子电压，即 GEC-300S-A111-10D2 型励磁装置输出直流电压
励磁电流表	指示发电机转子电流，即 GEC-300S-A111-10D2 型励磁装置输出直流电流
发电机有功表	指示发电机带载后输出有功功率
发电机无功表	指示发电机带载后输出无功功率
发电机频率表	指示发电机机端电压频率
功率因数表	指示发电机带载后功率因数

柜门指示灯及功能见表 4-5。

表 4-5　　　　　　　　　　　　　　　柜 门 指 示 灯 及 功 能

指示灯	功　　能
FMK 合	灯亮表示灭磁开关在合闸状态
FMK 分	灯亮表示灭磁开关在分闸状态
操作电源	即 GEC-300S-A111-10D2 型励磁装置操作电源，包括增磁、减磁开关及灭磁开关分等操作
脉冲电源	灯亮表示脉冲电源正常

柜门励磁控制器及功能见表 4-6。

表 4-6　　　　　　　　　　　　　　　柜门励磁控制器及功能

控制器	功　　能
励磁控制器	励磁反馈控制的核心部分

注　控制箱指示灯详见附录 A。

柜门操作按钮和转换开关及功能见表 4-7。

表 4 - 7 柜门操作按钮和转换开关及功能

按钮和转换开关	功　　能
增加励磁按钮	增加励磁给定，具有防粘连功能，步长可调
减少励磁按钮	减少励磁给定，具有防粘连功能，步长可调
起励建压按钮	发电机额定转速后，按起励建压按钮开机
逆变灭磁按钮	发电机空载时，按逆变灭磁按钮停机
信号复归按钮	复归装置报警信号
运行方式转换开关	励磁控制器控制规律进行恒机端电压（自动）、恒励磁电流（手动）切换
控制方式转换开关	自动运行方式下，控制方式在恒无功方式：励磁系统采用恒无功功率控制方式，保持无功功率恒定；自动运行方式下，控制方式在恒 $\cos\varphi$ 方式：励磁系统采用恒功率因数控制方式，保持功率因数不变
投 PSS 退/投切换开关	投入 PSS，励磁系统 AVR 采用 PSS＋PID 控制规律；退出 PSS，励磁系统 AVR 采用 PID 控制规律
脉冲电源分/合切换开关	晶闸管脉冲电源可由此开关进行"分/合"切换
FMK 操作开关	操作灭磁开关（FMK）分、合闸的开关

二、基本操作

在 GEC - 300S 励磁控制器的内部，设置了一些运行状态，如自动状态、手动状态、运行状态。GEC - 300S - A111 - 10D2 型励磁装置采用单套励磁控制器，为了方便用户理解，在此作一简要说明。

1. 上电操作

确认接线无错误后，即可对励磁调节装置进行上电检查：

（1）合交流电源开关 2DK、直流电源开关 1DK，微机控制器开始运行。

（2）操作液晶面板上的操作按键，检查控制单元运行是否正常。

（3）61DK 为操作回路电源开关，合闸后可对灭磁开关进行电动分、合闸，灭磁开关分、合闸指示灯应按灭磁开关实际状态点亮。

（4）63DK 为起励电源开关，合闸后可对发电机进行起励操作。

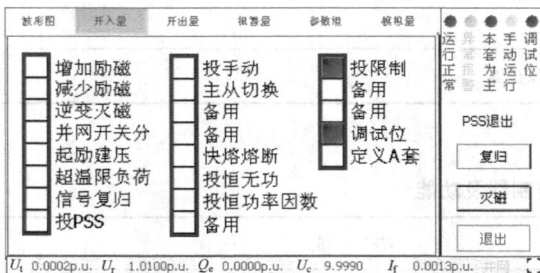

图 4 - 11　液晶显示操作界面

2. 液晶操作

GEC - 300S - A111 - 10D2 型全数字微机励磁装置的增加励磁、减少励磁、起励建压、逆变灭磁等操作，状态量和开关量的观察（如图 4 - 11 所示），波形的显示，均可以在励磁控制器的小液晶面板上完成。另外门板上还装有增加励磁、减少励磁、起励建压、逆变灭磁、信号复归等按钮。

当励磁控制器上电后，液晶显示屏自动启动，程序自动运行，如图 4 - 12 所示。

GEC - 300S - A111 - 10D2 型励磁监控系统软件是安装在 LJD - eWin4300 - L50 ARM 一体机上的一套监控软件，该一体机和监控软件构成了扩展通信单元（ECU），该软件是基于

Labview 开发工具进行二次开发的结果，具有美观友好的视窗特性。上电后即可进入 GEC‐300S‐A111‐10D2 的人机界面主控窗口。上电默认窗口是作为主控窗口的模拟量显示，可以看到六个目录项：波形图、开入量、开出量、报警量、参数组、模拟量。

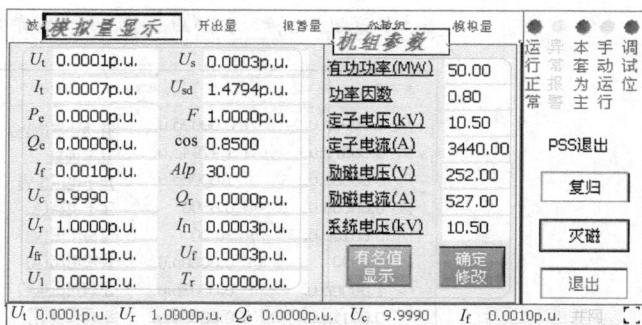

图 4‐12　LCD 目录

注：只有调试位开入时，液晶屏下发指令操作才有效。

本软件主要分为 2 个区：

(1) 可切换区。该区域主要用来切换界面。包括波形图、开入量、开出量、报警量、参数组、模拟量 6 个控键，通过点击相应控键可以进入不同界面，查看对应界面中相关的数值。

(2) 不可切换区。该区域包括以下 5 部分：

1) 5 个模拟量显示。显示 5 个模拟量，分别是：U_t 定子电压、U_r 给定电压、Q_e 无功功率、U_c 控制电压、I_f 定子电流。

2) "并网/空载"状态显示。并网状态下显示"并网"，空载状态下显示"空载"。

3) 状态量。开入开出量状态显示："运行正常""异常报警""本套为主""手动运行""调试位""PSS 投入/退出/激活"状态显示。

4) 按键操作。

复归：等同信号复归开入。

灭磁：等同逆变灭磁开入。

退出：关闭运行的监控软件。

5) 自动录波提示灯。指示灯"亮（红色）"时表示正在录波且保存波形，录波完毕后，指示灯自动"灭（黑色）"。

自动录波的保存文件会自动保存到我的设备 \ ResidentFlash \ Record 目录下，文件格式默认为 ＊.txt。为了方便查找和分析，文件名包括四部分：日期（年月日）、当前时间（24h 制）、录波项名称、自动。

启动自动录波功能条件如下：起励建压、逆变灭磁、空载频率异常、强励报警、解列录波、强励限制、V/Hz 报警、低励报警、励磁 TV 断线报警、仪表 TV 断线报警、正阶跃、负阶跃、超温报警。

可切换区指示如图 4‐13 所示。

下面对液晶屏各界面进行详细介绍。

(1) 波形图界面如图 4‐14 所示。

1) 波形显示。这个界面是显示 5 个模拟量的波形图，点击波形选择下拉按键 Ut 定子电压 ▾ 可以分别选择 U_t 定子电压、I_f 励磁电流、U_c 控制电压、Q_e 无功功率及第五通道五个波形数据，其中，第五通道形显示与参数 P104 值设置有关，默认时（P104＝0）显示为频率 f，其他 P104 值对应显示波形见表 4‐8。

图 4 - 13　液晶屏各界面可切换区

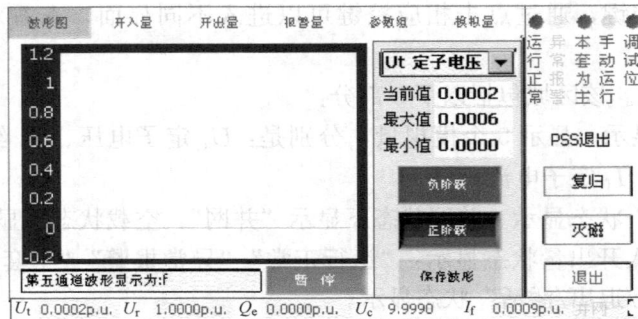

图 4 - 14　波形图界面

表 4 - 8　　　　　　　　　　　　　　　　其他 P104 值对应显示波形

P104 值	第五通道波形显示	P104 值	第五通道波形显示
1	P_e（有功功率）	5	U_{ru}（低励 U_r 叠加量）
2	U_r（电压给定）	6	U_{ca}（自动环 U_c）
3	U_{rs}（白噪声信号）	7	U_{cm}（手动环 U_e）
4	U_{rp}（PSS 叠加量）	8	U_{cl}（限制环 U_c）

2）操作。正阶跃、负阶跃——励磁系统正、负阶跃试验（阶跃步长可由参数 P100 设定）。为了避免误操作，在点击后，会出现"是否执行操作"的提示框，"确认"后执行此功能。

暂停波形——波形显示暂停。

保存波形——保存当前波形数据。波形保存时，波形会自动暂停，并在状态显示区提示"波形正在保存中，请稍等！"。保存路径为：我的设备 \ ResidentFlash \ Record。

3）录波。为了区别录波文件是自动保存还是手动保存的数据，通过文件名增加 - 自动 \ -手动后缀来区分。如：自动保存时，文件名"强励报警录波 100708102519 自动"区别于手动保存时，文件名"100708102519 手动"。文件保存格式为"＊.txt"文本文件。

（2）开入量界面。该界面显示开入量（21 个），如图 4 - 15 所示。

（3）开出量界面。该界面显示开出量（14 个），如图 4 - 16 所示。

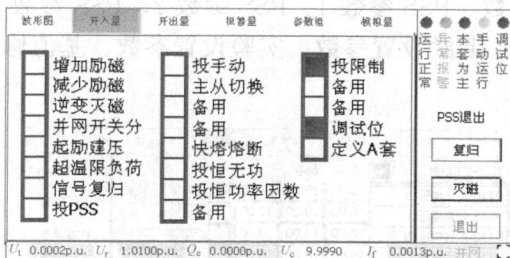

图 4 - 15 开入量界面

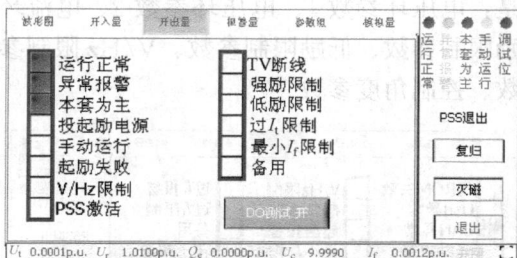

图 4 - 16 开出量界面

下面介绍 DO 测试操作方法。

1）点击 DO测试开 按键后，DO测试开 按键会变为 DO测试关 并弹出确认对话框，如图 4 - 17 所示。

2）当点击"×"后，按键 DO测试关 会变回为 DO测试开 即不执行 DO 操作。当点击"OK"后，DO 测试开始。此时，所有开出位指示灯灭，如图 4 - 18 所示。

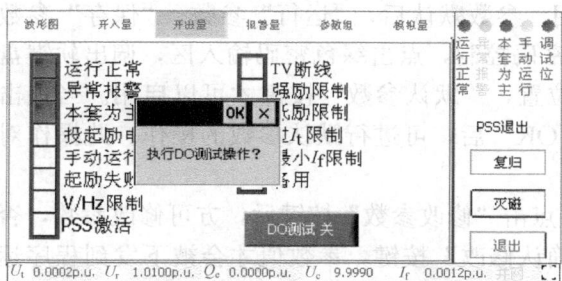

图 4 - 17 对话框

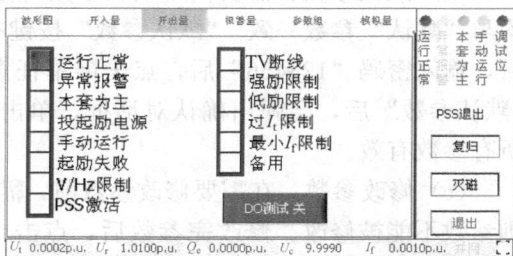

图 4 - 18 所有开出位指示灯灭

3）通过点击开出量名称，实现 DO 测试开出功能。例如，点击"运行正常"，则"运行正常"字样会以白色背景闪动一下，表示点击有效，同时对应开出位指示灯被点亮，开出位开出，界面显示如图 4 - 19 所示。

4）测试完成，点击 DO测试关 按键，变为 DO测试开 ，此时开出位恢复正常开出，DO 测试结束，表示 DO 测试功能为退出状态，如图 4 - 20 所示。

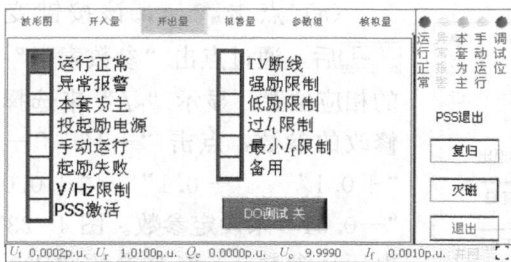

图 4 - 19 开出位开出

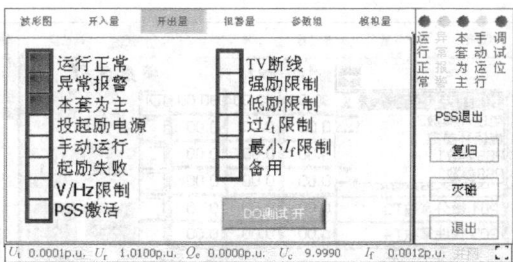

图 4 - 20 测试完成

注：DO 测试完成后，必须退出 DO 测试状态，否则程序无法正常开出。

（4）报警量界面。该界面显示报警量（24 个），如图 4 - 21 所示。

（5）参数组界面如图 4-22 所示。通过下拉菜单 电压环参数1 ，可以选择 13 组参数。分别是：电压环参数 1、电压环参数 2、电流环参数、PSS 参数 1、PSS 参数 2、PSS 参数 3、强励限制参数、低励限制参数、V/Hz 限制参数、起励设置参数、实验设置参数、基值修正参数、控制角度参数。

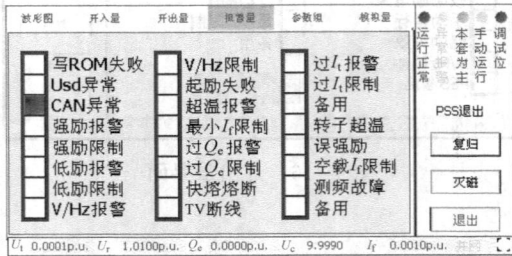

图 4-21　报警量界面

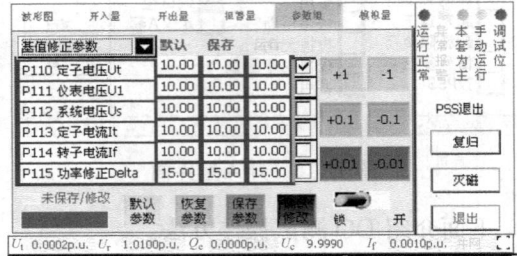

图 4-22　参数组界面

1）操作按键及功能操作。

（a）"锁/开"摇柄： 此摇柄置于"开"时，修改参数才有效。

（b）默认参数：需要调用默认参数时使用。参数默认后，"运行"参数、"保存"参数均与"默认"参数一致。"默认参数"按键有密码控制，点击绿色密码输入区，调出软键盘后，输入密码"123456"后，点击屏幕任意位置，"默认参数"按键才可以启用。当点击"默认参数"后，会弹出确认对话框，单击"OK"后，可进行默认参数的操作。此操作对所有参数有效。

（c）修改参数：在需要修改参数前，需要点击"修改参数"按键后，方可修改参数，否则参数不能被修改。修改完参数后，点击"确认修改"按键，参数值才会被下发到程序运行。此操作对当前显示的 6 个参数有效。

（d）保存参数：参数修改后，将当前组运行参数保存到 EEPROM 中，参数"保存"栏内数值会随"运行"栏数值变化。此操作对所有参数有效。

（e）恢复参数：将所有参数运行值设置成与相应保存值一致。此操作对所有参数有效。

注意：非专业人员禁止修改参数。修改参数前，请务必确认修改的是 A 套还是 B 套参数以及调试位是否开入。

2）具体参数修改方法如下。

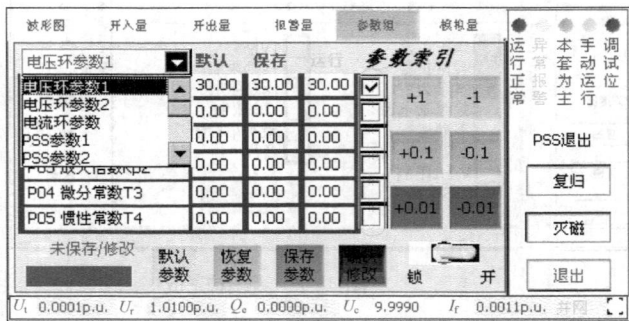

图 4-23　修改参数（一）

（a）点击 ，该按键变成 后，通过点击"参数索引"中的相应位置，显示"√"来选择要修改的参数，点击"＋1" "－1" "＋0.1" "－0.1" "＋0.01" "－0.01"来设定参数。图 4-23 以电压环参数 1，修改参数"P00 放大倍数 Kp1"为例，将数值改为32。如未点击 按键，再次点击 按键，参数将变为原来的数值。

（b）参数修改后，点击 ▨ 弹出对话框，点击 OK，则修改参数完成，如图 4-24 所示。

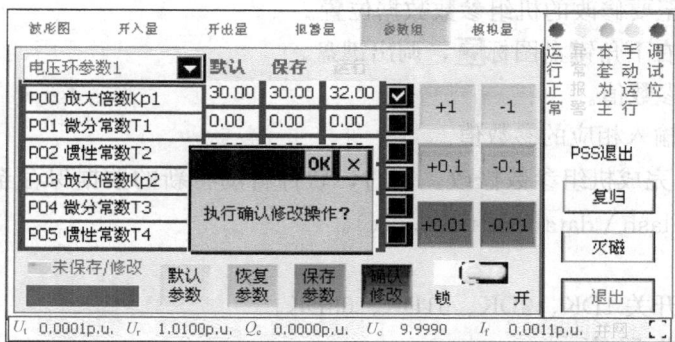

图 4-24 修改参数（二）

（c）图 4-24 中"未保存/修改"灯为红色，表示参数运行值修改已完成，但未做保存，因此上参数保存值与运行值不一致。此时，需点击"保存参数"按键，弹出请求确认对话框再点击"OK"确认后，参数保存完成，"未保存/修改"灯为黑色，表示参数保存值与运行值一致。

（6）模拟量界面。界面显示 18 个模拟量数值及 7 个机组参数。界面上本监控软件启动后的默认界面，如图 4-25 所示。

图 4-25 模拟量界面

1）此界面可通过点击 ▨ 按键，实现模拟量有名值\标幺值显示值的切换。标幺值与有名值数值转换说明如下。

U_t＝定子电压×标幺值　　　　　　　　　　I_t＝定子电流×标幺值

P_e＝（有功功率/功率因数）×标幺值　　　　Q_e＝（有功功率/功率因数）×标幺值

I_f＝励磁电流×标幺值　　　　　　　　　　U_r＝定子电压×标幺值

I_{fr}＝励磁电流×标幺值　　　　　　　　　　U_l＝定子电压×标幺值

U_s＝系统电压×标幺值　　　　　　　　　　f＝50×标幺值

Q_r＝（有功功率/功率因数）×标幺值　　　　I_{fl}＝励磁电流×标幺值

U_f＝励磁电压×标幺值

其他模拟量无标幺值、有名值之分。

2）此界面可通过点击 ▨ 对机组参数进行修改及保存。机组参数修改及保存方法如下。

（a）将光标移至要修改的机组参数数据位置。

（b）点击屏幕右下角键盘图标 ▨，调出键盘。

（c）删除当前参数值。

（d）通过键盘输入相应的参数值。

（e）点击 ▨，完成机组参数修改。同时，软件自动将新的数据保存至设置文件中（我的设备 \ ResidentFlash \ data \ Settings. gec）。

3. 开机操作

（1）合各电源开关 1DK、2DK、61DK、63DK。

（2）合灭磁开关 FMK。

（3）按"起励建压"按钮起励升压，GEC 将自动投起励电源。

（4）通过远方增、减磁按钮调整机端电压，准备并网。

注意：用"起励建压"起励升压后，GEC 进入励磁闭环反馈调节。若有异常情况或调节器发生故障，可用"逆变灭磁"按钮停机，然后进行检修。

若起励成功，GEC 开机后将从等待状态进入励磁闭环反馈调节控制的运行状态。若起励失败（在起励后 10s 内发电机机端电压 U_t 小于设定的起励成功电压 U_{ts}），则控制器会自动切除起励电源，并自动将电压给定值 U_r 设定为零。这时应检查相关的回路，特别是起励回路，然后用"信号复归"按钮清除报警信号后再起励。

4. 停机操作

（1）发电机解列到空载运行。

（2）用"逆变灭磁"按钮停机。

（3）分灭磁开关 FMK。

（4）分各电源开关 1DK、2DK、61DK、63DK。

GEC 在运行状态并且满足以下条件之一者停机（逆变灭磁）：在空载状态下灭磁开关（FMK）分闸；在空载状态下有"逆变灭磁"开入；在空载状态下发电机的频率 f 小于 45Hz。

GEC 停机逆变时将触发角推至 140°逆变区。

5. 励磁操作

励磁操作模块主要完成对参考电压 U_r 的各种操作，比如增加、减少励磁，增加、减少励磁继电器节点防粘处理，参考电压最大、最小位置限位，以及在保护、限制动作时自动进行闭锁或自动进行增、减磁，在调试状态下做 ±5％阶跃或零起升压，逆变灭磁等功能均可通过直接修改参考电压值 U_r 实现。因为微机励磁一般都是数字给定，参考电压只是内存中的一个变量，操作人员可以在外部对它进行修改操作，另外计算机内部也可以根据需要对 U_r 进行修改，这使得涉及励磁操作功能的实现非常简单可靠，这也是微机励磁的优点之一。

电压给定值 U_r 的调整是通过计算机读取外部的增、减磁节点的闭合情况进行的，节点闭合的时间越长，U_r 的调整量就越大。励磁操作可以通过操作励磁装置面板上的增加励磁、减少励磁按钮实现增加、减少电压给定值 U_r。其他开关量操作请参考附录 A。

6. 报警指示

为了保证发电机的安全稳定运行，GEC 内部设有多种保护功能：TV 断线、强励限制、低励限制等。当保护动作时，相应"开关量"页中的"报警输出"有报警灯点亮，同时相应的开出继电器动作，操作面板上面的"异常报警"指示灯同时点亮。各报警指示的含义如下，运行、检修人员可进行相应的处理。

（1）"运行正常"：指调节器处于正常状态，能够正常控制，发脉冲。出现下列情况之一调节器都会退出运行状态，停止发脉冲：测频故障、误强励。

（2）"异常报警"：控制器所有的报警信号。

（3）"本套为主"：本套控制器为主状态控制器。

（4）"投起励电源"：按下"起励建压"后，励磁系统自动投外加起励电源，此时确保 63DK 在合位。

（5）"手动运行"：GEC-300S-A111-10D2 的手动状态是指恒励磁电流运行状态，增、减磁操作改变的是励磁电流给定值 I_r。一般若是发生了故障（如 TV 断线等），GEC 无法按电压反馈闭环方式运行时会自动切换到手动状态。手动状态运行时励磁控制器的 LED 状态指示的"恒 I_f"亮。在运行状态时可通过"自动/手动"切换开关来进行自动、手动切换。

（6）"起励失败"：在自动运行时，按下"起励建压"10s 后机端电压未升至设定的起励成功电压 U_{ts}，微机将报起励失败。起励失败后，需"信号复归"后才能再次起励。

（7）"V/Hz 限制"：V/Hz 是防止励磁过多导致发电机电压过高，铁芯磁通密度过大，使发电机发热损坏。

（8）"PSS 激活"微机励磁控制器内部 PSS 功能已参与控制。

（9）"TV 断线"：TV 断线保护功能是检测励磁 TV 是否断线，以防止由于励磁 TV 断线而导致的误强励。励磁 TV 断线后，励磁调节器检测到的发电机机端电压变低，若此时仍然按照电压闭环反馈调节，则会造成误强励。TV 断线保护动作后 GEC 切换到手动运行。

（10）"强励限制"：强励定时限限制动作，当励磁电流 $I_f \geqslant 1.1$（标幺值）时，经一定时间后强励限制动作（强励反时限），目的是保证转子绕组的温升在限定范围之内，不因长时间强励而烧毁。

（11）"低励限制"：低励限制是限制发电机进相吸收的无功功率的大小。为了保证发电机运行的稳定性，并综合考虑发电机的端部发热和厂用电电压降低等诸多因素，发电机进相的无功功率是有一定限制的。当低励限制动作时，微机将闭锁减磁操作，并自动增加励磁，以限制发电机进相的无功。GEC-300S-A111-10D2 型励磁装置默认设定为当无功小于－0.2（标幺值）时，低励限制动作，限制动作自动增加励磁到无功为正。

（12）"过 I_t 限制"：定子过电流限制。

（13）"最小 I_f 限制"：并网最小励磁电流限制。

注意：所有故障报警除最小 I_f 限制、过 Q_e 报警、过 Q_e 限制、空载 I_f 限制外，都是自保持的，当故障消失时，必须通过按"信号复归"按钮加以清除。

三、安装与投运

1. 安装

在 GEC-300S 励磁控制器运抵现场后即可进行安装，其操作步骤如下：

（1）打开 GEC 的包装，按发货清单清点收到的设备。

（2）将柜子在现场放置、固定好。

（3）检查柜内元件、连线有无缺损。

（4）励磁控制器的外部接线应在断电情况下按施工图纸接线。

2. 静态检查

在 GEC-300S 励磁控制器安装完成后，必须进行静态检查，以确认 GEC-300S 励磁控制器内部无因运输造成的损坏，以及验证外部连接电缆配线是否正确。

（1）检查远方所有信号和操作。

（2）检查模拟量通道。

（3）检查保护限制功能。

（4）整组开环小电流试验。

（5）大电流试验（需试验条件具备）。

3. 投运试验及步骤

在发电机保持额定转速，励磁控制系统各开关均已合上，交给励磁做试验时进行以下试验。

（1）发电机短路试验。

1）将 1KK 转换开关打到他励位置，测量确定相序正确。

2）检查发电机接线 A、B、C 三相相序。

3）设置好发电机有功、无功，V/Hz 限制、低励限制和强励限制等参数。

4）按要求零起升压至额定定子电流，检查 TA 回路极性并设置励磁电流、定子电流修正值。

5）减少励磁至励磁装置输出最小，短路试验结束。

（2）空载闭环试验。

1）检查起励回路（包括起励电源）。

2）设置励磁操作参数（首次起励，起励给定应不大于 0.3）。

3）起励，增加励磁，升压至额定，对定子电压、仪表电压基值和归算系数进行修正。

4）5%阶跃试验，录波。确定电压环参数 1、电压环参数 2 和电流环参数，录波。

5）额定电压零起升压；灭磁；录波。

（3）频率特性试验（选做）。

1）设置好 V/Hz 限制参数，发电机维持空载额定电压。

2）改变机组频率；录波；参考 V/Hz 特性曲线检查。

（4）并网前的准备。恢复发电机过电压保护整定值，调节器控制箱内拨码开关"投限制"在退出位置（防止定子 TA 极性接反，低励限制动作而导致发电机过无功）。

（5）并网后试验。观察 P、Q 的极性；如果不正确，应将 TA 极性反调。

增减无功试验、校验低励限制曲线试验，无功调差率试验（确定调差系数—增加发电机负调差率，发电机无功自动增加）和甩负荷试验及完成 PSS 试验确定 PSS 参数；录波。

试验完毕后，恢复全部接线，恢复并检查各个转换开关位置，记录各控制器参数；编写开机试验报告。

注意：更换定子 TA 极性，建议在空载或停机时进行，严禁开路。

四、运行与检修

1. 开机准备

（1）检查 GEC-300S 励磁控制系统：无报警信号；如有报警信号则参考表 4-9 处理。

（2）检查 GEC-300S 微机励磁装置开关状态：

1）"投 PSS"转换开关位置是否正确投入。

2）"投限制"拨码开关应在"ON"位置。

3）"投手动"转换开关应在退出位置。

4）"调试位"拨码开关应在"OFF"位置。

5）"恒 Q/恒 $\cos\varphi$"转换开关应在退出位置，即中间位置。

6）1KK 交流转换开关在自励位。

7）"脉冲电源"开关（11ZK）应在合位。

8）操作电源（61DK）、起励电源（63DK）应在合位。

9）灭磁开关 FMK 应在合位。

2. 正常开机操作

（1）合励磁 TV 与仪表 TV 空气开关 PDK1、PDK2，检查一次、二次熔断器。

（2）发电机额定转速，按励磁调节器"起励建压"按钮起励（水电 95% 转速自动起励）。

（3）增、减励磁调整机端电压，准同期并网。

（4）增、减励磁调整无功。

注意：用"起励建压"按钮起励升压后，GEC 进入励磁闭环反馈调节。若有异常情况或某套控制器发生故障，可用"逆变灭磁"按钮停机，然后进行检修。

开机起励条件：空载时，灭磁开关在合位，无"起励失败"报警，"起励建压"有效。

若起励成功，AVR 控制器进入励磁闭环反馈调节控制的运行状态。若起励失败（在 10s 内发电机机端电压 U_t 小于设定的起励成功电压 U_{ts}），则报"起励失败"，这时应检查相关的回路，特别是起励回路，然后用"信号复归"按键清除报警信号后再起励。

3. 正常停机操作

（1）减有功、无功到最小值。

（2）解列。

（3）用励磁控制系统"逆变灭磁"按钮停机，此时励磁系统保持热备用状态。

（4）分灭磁开关（FMK）。

（5）1KK 交流转换开关在 0 位。

（6）分励磁系统各个电源开关，此时励磁系统进入冷备用。

逆变灭磁的条件：GEC-300S 励磁系统在运行状态并且满足以下条件之一者逆变灭磁停机：灭磁开关（FMK）分闸；在空载状态下"逆变灭磁"有效；在空载状态下发电机的频率 f 小于 45Hz。

4. 事故停机操作

（1）分灭磁开关（FMK）。

（2）分交流侧转换开关（1KK）。

（3）分励磁系统各个电源开关。

（4）GEC-300S 励磁控制系统逆变灭磁时将触发角推至 140°逆变区。

5. 故障报警及处理

故障报警及处理见表 4-9。

当 GEC-300S 励磁控制系统发出报警光字牌时，只要发电机的有功、无功运行稳定，则可以不进行任何调整；然后根据表 4-9 中各报警进行相应处理。若 GEC-300S 励磁控制系统报警时发电机有功、无功剧烈摆动（强励、低励）并不能返回稳定状态，运行人员需根据具体情况减负荷或准备停机。励磁控制系统报警信号，除最小 I_f 限制、过 Q_e 报警、过 Q_e 限制、空载 I_f 限制外，都是保持的，需要按"信号复归"按钮消除。

6. 正常巡检内容

励磁系统自动检测、自动报警，励磁控制系统任何故障不跳磁场断路器（FMK），只封脉冲或逆变灭磁。报警信号（参考表 4-9）需运行人员确认报警消失了之后按"信号复归"按钮消除。

表 4-9　　　　　　　　　　　　　　故障报警及处理

报警指示	含　义		处　理
控制器故障	调节器退出运行		从 ECU 中查出具体故障进行相应处理
异常报警	ECU 内及远方相应报警指示	写 ROM 出错	重启控制器，无效则更换 CPU 板
		U_{sd} 异常	重启控制器，无效则更换 CPU 板
		CAN 通信故障	检查 CAN 连线，按"信号复归"按钮消除
		强励报警	减少励磁，使励磁电流≤1.2（标幺值），按"信号复归"按钮消除
		强励限制	减少励磁，使励磁电流≤1.1（标幺值），按"信号复归"按钮消除
		低励报警	增加励磁，按"信号复归"按钮消除
		低励限制	增加励磁，按"信号复归"按钮消除
		V/Hz 报警（伏赫限制报警）	减少励磁或增加发电机转速，按"信号复归"按钮消除
		V/Hz 限制（伏赫限制动作）	减少励磁或增加发电机转速，按"信号复归"按钮消除
		起励失败	检查起励回路及各个开关及刀闸位置，按"信号复归"按钮消除
		超温报警	检查温度传感器回路，按"信号复归"按钮消除
		最小 I_f 限制（并网最小励磁电流限制）	增加励磁，报警信号可自动消除
		过 Q_e 报警（过无功报警）	减少励磁，报警信号可自动消除
		过 Q_e 限制（过无功限制动作）	减少励磁，报警信号可自动消除
		快熔熔断	检查晶闸管的快熔，恢复正常后，按"信号复归"按钮消除
		TV 断线	检修 TV 及相关回路和熔断器，按"信号复归"按钮消除

续表

报警指示	含　义			处　理
控制器故障	调节器退出运行			从 ECU 中查出具体故障进行相应处理
异常报警	ECU 内及远方相应报警指示	过 I_t 报警 （定子过电流报警）		减小 I_t 使其小于 1.1，按"信号复归"按钮消除
		过 I_t 限制 （定子过电流动作）		减小 I_t 使其小于 1.1，按"信号复归"按钮消除
		转子超温		减少励磁，按"信号复归"按钮消除
		误强励		检查故障原因，按"信号复归"按钮消除
		空载 I_f 限制		减少励磁，报警信号可自动消除
		测频故障		检查故障原因，按"信号复归"按钮消除
电源故障 （远方）	励磁系统电源回路有故障			检查工作电源、控制电源、起励电源和操作电源回路，使其恢复正常

（1）在中控室巡检内容。无报警信号；系统电压、机端电压、发电机无功、励磁电流稳定在正常范围。

（2）在装置前巡检内容：无异常报警信号；表记无异常摆动；无意外噪声和异味；环境温度、湿度、振动等无异常；运行中通过噪声情况判断励磁变压器是否正常工作。

7. 大小修试验内容

由于大气环境和现场工况的影响，电子元件和整流装置中可能会存在污物，长时间运行和振动可能使电触点松动。因此，定期清理和维护励磁系统是很有必要的。

（1）励磁系统每一年的维护工作。励磁系统设备每年的维护工作要求在每年机组停机小修期间完成。

1）励磁变压器。对励磁变压器外观进行检查；停机状态下，清除励磁变压器表面污物；用干布或真空吸尘器或压缩空气（低压）来清洁，不能使用溶剂。

2）调节柜。

• 清除柜内污物。

• 用刷子或真空吸尘器或压缩空气（低压）清理柜内、空气过滤网上灰尘。

• 紧固端子排上各个电气节点。

• 检查各个电源开关，分、合是否正常（各分、合 3 次）。

• 检查各个开入量是否正确动作，检查继电器动作是否正常，指示灯是否正常。

• 检查远方报警信号是否正常。

• 检查熔断器有无熔断。

• 清除柜内、风机上、散热器上所有污物和灰尘。

• 检查风机是否有不正常噪声。一般要求：风机运行 40000h 以上应更换。

• 检查各个电源开关，分、合是否正常；接触是否良好。

• 紧固端子排上各个电气接点。

• 检查各个开入是否正确动作，检查继电器接触器动作是否正常，指示灯是否正常。

• 小电流试验检查脉冲波形、检查整流柜输出波形。

• 检查熔断器有无熔断。

• 清除磁场断路器上所有污物和灰尘。

• 检查电弧罩，用压缩空气清除污物。

• 检查起励接触器是否良好。

• 用砂纸清除磁场断路器上接触面碳化的磨损物。

• 所有的滑动表面均涂上合适的润滑油。

• 检查灭磁开关端口接触是否良好，表面有无氧化或熔化。

• 检查灭磁电阻阀片熔丝有无熔断（如熔断，取下即可，超过总量的30％需更换全部灭磁电阻阀片）。

3）整套装置。

（a）检查并拧紧所有螺栓、母线连接及支持板。

（b）简单检查整体特性。

检查励磁系统开入、开出、保护和整体特性。

（2）大修时励磁控制系统维护工作。除励磁控制系统每年维护工作外，建议再进行以下维护：

1）调节器整组试验和调节器限制、保护功能检查。

2）校验表计，TA、TV 校验。

3）灭磁柜非线性氧化锌电阻组件测试，测试方法和步骤如下：

（a）非线性氧化锌电阻组件绝缘电阻测试。断开灭磁开关 FMK，断开 FMK 和转子回路的连接电缆或铜排，取下非线性氧化锌电阻上串联的快速熔断器 RD，在非线性氧化锌电阻组件两侧用绝缘电阻表做绝缘检测。测试电压参考非线性电阻设计值。

试验结果：绝缘电阻大于 $1M\Omega$ 为正常。

（b）非线性氧化锌电阻组件漏电流测试。确认非线性氧化锌电阻组件绝缘电阻正常后，在非线性氧化锌电阻组件两端施加 0.5 倍 U_{10mA} 电压，测试非线性氧化锌电阻组件漏电流（取下快速熔断器，每组单独测试）。

U_{10mA} 电压：非线性电阻在流过 10mA 电流时对应的电压；可以在出厂检验报告或灭磁电阻供货厂家的报告中查到。

试验结果：漏电流应不大于 $50\mu A$ 为正常。

如果漏电流大于 $100\mu A$，说明非线性氧化锌电阻已经老化，必须停止使用，取下与老化氧化锌电阻串联的快熔。老化氧化锌电阻超过整体30％则必须更换氧化锌电阻组件。

第四节 模 拟 发 电 机 系 统

一、TF（D）- 4 同步发电（电动）机

TF（D）- 4 同步发电（电动）机参数如下：

额定功率：2kW

额定电压：400V

额定电流：3.61A

额定转速：1500r/min

额定频率：50Hz

额定励磁电压：56V

额定励磁电流：3A

功率因数：0.8（滞后）

绝缘等级：E

效率：80%

二、三相异步电动机

功率：4kW

电压：380V

发电（电动）机与电动机为硬连接，安装于可移动小车平台上，与同步发电适配。

三、电动发电机组控制柜

电动发电机组控制柜屏面布置图如图4-26所示。电动发电机组控制柜内部器件及参数见表4-10。

四、变频器

采用进口ABB公司生产的ACS510 01-017A-4变频器；额定功率7.5kW，额定电流17A，适配4kW电动机，协同微机自动准同期装置调整异步电机转速。

表4-10 电动发电机组控制柜内部器件及参数

序号	名　　称	代　　号	规格型号	数量
1	机柜		800mm×600mm×2260mm	1
2	交流空气开关	QF111	C65N-C10A/3P	1
3	交流空气开关	QF112	C65N-C10A/2P	1
4	直流空气开关	QF113	C65H-DC-C16A/2P	1
5	交流空气开关	51DK	C65N-C6A/2P	1
6	指示灯	HR51 HR52 HR53	AD16-22D/R28	3
7	转换开关	51ZK	LA39B-20X/K	1
8	按钮	AN51	LA39-B2-20/R	1
9	按钮	AN52	LA39-B2-20/G	1
10	变频器	BPQ	ACS510-01-012A-4	1
11	假负载装置	JFZ	ACLT-3801M	1
12	继电器	ZJ51-ZJ53	RXM4AB1MD	3
13	继电器座		RXZE2M114	3
14	普通端子	2X1，2X2，2X6	UK10N	25
15	普通端子	2X3-2X5	UK5N	30
16	熔断器端子	F01	UK5-HESI	1

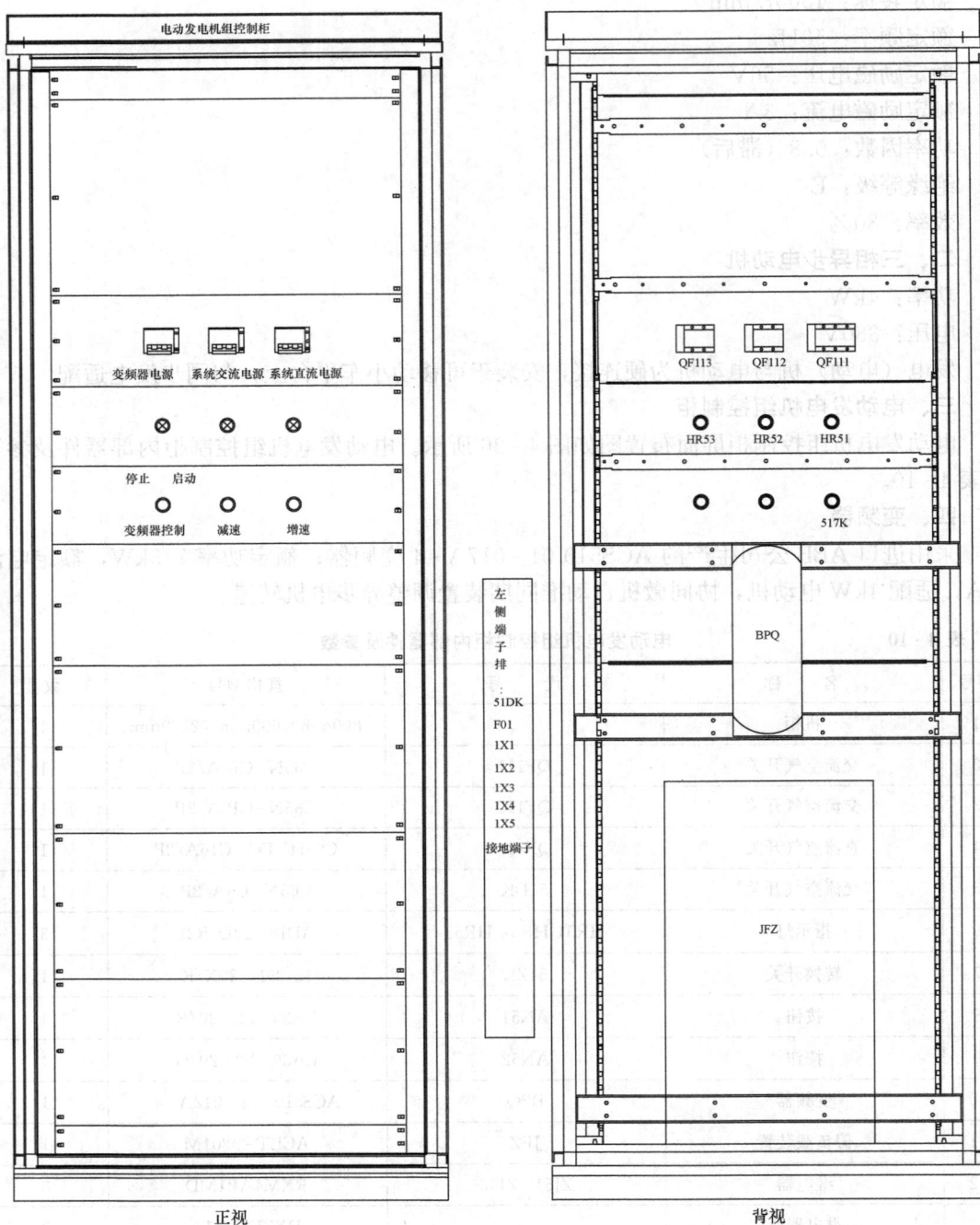

图 4-26 电动发电机组控制柜屏面布置图

变频器外观如图 4-27 所示。变频器面板如图 4-28 所示。

（1）LOC/REM：变频器初次上电时，处于远控模式（REM），它可由控制端子排 X1 控制。要切到本地控制（LOC），使用控制盘控制变频器，按住 (LOC/REM) 键直到先出现

LOCAL CONTROL（本地控制），再在后来显示 LOCAL，KEEP RUN（本地控制，保持运行）。

1）当显示 LOCAL CONTROL（本地控制）时释放按键，会将控制盘给定设置为当前的外部给定。变频器停车。

2）当显示 LOCALKEEP RUN（本地控制，保持运行）时释放按键，可根据用户当前的 I/O 设置保持原来的运行/停止状态和给定。

要切回远程控制（REM），只要按住 ⬢ 键直到显示 REMOTE CONTROL（远程控制）即可。

（2）START/STOP：要启停电机按 START（启动）和 STOP（停止）按键。

五、TV、TA 测量元件

TV、TA 采用北京创四方产品，TV 型号为 SR5O 三相变压器测量电压，TA 采用 10A/5A 的电流互感器。

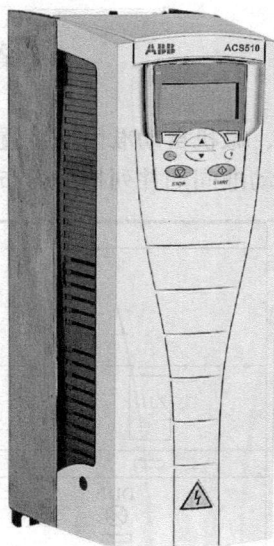

图 4-27　变频器外观图

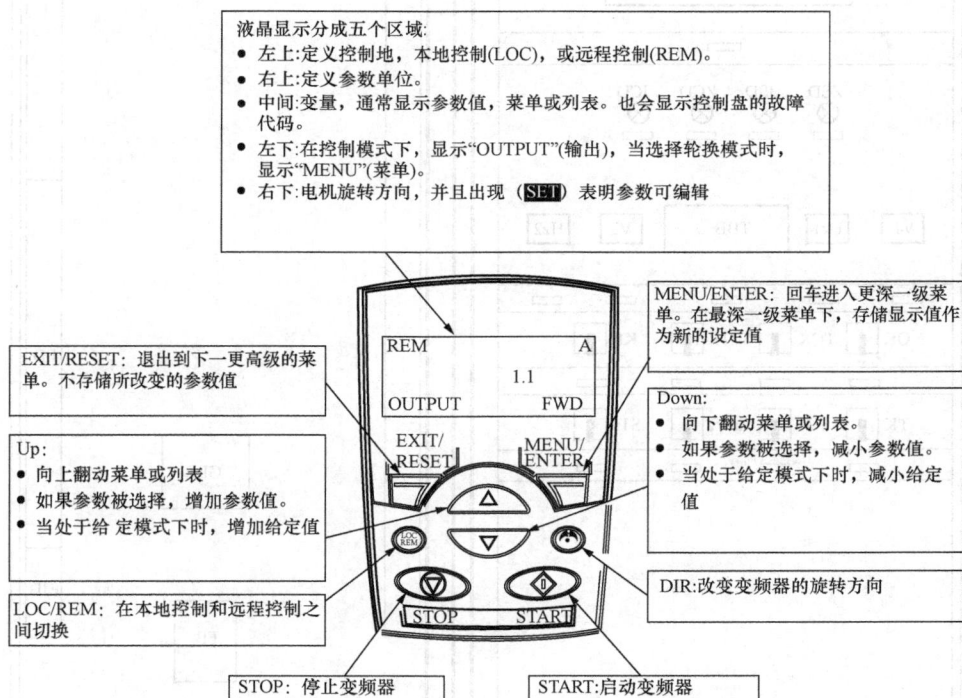

液晶显示分成五个区域：
- 左上:定义控制地，本地控制(LOC)，或远程控制(REM)。
- 右上:定义参数单位。
- 中间:变量，通常显示参数值，菜单或列表。也会显示控制盘的故障代码。
- 左下:在控制模式下，显示"OUTPUT"(输出)，当选择轮换模式时，显示"MENU"(菜单)。
- 右下:电机旋转方向，并且出现 **(SET)** 表明参数可编辑

EXIT/RESET：退出到下一更高级的菜单。不存储所改变的参数值

MENU/ENTER：回车进入更深一级菜单。在最深一级菜单下，存储显示值作为新的设定值

Up：
- 向上翻动菜单或列表
- 如果参数被选择，增加参数值。
- 当处于给定模式下时，增加给定值

Down：
- 向下翻动菜单或列表。
- 如果参数被选择，减小参数值。
- 当处于给定模式下时，减小给定值

LOC/REM：在本地控制和远程控制之间切换

DIR:改变变频器的旋转方向

STOP：停止变频器

START:启动变频器

图 4-28　变频器面板

第五节 自动准同期并列柜介绍

一、微机自动准同期装置概述

自动准同期并列柜屏面布置图如图 4-29 所示。自动准同期并列柜标签框见表 4-11。

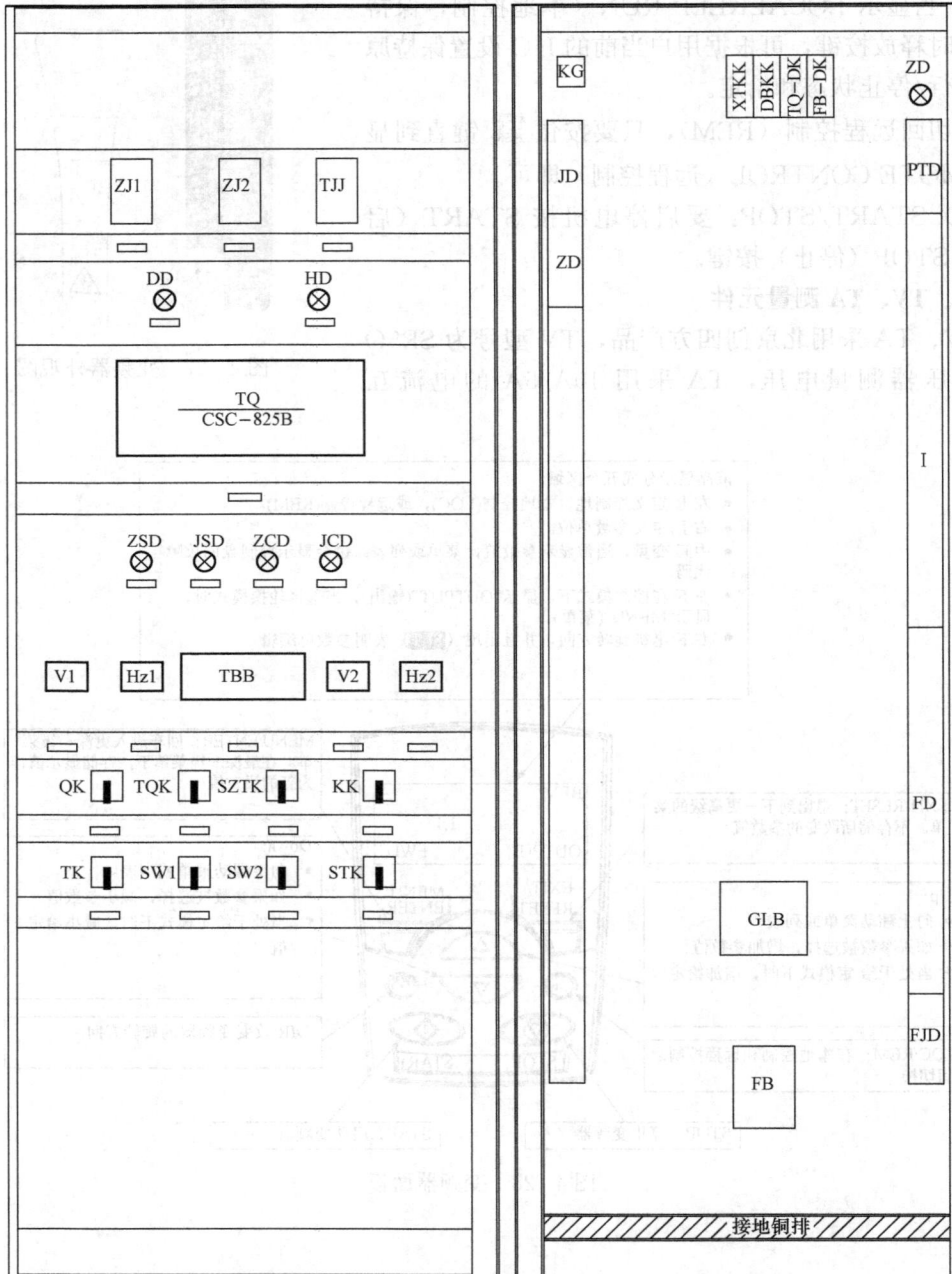

主视图   后视图

图 4-29 自动准同期并列柜屏面布置图

表 4 - 11 自动准同期并列柜标签框

TQ	自动准同期装置 TQ	TK	自动/手动转换开关	TQK	启动同期工作 TQK
ZJ1	同期装置出口解锁/闭锁	SW1	手动加速/减速转换开关	DD	电源
TJJ	同步检查继电器 TJJ	SW2	手动升压/降压转换开关	HD	合闸
ZSTK	手动准同期装置	STK	同期检查继电器投入退出开关	ZSD	增速
TQ - DK	同期回路直流电源 TQ - DK	KK	手动合分闸 KK	JSD	减速
QK	解锁同期装置出口 QK	TBB	手动同步表 TBB	ZCD	增磁
JCD	减磁	V1	发电机电压	Hz1	发电机频率
V2	系统电压	Hz2	系统频率	ZJ2	护展中间继电器

自动准同期并列柜内部器件及参数见表 4 - 12。

表 4 - 12 自动准同期并列柜内部器件及参数

序号	标 号	名称	型号规格	数量	备注
1	TQ	自动准同期装置	CSC - 825B	1	北京四方
2	ZJ1	中间继电器	DZY - 212 DC 220V	1	许继
3	ZJ2	中间继电器	DZY - 204 DC 220V	1	许继
4	TJJ	同步检查继电器	DT - 1/200	1	许继
5	TBB	同步表	MZ - 10 100V	1	许继
6	DK	直流断路器	GM32M - 2200R/6A	2	
7	SZTK	转换开关	LW39 - 16B - 6KC - 202/2	1	
8	TK	转换开关	LW39 - 16B - 6KC - B09X/10P	1	
9	SW1、SW2	转换开关	LW39 - 16B - B2 - 101/1P	2	
10	STK	转换开关	LW39 - 16B - 6KC - 101/1P	1	
11	QK、TQK	转换开关	LW12 - 16/9.2204.2	2	
12	KK	转换开关	LW12 - 16D/49.6201.2	1	
13	HD、DD、ZSD、JSD、ZCD、JCD	信号灯	AD11 - 16/21 - 6R	6	
14	GLB	隔离变压器	DB - 100 _ 100V/100V	1	
15	V1~2	电压表	61L13 - V - 500V _ 1.5 级	2	
16	Hz1~2	频率表	61L13 - Hz 45~55 - 380V _ 1.0 级	2	
17	FB	出口断路器	RMM - 163HP/3260 - 63A/CD2	1	DC 220V
18	ZD	照明灯	菲利普灯泡 40W	1	
19	KG	门控开关	行程开关 _ LX19K	1	
20	XTKK、DBKK	空气开关	C65 - 3C1	2	

CSC - 825B 数字式准同期装置主要用于发电机并网和线路的检同期合闸操作,适用于电厂、变电站等需要同期并网操作的场合。

1. 主要功能

CSC-825B 数字式准同期装置的主要功能配置见表 4-13。

表 4-13　　　　　　　CSC-825B 数字式准同期装置的主要功能配置

规格型号	主 要 功 能 配 置								
	发电机并网	线路同期	电压、频率调节	自动转角	无压合闸	测量断路器合闸时间	以太网通信	选线控制	选线
CSC-825B	●	●	●	●	●	●	●	●	

2. 产品特点

（1）具备发电机同期和线路同期功能，根据外部信号自动切换到相应的同期点。

（2）具有差频并网、同频并网和无压合闸功能。

（3）发电机同期时，采用 PID 控制方式调节电压和频率，快速、平稳地使压差、频差进入整定范围，实现快速并网；如果出现同频状态，可自动调频，创造并网机会。

（4）可实现无逆功率并网。

（5）测量并记录合闸回路动作时间。

（6）电压类型可为线电压或相电压，可对同期点两侧电压进行相角补偿和幅值补偿。

（7）大容量录波功能，记录同期过程，便于用户分析。

（8）大容量事件存储，详细记录动作过程各个关键点的状态。

（9）完善的自检功能，运行过程实时自检，定位故障并报警。

（10）采用通用的软硬件平台，运行稳定、可靠。

（11）采用高性能工业微处理器和嵌入式操作系统，低功耗设计。重要环节采用冗余设计，采用多重隔离保护，可靠性高。

（12）全汉化界面，人机交互简单、方便。每个插件的输入输出信号配置有指示灯，方便现场调试。

二、安全使用注意事项

（1）本设备有电击或烧伤的潜在威胁。只有经过充分训练和对设备充分熟悉的人员才能安装、运行和维护设备。

（2）测试期间请隔离测试设备与被测设备，以防出现电气故障。若测试期间，测试设备不能与被测设备一起接地，请用防护罩遮蔽，以免造成触电伤害。

（3）所有接触电气部件的工具和设备需按照 IEC 标准绝缘或接地。

（4）安装过程中，应切断设备所有电源，以防电击。

（5）进行任何操作，与设备电气部件或电线有身体接触前应将设备接地或放电。

（6）产品的使用环境应满足 GB/T 2421《电工电子产品环境试验》的要求，至少不能超出说明书规定的范围，周围不得有易燃、易爆、腐蚀性气体或物品。

（7）机箱外壳及接地端子一定要可靠接地，最好是直接与设备间专用的二次设备接地网相连（或通过屏柜的专用铜排），接地点应远离一次设备的接地点，特别是要远离避雷针（器）的接地点。

（8）应使用合格的交流或直流工作电源供电。

（9）产品运行时不得随意触摸相关零部件及按键、按钮等，绝对禁止带电插拔插件。必要的操作应由专业人员并按照规程进行。

（10）产品的某些端子带有高电压或大电流，正式投运前一定要确认连接无误并拧紧端子；需要测量时，千万要小心使用仪表和工具，避免出现短路、接地、开路等事故。

三、技术特性

1. 使用环境条件

装置在以下环境条件下可正常工作：

（1）环境温度：$-10 \sim +55 \text{℃}$。

（2）相对湿度：$10\% \sim 90\%$。

（3）大气压力：$80 \sim 110 \text{kPa}$。

2. 电气绝缘性能

电气绝缘性能见表 4-14。

表 4-14　　　　　　　　　　　　**电 气 绝 缘 性 能**

试　验	指　标	参 考 标 准
绝缘电阻	500V DC，$>100\text{M}\Omega$	GB/T 14598.3 （IEC 60255-5）
绝缘耐压	2.0kV AC，1min	GB/T 14598.3 （IEC 60255-5）
冲击电压	5kV，$1.2/50\mu s$	GB/T 14598.3 （IEC 60255-5）

3. 机械性能

（1）振动。产品能承受 GB/T 11287《电气继电器　第 21 部分：量度继电器和保护装置的振动、冲击、碰撞和地震试验　第 1 篇：振动试验（正弦）》规定的 Ⅰ 级振动形影和振动耐受试验。

（2）冲击和碰撞。产品能承受 GB/T 14537《量度继电器和保护装置的冲击与碰撞试验》（IEC 60255-21-2，IDT）规定的 Ⅰ 级冲击响应和冲击耐受试验，以及 Ⅰ 级碰撞试验。

4. 电磁兼容性

抗扰度性能见表 4-15。

表 4-15　　　　　　　　　　　　**抗 扰 度 性 能**

试　验	指　标	参 考 标 准
脉冲群抗扰度	3 级	GB/T 17626.12 （IEC 61000-4-12）
静电放电抗扰度	4 级，8kV	GB/T 17626.2 （IEC 61000-4-2）
辐射电磁场抗扰度	3 级	GB/T 17626.3 （IEC 61000-4-3）

试　验	指　标	参　考　标　准
工频磁场抗扰度	5 级	GB/T 17626.8 (IEC 61000-4-8)
电快速瞬变抗扰度	4 级，±2kV	GB/T 17626.4 (IEC 61000-4-4)
浪涌（冲击）抗扰度	4 级，±4kV	GB/T 17626.5 (IEC 61000-4-5)
辅助电源跌落和中断	2 级，0%、0.5s	GB/T 17626.11 (IEC 61000-4-11)
射频场感应的传导骚扰抗扰度	3 级	GB/T 17626.6 (IEC 61000-4-6)

5. 安全性能

符合 GB 14598.27—2008《量度继电器和保护装置　第 27 部分：产品安全要求》规定。

6. 热性能（过载能力）

产品的热性能（过载能力）符合 DL/T 478—2013《继电保护和安全自动装置通用技术条件》的以下规定：

(1) 交流电压回路：在 1.2 倍额定电压下连续工作，1.4 倍额定电压下允许 10s。

(2) 直流电压回路：在 80%～115% 额定电压下，连续工作。

7. 功率消耗

(1) 电源回路：不大于 10W。

(2) 交流电压回路：在额定电压下不大于 0.5VA/相。

8. 输出触点容量

在电压不大于 250V、电流不大于 1A、时间常数 $L/R = 5 \pm 0.75$ms 的直流有感负荷回路中，触点断开容量为 50W，长期允许通过电流不大于 5A。

9. 装置功能

(1) 同期点切换。

(2) 输入量检测。

(3) 单侧无压合闸，双侧无压合闸。

(4) 差频并网。

(5) 同频并网。

(6) 调压，调频。

(7) 录波及事件记录。

(8) 通信。

(9) 装置自检。

10. 装置主要技术参数

(1) 额定参数。

1) 直流电源：220V 或 110V，允许偏差 −20%～+15%，波纹系数不大于 5%。

2）交流电源：220V，允许偏差－20%～＋15%，频率50Hz。

3）交流电压：100V（100/$\sqrt{3}$），范围：0～1.2U_N。

4）频率：50Hz。

（2）模拟量测量范围。

1）交流电压0.4～120V（有效值）。

2）频率：45～55Hz。

3）频率变化率（df/dt）：0.3～10Hz/s。

（3）状态量、脉冲量电平。

1）输入电压：DC 24V。

2）脉冲宽度：＞5ms。

（4）模拟量测量精度。

1）交流电压：1.0级。

2）频率：≤0.01Hz。

（5）事件顺序记录（SOE）分辨率1ms。

（6）通信端口规范。两路电以太网端口：RJ45接口，支持四方公司内部规约。

（7）主要同期指标。

1）允许最大频差：Δf≤1.0Hz，缺省为±0.3Hz。

2）允许最大压差：ΔU≤±20%，缺省为±10%。

3）同频并网（合环）允许功角：Δφ≤80°，缺省为30°。

4）合闸精确度：在频差≤0.3Hz时，合闸相角差≤1.0°。

5）调频、调压输出。

（a）脉冲输出，调频脉冲宽度误差：10ms；调压脉冲宽度误差：10ms。

（b）脉冲序列的间隔可整定。

（c）脉冲宽度由PID调节规律计算得出，PID参数可整定。

6）频率变化允许范围：df/dt≤1.0Hz/s。

（8）选线器技术指标。

1）电源电压：DC 24V。

2）同期点数：8个。

3）通道长期导通电流2A，瞬间（200ms）5A。

11. 外形

CSC-825B装置采用符合IEC 60297-3标准的210mm（高）×480mm（宽）的机箱，整体面板，带有锁紧的插拔式功能组件。装置的安装方式为嵌入式，接线为后接线方式。装置的外形如图4-30所示。

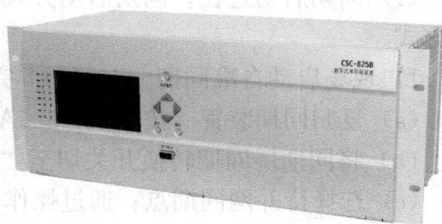

图4-30　CSC-825B装置外形图

四、结构特征与工作原理

1. 概述

装置采用功能模块化设计思想，不同的产品由相同的各功能组件按需要组合配置，实现了功能模块的标准化。装置由交流插件、CPU插件、开入插件、开出插件、电源插件和人机接口组件构成。

CSC‐825B 插件组成见表 4‐16，槽号 X2、X4、X6、X7、X9、X11、X12 为空面板。

表 4‐16　　　　　　　　　　　　　　CSC‐825B 插件组成

槽号	X1	X3	X5	X8	X10	X13、X14
插件型号	PW107	CM103/CM104	DI102T	DM101T3	DO103T	AI155T
类型	电源	CPU	DI	DI/DO	DO	交流

2．主要功能插件介绍

（1）交流插件（AC）。用于采集同期电压信号。

（2）CPU 插件（CPU）。CPU 插件是本装置的核心插件，采用专业嵌入式硬件结构设计。CPU 硬件采用 PowerPC 嵌入式双内核处理器，集成通信处理器，芯片处理能力强，低功耗，寿命长、高可靠性，适合严酷的工作环境场合。CPU 插件直接提供 2 路 10M/100M 以太网口。

（3）开入插件（DI）。提供 16 路开关量输入通道，查询电压为 DC 24V。

每路信号输入采用了限压处理、阈值电压控制、限流滤波电路和光电隔离。防抖动时间可设置。外部查询电压的有效范围为 75%～120%。

（4）开出插件（DO）。开关量输出插件输出信号形式为机械式继电器的无源空接点，用于完成合闸、调速、调压等各种操作，或用于发告警信号。

（5）人机接口（MMI）。与 CPU 插件数据交换，提供对装置的本地操作接口，包括液晶显示、LED 指示、按键操作。

（6）电源插件（POW）。电源插件利用逆变原理将直流 220V/110V 输入转换为装置工作所需的三组直流电压，几组工作电压均不共地且采用浮地方式，起到电气隔离的作用。为提高电源回路的抗干扰性能，插件在内部其直流输入和引出的外部 24V 电源回路中均装设抗干扰滤波器件。插件还配备有完善的电源保护功能（欠电压、过电压、过电流、过功率等）以防止电源故障造成装置损坏。

3．工作原理

（1）同期启动过程。同期启动方式包括：现场启动、远方启动的自准同期和手动同期 3 种方式。

1）现场启动自准同期。在同期屏完成同期并网操作。

（a）复归同期装置（按 CSC‐825A 或 CSC‐825B 面板的"信号复归键"，以下相同）。

（b）将同期屏同期转换开关切至"自准"方式，选线器 CSC‐825X 切至"自动"模式。

（c）选择待并网同期点：通过操作同期屏上配置的操作把手或按钮选择待操作同期点，同期选线装置 CSC‐825X 相应通道指示灯亮，装置 CSC‐825A 液晶报"选择 N♯ 同期点成功或失败"（操作按钮时保持时间大于 0.5s）。

（d）在需要无压合闸时，检查同期点两侧电压，符合要求时，投入无压确认按钮并保持，非无压合闸时直接进入下一步。

（e）选择同期点成功后启动自准同期：操作同期屏启动同期把手或按钮到投入状态，同期装置进入自动准同期过程（操作按钮时保持时间大于 0.5s）。

　　（f）同期成功或延时时间到同期失败，装置液晶弹出报告，同期装置进入闭锁状态。

　　2）远方启动自准同期。通过监控系统完成同期并网操作。与现场启动自准同期过程类似，但是在监控后台画面发控制命令。

　　（a）复归同期装置（遥控命令驱动的 DO 节点，接 CSC-825A 或 CSC-825B 的 X5.1 "信号复归"开入）。

　　（b）将同期屏同期转换开关切至"自准"方式，选线器 CSC-825X 切至"自动"模式。

　　（c）选择待并网同期点：通过监控系统监控画面发遥控命令，驱动 DO 节点（接 CSC-825A 的 X6.1～X6.8），选择待操作同期点，同期装置反馈选线成功信号（X10.5～X10.6）；要求 DO 节点闭合时间大于等于 0.5s。

　　（d）在需要无压合闸时，检查同期点两侧电压，符合要求时，通过监控系统监控画面发遥控命令进行无压确认；遥控命令驱动的 DO 节点接装置的 X5.3 或 X5.4，非无压合闸时直接进入下一步。

　　（e）选择同期点成功后启动自准同期：通过监控系统监控画面发遥控命令启动同期，同期装置进入自动准同期过程；遥控命令驱动的 DO 节点接装置的 X5.5，要求 DO 节点闭合时间大于等于 0.5s。

　　（f）同期成功或延时时间到同期失败，监控系统弹出动作事件，同期装置进入闭锁状态。

　　3）手准同期。作为备用方式，利用同期选线装置、同步表和手动操作把手、按钮完成同期并网操作。

　　（a）将同期屏同期转换开关切至"手准"方式，选线器 CSC-825X 切至"手动"模式。

　　（b）选择待并网同期点：通过操作同期装置选线器的钥匙开关选择待操作同期点，同期选线装置相应通道指示灯亮。

　　（c）观察同步表，进行必要的调频、调压操作，在适当时机，通过同期屏把手或按钮合开关。

　　4）无压合闸。如前所述，在自准同期需要无压合闸时，需要人工给装置持续保持的无压确认信号，通过投入同期屏上的无压确认按钮，或者通过监控后台发遥控命令驱动 DO 节点实现。

　　5）单点同期。与上述多点同期操作相似，但不需要选线，不配选线器 CSC-825X。

　　（2）同期条件。在同时满足以下条件时，同期控制器发合闸命令，并网成功。

　　1）差频并网。

　　（a）同期点选择开入有且仅有 1 路高电平或高电平脉冲。

　　（b）启动同期开入高电平或高电平脉冲。

　　（c）单、双侧无压合闸开入低电平。

　　（d）低电压闭锁值$<U_g<$过电压保护值，低电压闭锁值$<U_s$。

　　（e）频差 $df<$允许频差定值，滑差 $df/dt \leqslant 1Hz/s$。

　　（f）角差趋向 0。

　　（g）同期时间$<$装置允许同期时间定值。

　　（h）$47Hz<F_g<52Hz$，$47Hz<F_s<52Hz$。

　　2）同频并网。

（a）同期点选择开入有且仅有 1 路高电平或高电平脉冲。

（b）启动同期开入高电平或高电平脉冲。

（c）单、双侧无压合闸开入低电平。

（d）同期时间＜装置允许同期时间定值。

（e）低电压闭锁值＜U_g＜过电压保护值，低电压闭锁值＜U_s。

3）无压合闸。

（a）同期点选择开入有且仅有 1 路高电平或高电平脉冲。

（b）启动同期开入高电平或高电平脉冲。

（c）单侧或双侧无压合闸开入高电平。

（d）待并侧有压时，U_g＜过电压保护值。

（e）电压满足单侧或双侧无压条件。

（3）同期算法。

1）同期捕捉。差频并网时，装置根据合闸导前时间计算相位变化值，结合当前相位差，选取最佳的时刻来发合闸命令。

装置中计算合闸导前时间内相位变化值的算法为

$$\Delta\varphi = 2\pi\Delta T\mathrm{d}q + \frac{1}{2}2\pi\frac{\mathrm{d}\Delta f}{\mathrm{d}t}T\mathrm{d}q^2$$

式中　$\Delta\varphi$——合闸导前时间两侧电压相位变化值；

　　　Δf——两侧电压频率差；

　　　$\dfrac{\mathrm{d}\Delta f}{\mathrm{d}t}$——频差变化率；

　　　$T\mathrm{d}q$——合闸导前时间。

2）调频调压控制算法。装置对发电机调压和调频的模块选用比例调节算法外加最大最小脉冲宽度限制来控制调节脉冲宽度。以系统电压或系统频率为目标，发电机实际输出为反馈，进行比例计算，得出调节量，并生成调节脉冲来控制一次调节器，是闭环调节系统。

五、安装、调试

1. 开箱检查

（1）打开包装后，检查装置外观是否完好无损。

（2）检查装置的合格证明书、配套文件、附件、备品备件等是否与订货要求一致，是否与装箱单描述的型号、名称、数量等一致。

（3）如有问题，请与制造厂及时联系。

2. 安装调试

（1）安装。

1）装置应牢固地在屏（柜）上固定，装置各连接螺钉应紧固。

2）各装置地应与屏（柜）地用接地线与接地母排及系统大地可靠连接。

3）装置接线应符合接线图的要求。

（2）通电前的检查。

1）先断开装置的电源输入开关，用开路电压 500V 的万用表测量电源输入测的电压，查看测量值是否满足装置供电的要求。

2）拔出所有插件，逐一检查插件上的机械零件、元器件是否松动、脱落，检查各插件连接器是否能插入到位、锁紧是否可靠；有无机械损伤，接线是否牢固。

3）检查人机接口（MMI）和面板连接是否可靠。

（3）绝缘电阻测量。绝缘检查前，需要确保装置端子与现场二次回路无任何电气连接。分别短接交流电压回路、交流电流回路、直流电源回路、开关/信号输入回路、开关/信号输出回路，用 500V 绝缘电阻表分别测量各组回路对地及相互间的绝缘电阻，要求不小于 100MΩ。

3. 装置通电检查

装置通电后按照以下步骤检查是否正常：

（1）LCD 显示屏显示正常画面，无硬件和配置类告警信息。

（2）LED 指示灯显示正常状态。

（3）键盘应接触良好，操作灵活。

（4）检查装置的日历时钟，若不准确，需要校准。

4. 整定值输入

按定值单输入各同期点定值。

5. 软件版本号及 CRC 校验码检查

根据装置液晶显示记录装置 CM 版本、逻辑版本、DI、DO、AI 版本、MMI 版本和 CRC 校验码。

6. 采样精度检查

用微机保护测试仪定性校验，可将装置各相电压通道接 57V 电压，装置应准确显示输入值并且各相一致，同时检验各模拟量通道的相位应正确。

7. 开入量检查

开入回路校验，在开入端子外加 DC 24V＋信号，通过液晶观察开入状态；操作同期屏有关把手、按钮，选择各同期点、无压确认等与开入有关信号一一验证。试验时应将装置控制输出与外部实际控制回路断开。

8. 开出传动试验

开出回路校验，可通过装置操作界面中的开出测试命令进行开出传动试验，包括合闸、调频、调压、故障信号等。每路接点输出只检测一次即可。试验时要先通过选线器选择待试验的同期点。

9. 同期试验

需要针对每个同期点一一进行同期试验，根据同期点类型和需要进行差频并网、同频并网、无压合闸试验。装置电压信号来自继电保护测试仪或实际系统。

试验步骤：

（1）按前述步骤对同期装置、同期选线装置进行一般性检查。

（2）计算各同期点定值参数，将定值输入装置。

（3）检查同期屏内接线、外部电缆接线；通过操作屏上各种切换开关、按钮、开出传动试验来完成接线正确性的测试；通过监控后台发遥控命令，检查动作情况。

（4）断开待并网开关两侧隔离开关，使同期开关处于无电流合闸状态。

（5）选择同期点（屏上就地选择或远方遥控选择）。

（6）启动同期装置，观察装置动作情况，记录装置动作报告。

六、使用、操作

1. 人机接口及操作

（1）操作面板。准同期装置操作面板如图 4 - 31 所示。

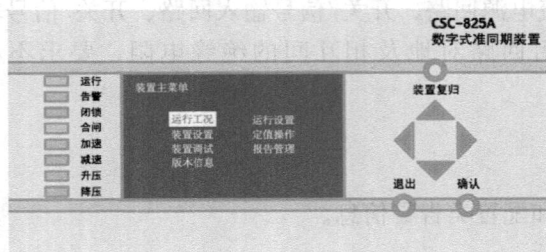

图 4 - 31　准同期装置操作面板

准同期装置具有人性化设计的操作界面，主要特点：

1）键盘的功能定义符合操作使用习惯，使用四方键盘可以在功能菜单中方便地浏览信息、修改定值和完成相应的控制。

2）简单快捷的运行监视和运行方式控制操作。

3）8 个 LED 指示灯指示当前主要状况。

4）提供密码保护防止误操作。

（2）LCD 显示屏。LCD 显示屏可显示 7 行汉字，满屏显示 105 个汉字。

1）一般状态下，循环显示当前时间、测量值和当前定值区号。

2）装置运行异常或保护动作时，显示屏背光增强，以高亮度模式主动显示事件信息。

3）响应键盘命令，显示屏背光增强，以高亮度模式显示人机对话界面。

4）LCD 显示屏规格为 240mm×160mm。

（3）四方键盘。四方键盘由"↑""↓""→""←""确认""退出"键组成，使用四方键盘可以完成所有人机对话操作。

1）"确认"键。

（a）在循环显示状态下，按下"确认"键激活主菜单；

（b）在进行整定定值、切换定值区、设置时间、设置装置地址等操作时，"确认"键相当于电脑的回车键，按下"确认"确认执行。

2）"退出"键。

（a）清屏；

（b）当进行菜单操作时，按一下"退出"键可以取消操作，或者退回上级菜单。

3）"↑""↓""←""→"方向键。

（a）控制光标向上、下、左、右四个方向移动；

（b）输入数字时，用"←""→"键控制光标左右移动到要更改数字位上，用"↑""↓"增大或减小数字。

（4）LED 指示灯。LED 指示灯共有 8 个，其含义见表 4 - 17。

表 4 - 17　　　　　　　　　　　　准同期装置 LED 含义

编号	名称	功　能　说　明
1	运行	正常运行时常亮
2	告警	告警总信号。装置检测到内部参数错、装置内部故障（如 AD 采样错）、装置外部故障（如无压合闸确认信号异常）时点亮。通过液晶上事件记录可查询具体告警内容

编号	名称	功　能　说　明
3	闭锁	同期功能被闭锁时点亮。当装置检测到外部闭锁信号或同期参数非法、装置故障时闭锁同期功能
4	合闸	合闸后常亮，需要复归
5	加速	加速出口节点动作时点亮
6	减速	减速出口节点动作时点亮
7	升压	升压出口节点动作时点亮
8	降压	降压出口节点动作时点亮

（5）复归按钮。复归同期逻辑、告警信息及告警灯。

2. 菜单功能说明

准同期装置菜单功能见表 4 - 18。

表 4 - 18　　　　　　　　　　　　　　准同期装置菜单功能

一级菜单	二级菜单	功　能　说　明
运行工况	交流量	浏览装置采样计算值，包括各电压量的有效值、相角、频率等
	开关量	浏览装置开入量状态
	状态量	浏览装置的状态量，包括具体的告警信息
运行设置	时间设置	设置装置的当前日期、时间
	对时方式	设置对时方式
	语言选择	选择语言
装置设置	地址设置	设置装置地址
	网络设置	设置 IP 地址
	液晶调节	调节液晶对比度
定值操作	定值调阅	浏览任一区定值内容
	定值整定	整定任一区定值内容，并可以固化到任一定值区中
	定值切换	切换定值区。装置接收到选线开入命令时自动切换定值区
	定值删除	删除除当前定值区以外的其他任一定值区的所有定值，防止意外切换到该区运行。当前定值区不能删除
装置调试	交流测试	测试时显示交流量
	开入测试	测试装置开关输入状态，此时 SOE 信息不会主动弹出
	开出传动	执行开关和信号节点传动测试
	灯光测试	测试装置面板信号灯
报告管理	动作记录	显示最近 200 次故障报告记录
	告警记录	显示最近 200 次告警事件记录
	运行记录	显示最近 200 次装置运行记录

续表

一级菜单	二级菜单	功　能　说　明
报告管理	操作记录	显示最近 200 次装置操作记录
	记录清除	分类清除动作记录、告警记录或运行记录
版本信息	CM 版本	显示 CPU 插件的版本信息
	IO 版本	显示各 IO 插件版本信息
	MMI 版本	显示 MMI 版本信息

注　1. "记录清除"不提供对"操作记录"的清除。

　　2. "装置调试"用于验证装置硬件和现场接线的正确性。在进行装置调试时，同期功能自动退出。

3. 定值说明与整定

CSC - 825A 装置存储每个同期点定值参数，0 区～7 区定值分别对应 1～8 号同期点的定值，在接收到选线开入命令时，自动调取对应同期点定值参数，完成同期控制功能。

CSC - 825B 装置采用当前区定值。

每个同期点定值清单见表 4 - 19。

表 4 - 19　　　　　　　　　　定　值　清　单

序号	定值名称	整定范围	单位	备　注
1	控制字Ⅰ	0000～FFFFH	无	参见控制字Ⅰ说明
2	控制字Ⅱ	0000～FFFFH	无	参见控制字Ⅱ说明
3	系统侧额定电压	50.00～110.00	V	
4	待并侧额定电压	50.00～110.00	V	
5	断路器合闸时间	20～990	ms	步长 1
6	同频同期允许功角	5～80	°	步长 1
7	允许压差	1～20	%	步长 1
8	允许频差	0.10～1.00	Hz	步长 0.01
9	系统侧应转角	0～360	°	系统侧电压超前待并侧电压的角度
10	调速脉冲间隔	500～30000	ms	步长 100
11	调速比例系数	1～1000		步长 1
12	调速最大脉冲宽度	10～1000	ms	步长 1
13	调速最小脉冲宽度	10～1000	ms	步长 1
14	调压脉冲间隔	500～30000	ms	步长 100
15	调压比例系数	1～1000		步长 1
16	调压最大脉冲宽度	10～500	ms	步长 1
17	调压最小脉冲宽度	10～500	ms	步长 1
18	过电压保护值	105～120	%	步长 1
19	低电压闭锁值	30～90	%	步长 1
20	同频调频脉冲宽度	10～500	ms	步长 1
21	装置允许同期时间	1～30	min	步长 1

控制字Ⅰ定义见表 4-20。

表 4-20　　　　　　　　　　　　　　　　控 制 字 Ⅰ 定 义

位	置 1 含义	置 0 含义
B15~B6	备用	
B5	同期超时功能投入	同期超时功能退出
B3~B4	备用	
B2	禁止无功进相	允许无功进相
B1	禁止逆功率合闸	允许逆功率合闸
B0	差频并网	同频并网

控制字Ⅱ：备用。

整定计算时的相关说明如下：

（1）当设定为"差频并网"时，则不进行同频与差频的自动识别，直接按差频并网模式进行控制。当设定为"同频并网时"，则需要进行并网模式的识别，并按照识别后的同期模式进行控制。

（2）调速比例系数：根据每调节 0.01Hz 所需的调速脉冲宽度（ms）进行设置。

（3）调压比例系数：根据每调节 1.00V 所需的调压脉冲宽度（ms）进行设置。

（4）禁止无功进相时，要求待并侧电压大于系统侧电压。

（5）禁止逆功率时，要求待并侧频率大于系统侧频率。

（6）过电压保护值：指容许待并侧（一般是发电机侧）过电压值，是待并侧电压对额定电压值的百分数。当待并侧电压超过过电压保护值时，自动调压，调整到限值以下。

（7）低电压闭锁值：指容许系统侧和待并侧最低工作电压值，是对额定电压值的百分数。

（8）无压判定值：固定取额定电压值的 20%。

4. 装置接线及端子说明

（1）CSC-825B 端子接线说明见表 4-21。

表 4-21　　　　　　　　　　　　　CSC-825B 端子接线说明

端子编号	名称	功能	说明
X1.1~X1.14，X1.17 等	备用	备用	所有标明"备用"名称和未标明名称的端子请勿接线
X1.15~X1.16	失电告警空触点	开出	装置上电以后触点断开，装置断电后节点闭合
X1.18	直流电源正/AC-L	电源输入	装置电源输入，110/220V 自适应
X1.19	直流电源负/AC-N		
X1.20	机壳接地端	接地	装置接地端子
X3	电以太网口 1~2	通信	用于接入后台系统

续表

端子编号	名称	功能	说明
X5.1	信号复归		复归同期装置及 X10 信号输出
X5.2	急停信号		紧急中止同期
X5.3～X5.4	单、双侧无压合闸确认		用户通过同期屏按钮或 DCS 遥控触点给同期装置确认单、双侧无压的信号
X5.5	启动同期工作		启动同期工作
X5.6	自准模式	开入	接同期屏同期模式选择开关的"自准"方式触点
X5.7	手动录波		外部启动同期装置录波开入
X5.8	选线器告警		接 CSC-825X 的 X1.10～X1.11 告警输出触点
X5.9	选线器自动模式		接选线器 X1.12～X1.13 "自动模式输出"触点
X5.10～X5.16	开入 10～16		备用开入
X5～X6.19，X5～X6.20	DC 24V＋（输入）	开入电源输入	接外配的电源模块的 DC 24V 输出。外部空节点信号一端接此电源 24V＋，另一端接装置开入端子
X5～X6.27，X5～X6.28	DC 24V-（输入）		
X6.1～X6.8	1～8 号同期点选择输入	开入	选择同期点。接同期屏选择按钮或 DCS 控制触点
X6.9～X6.16	1～8 号同期点选通反馈		接选线器 CSC-825X 的选通反馈信号触点 X2～X9.19，X2～X9.20
X8.2	同期检查继电器闭锁输入	开入	接同期检查继电器闭锁触点（动合触点）
X8.5	开入地	—	接外部 DC 24V 电源负
X8.1	断路器合位位置	开入	
X8.8～X8.10	调压输出		接选线器 CSC-825X 的 X14 相同名称的端子
X8.11～X8.13	调速输出		
X8.14～X8.15	合闸输出	开出	
X10.1～X10.2	装置告警信号		输出保持信号
X10.3～X10.4	装置闭锁信号		输出保持信号
X13、X14	系统侧电压、待并侧电压		接选线器 CSC-825X 的 X14 相同名称的端子

注 1. 开入信号使用 DC 24V 电源，高电平有效。

　　2. 表中"开入"端子接线方法：将外部的空触点信号的一端接 DC 24V＋，另一端接装置开入端子，如 X5.6；同时按表中说明将外部电源的 DC 24V 输出接装置的相应端子（DC 24V 输入）。

　　3. 装置所有开出（X1.15～X1.16，X8.8～X8.15，X10，X11）都是空触点。

（2）CSC-825B 端子定义图如图 4-32 所示。

X13X14　交流输入插件

端子	定义
1	系统侧电压+
2	系统侧电压-
3	备用
4	备用
5	备用
6	备用
7	待并侧电压+
8	待并侧电压-
9	备用
10	备用
11	备用
12	备用
13	备用
14	备用
15	备用
16	备用

X10　开关量输出插件

端子	定义
1	装置告警信号
2	装置告警信号
3	装置闭锁信号
4	装置闭锁信号
5	备用信号3
6	备用信号4
7	备用信号5
8	备用信号6
9	备用信号7
10	备用信号8
11	备用信号3
12	备用信号4
13	备用信号5
14	备用信号6
15	备用信号7
16	备用信号8

X8　开关量输入输出插件

端子	定义
1	断路器合位位置
2	同期检查继电器闭锁输入
3	开入19
4	开入20
5	开入地
6	备用
7	备用
8	调压输出公共端
9	升压输出
10	降压输出
11	调速输出公共端
12	加速输出
13	减速输出
14	合闸输出
15	合闸输出
16	备用

X5　开关量输入插件

端子	定义	端子	定义
1	信号复归	2	急停信号
3	单侧无压合闸确认	4	双侧无压合闸确认
5	启动同期工作	6	自准模式
7	手动录波	8	开入8
9	开入9	10	开入10
11	开入11	12	开入12
13	开入13	14	开入14
15	开入15	16	开入16
17		18	
19	24V-（输入）	20	24V-（输入）
21		22	
23	24V-（输入）	24	24V-（输入）
25		26	
27	24V-（输入）	28	24V-（输入）
29		30	
31	24V-（输入）	32	24V-（输入）

X3　CPU插件

定义
电以太网口1　RJ45-1
电以太网口2　RJ45-1
电以太网口3　RJ45-1

X1　电源插件

端子	定义
1	备用
2	备用
3	备用
4	备用
5	备用
6	备用
7	备用
8	备用
9	备用
10	备用
11	备用
12	备用
13	备用
14	备用
15	失电压告警空触点
16	备用
17	
18	直流正电源/AC-L
19	直流负电源/AC-N
20	机壳接地端

图4-32　CSC-825B端子定义图

5. 事件记录报文信息

(1) 动作记录报文。

示例 1：2011 - 05 - 03 09：02：19.839 差频合闸出口 (1.26%，0.15Hz，−1.54°)

（日期   时间   毫秒   报文名称   压差   频差   角差）

示例 2：2011 - 05 - 27 15：30：26.194 双侧无压合闸出口 (U_g：0.00%，U_s：0.00%)

（日期   时间   毫秒   报文名称   待并侧电压   系统侧电压）

(2) 告警记录报文。

示例 1：2011 - 06 - 03 13：02：19.739 同期功能闭锁

示例 2：2011 - 06 - 03 13：12：19.339 5 槽 IO 插件输入自检回路异常

示例 3：2011 - 06 - 03 13：02：29.239 GPS 秒脉冲信号接入异常

示例 4：2011 - 06 - 03 13：05：49.139 6 槽 IO 插件通道 3 输入错

示例 5：2011 - 05 - 03 13：05：29.539 逻辑停止

(3) 运行记录报文。

示例 1：2011 - 05 - 03 13：22：19.769 3 号同期点选通反馈 0→1

示例 2：2011 - 05 - 03 13：22：20.769 3 号同期点选通反馈 1→0

示例 3：2011 - 05 - 03 13：25：19.269 装置第 535 次启动

示例 4：2011 - 05 - 03 13：27：19.761 遥控选线，选择 3 号同期点成功

示例 5：2011 - 05 - 03 13：27：23.261 启动同期工作 0→1

示例 6：2011 - 05 - 03 13：22：20.263 双侧无压合闸确认 1→0

(4) 操作记录报文。

示例 1：2011 - 05 - 03 13：22：19.169 定值整定，定值区号：2

示例 2：2011 - 05 - 03 13：23：19.269 开出传动：控选 7 号同期点输出

示例 3：2011 - 05 - 03 13：23：19.364 开出传动：选线器告警信号

示例 4：2011 - 05 - 03 13：24：19.265 清楚运行记录

示例 5：2011 - 05 - 03 13：26：19.766 定值切换，1→2

七、事件汇总及告警处理

1. 告警信息及处理

告警信息及处理见表 4 - 22。

表 4 - 22   告 警 信 息 及 处 理

序号	事件内容	可能原因及处理措施
1	同期操作超时	检查同期条件
2	断路器合状态告警	在发出合闸命令前，断路器变为合位；请检查断路器合状态信号
3	同期装置选线器异常	未选线时，收到选线反馈信号；或未选时，有压；或选线器告警触点闭合；请检查选线器
4	同期装置急停	收到急停信号
5	配置文件错误	通知厂家处理
6	N 号同期点定值错	设定对应同期点定值

序号	事件内容	可能原因及处理措施
7	选线器自检错误，N 号同期点无反馈信号	检查接线，检查选线器
8	手动选线重选告警	选线器手动模式下存在 1 个以上选通反馈信号；检查接线，检查选线器
9	手动选线失败	选线器手动模式下，收到启动同期信号时并没有选通反馈信号；检查接线，检查选线器
10	遥控选线重选告警	选线器自动模式下，收到 1 个以上选线信号；检查外部接线及操作
11	遥控选线，N 号同期点无反馈信号	检查接线，检查选线器
12	遥控选线，选择 N 号同期点失败	选线器自动模式下，遥控 N 号同期点选线后，选线器无选通反馈信号；或切换定值区失败；检查接线，检查选线器
13	手动选线，选择 N 号同期点失败	N 号同期点对应定值区切换失败；检查对应定值区
14	无遥控选线信号	当选线器是自动模式时，选线未成功就收到启动同期信号；检查操作顺序
15	无压合闸确认开入错	单双侧无压合闸确认信号开入同时存在；检查单双侧无压合闸确认信号开入
16	待并侧低电压告警（附加信息：电压值）	检查待并侧电压信号
17	系统侧低电压告警（附加信息：电压值）	检查系统侧电压信号
18	待并侧过电压告警（附加信息：电压值）	检查待并侧电压信号
19	无压合闸确认开入异常	启动同期后，两个无压合闸信号开入任一个发生变化；检查操作
20	系统侧频率越下限（附加信息：频率值）	检查系统侧电压信号（频率下限 47.0Hz）
21	系统侧频率越上限（附加信息：频率值）	检查系统侧电压信号（频率上限 52.0Hz）
22	单侧无压条件不符（附加信息：电压值）	当有单侧无压合闸确认信号开入时，两侧都有压或两侧都无压；检查电压信号
23	双侧无压条件不符（附加信息：电压值）	当有双侧无压合闸确认信号开入时，一侧有压或双侧都有压；检查电压信号
24	功角越限（附加信息：相角差）	同频合闸时，相角差大于定值中设置的允许功角；检查电压信号功角
25	压差越限（附加信息：压差）	同频合闸时，压差大于定值中设定的允许压差；检查电压信号压差
26	同期合闸失败	发出合闸命令后，无断路器合位置返回信号；检查断路器
27	同期功能闭锁	查看装置状态点信息，根据信息进行相应处理
28	逻辑停止	通知厂家处理
29	装置中没有逻辑	通知厂家处理

2. 动作信息

动作信息见表 4-23。

表 4-23 动 作 信 息

序号	动作信息	附加信息
1	双侧无压合闸出口	两侧电压值
2	单侧无压合闸出口	两侧电压值
3	同频合闸出口	压差、频差、角差
4	差频合闸出口	压差、频差、角差
5	同期合闸成功	无

运行信息见表 4-24。

表 4-24 运 行 信 息

序号	运行信息	附加信息
1	遥控选线，选择 N 号同期点成功	无
2	手动选线，选择 N 号同期点成功	无
3	同期功能解锁	无
4	断路器合闸时间	时间 ms

八、运行及维护

1. 装置投运

装置投运前应仔细核对下列检查项：

（1）如无特殊需要，应清除装置内的试验记录数据。

（2）装置应无任何告警。

（3）装置参数和配置应与清单相符。

（4）装置反映的开关位置应与实际情况一致。

2. 装置运行

装置具有完善的软硬件自检功能，最有效的日常维护手段就是监视装置的信号触点及 LED 指示灯的状态。如果出现告警等异常情况，需要给予足够的重视，应详细记录当时所观察到的现象。如属于设备运行工况异常（如单侧无压条件不符），按相应运行规程处理解决。如属于装置关键部件异常（如 AD 采样错误、开出自检错误等），应立即检修。

运行的设备应定期进行检验（具体周期由用户根据实际情况而定）。

3. 运行注意事项

（1）运行中不允许随意拆装装置，插拔插件。

（2）运行中不可以随意操作面板。

（3）运行中不可以随意进行硬件测试、参数和配置等对装置重要运行参数的修改操作，以免造成装置的不正确动作或影响其整体性能。

（4）如果装置出现无法解决的异常现象，应尽早与生产厂家联系，不要擅自拆卸维修。

4. 装置的维护

（1）装置投运后的检修必须遵照地方或电力行业的有关规程进行。

（2）装置投运后的检修必须由专业人员进行。

（3）装置背部的某些端子带有高电压。

（4）运行禁止随意开出传动、更改参数和配置、更改装置地址。

（5）装置告警指示灯亮，应立即通知相关人员前来处理。

5. 更换插件

当需要更换插件时，首先要确定好各个插件的配置是否正确。更换插件的操作步骤如下：

（1）断开装置的输出控制外回路。

（2）断开装置的电源，使装置不带电。

（3）替换所要更换的插件，并且装置上电，设定插件的逻辑地址与物理地址一致。

（4）验证插件的输入配置是否正确。

（5）给装置重新上电，查看装置是否有告警信息。若有，则依据告警信息进行进一步处理。

6. 运行环境

装置的运行环境条件应避免有腐蚀、易燃、易爆品或气体；其灰尘也应限定在规定的范围内。

第六节 负荷及控制设备柜介绍

负荷采用交流智能假负载 ACLT-3801M，其外观如图 4-33 所示。

一、ACLT-3801M 主要功能

（1）本设备内置精密 RLC 负载，是由连续可调电阻、电感、电容负载系统、电气参数测试系统组成。

（2）本设备内置有多通道的电气采集器，能够精确测量三相 RLC 各个通道的电压、电流、有功功率、无功功率等电气参数。

（3）采用 LCD 液晶面板可同时显示电压、电流值、功率因数、频率、有功功率、无功功率等，也可显示电压、电流波形。可以将测量数据上传到 PC 机上并实现对检测过程记录存储功能。

（4）ABC 三相阻性负载、感性负载、容性负载的功率，分别独立控制及调节。

（5）新型功耗组件，功率密度高，无红热现象，阻性负载采用合金电阻元件，测试过程不会由于阻性负载元件发热引起阻抗值的热漂移。

（6）内置电感采用磁路式可控式的负载电感负载元件，满足线电压 400V/50Hz（相电压 230V/50Hz）

图 4-33 交流智能假负载外观图

工况功率调节要求，确保长时间加载测试过程中电感功率不发生变化，不会影响谐振点使其偏移。

（7）内置电容采用标准 CBB 电容元件，满足线电压 400V/50Hz（相电压 230V/50Hz）工况下功率调节要求，确保长时间加载测试过程中电容功率不发生变化，不会影响谐振点使其偏移。

（8）内置电容负载每一支路必须增加有防短路专用保护电路模块，避免电容器元件在测试过程及加载开关闭合瞬间发生短路而烧毁主机。

（9）主机采用电子电路控制，具有温度过热自动报警保护功能：由于特殊原因出现过热、过电流时，可自动切断负载。

（10）可选配功能：可以通过操作面板或远程控制台设置相应的功率，任意组合、设定加载 RLC 功率，可以通过操作面板或远程控制台设置相应的功率。

二、ACLT - 3801M 技术参数

（1）阻性负载、感性负载、容性负载挡位都是三相同时加载。

（2）阻性负载 R：由 10、20、30、40、100、200、300、1000W 等不同的挡位组成。

（3）感性负载 L：由 10、20、30、40、100、200、300、1000VA 等不同的挡位组成。

（4）容性负载 C：10、20、30、40、100、200、300、1000var 等不同的挡位组成。

（5）各功率挡位标称电压：三相 AC 400V/50Hz 或单相 AC 230/50Hz。

（6）设备的接线方式：三相四线制 Y 接法，分别有 A、B、C、N 四个接线口单相两线制的时候可以接 A、N，B、N，C、N 三者之一。

（7）相电压测量范围：0～300V，精度为±0.2%、电压分辨率为 0.1V。

（8）电流测量范围：0～15A，电流测量精度为±0.2%、电流分辨率为 0.1A。

（9）有功功率测量范围：0～10kW，功率测量精度为±0.5%、功率分辨率为 0.01kW。

（10）无功功率测量范围：0～10kvar，功率测量精度为±0.5%、功率分辨率为 0.01kvar。

（11）ACLT 机箱本身带有控制面板，并带有 RS232 接口，主机和计算机相连接，并通过相关软件实现主机的测量数据传到远程 PC 机中进行分析处理。

（12）冷却方式：风扇强制风冷，前进风，后出风；接线方式：下进线、下出线。

（13）适用环境温度范围：-10～+40℃。

（14）设备工作电源：交流 220V/50Hz。

三、接线方式示意图

交流智能假负载接线方式示意图如图 4 - 34 所示。

四、设备面板示意图

设备面板示意图如图 4 - 35 所示。

五、标准配置

标准配置见表 4 - 25。

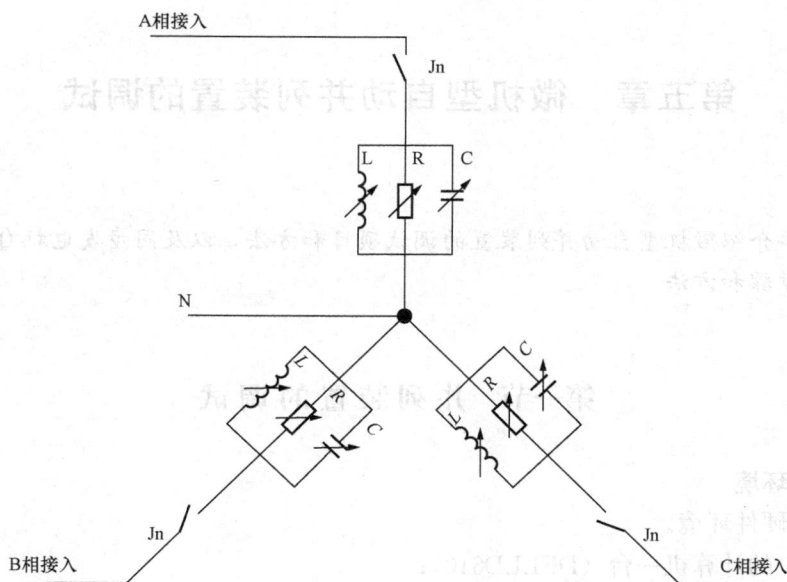

图 4 - 34　交流智能假负载接线方式示意图

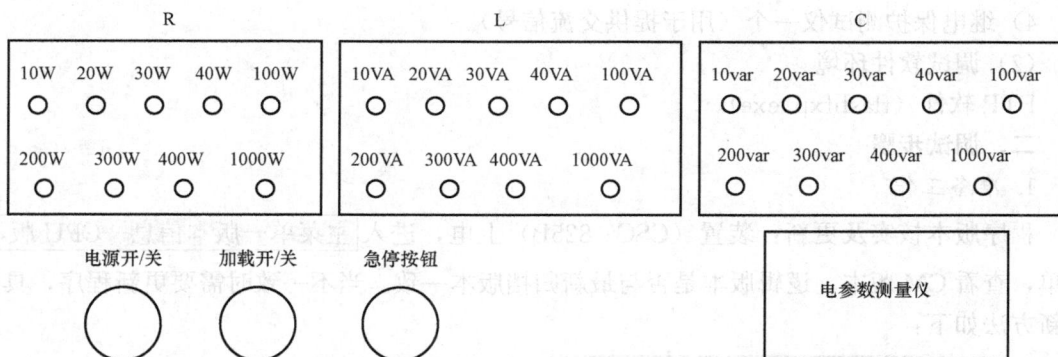

图 4 - 35　设备面板示意图

表 4 - 25　　　　　　　　　　　　　　　**标　准　配　置**

序　号	名　称	数　量
1	主机：ACLT - 3801M（host）	1 台
2	电源线（power cord）	1 根
3	软件光盘（soft disk）	1 张
4	说明书（manual）	1 本
5	保修卡（warranty card）	1 份
6	软件光盘（soft disk）	1 张

第五章　微机型自动并列装置的调试

本章主要介绍微机型自动并列装置的调试项目和方法，以及同步发电机自动准同期综合性实训的步骤和方法。

第一节　并列装置的调试

一、调试环境

（1）调试硬件环境。

1）带网口的计算机一台（DELLD610）；

2）以太网线一根；

3）万用表一个（用于测量开出信号）；

4）继电保护测试仪一个（用于提供交流信号）。

（2）调试软件环境。

FTP 软件（flashfxp.exe）。

二、调试步骤

1. 准备工作

程序版本核实及更新：装置（CSC‑825B）上电，进入 主菜单—版本信息—CPU 版本 菜单，查看 CM 版本、逻辑版本是否与最新归档版本一致。当不一致时需要更新程序，具体更新方法如下：

（1）进入 主菜单—装置设置—网络设置 菜单，查阅 A 网 IP 地址，设置计算机网口 IP 地址与 A 网 IP 地址处于同一个网段，然后用以太网线将计算机网口与装置的 CM 插件的"网络 1"口相连。

（2）打开 FTP 软件，设置 Host 为 A 网地址，设置 User Name 为 target，Password 为 12345678，点击连接进入 CM 插件的/tffsa 目录，用归档的目标文件压缩包里面 tffsa 文件夹下的所有文件覆盖 CM 插件/tffsa 目录下的所有同名文件，如图 5‑1 所示。要特别注意的是，文件的传输必须是 100%传输，若 Progress 未达到 100%，需要重新传输对应的文件。

（3）给装置重新上电，再次核实程序版本。

版本：CSC‑825B：CSC‑825B‑CM‑V1_50‑R17764.rar

控制器 CM 软件版本：CSC825‑CM‑V1_40‑R17708 CRC：5360H

逻辑软件版本：CSC825‑LOGIC‑V1_40　CRC：8B1FH

程序目标文件更新如图 5‑1 所示。

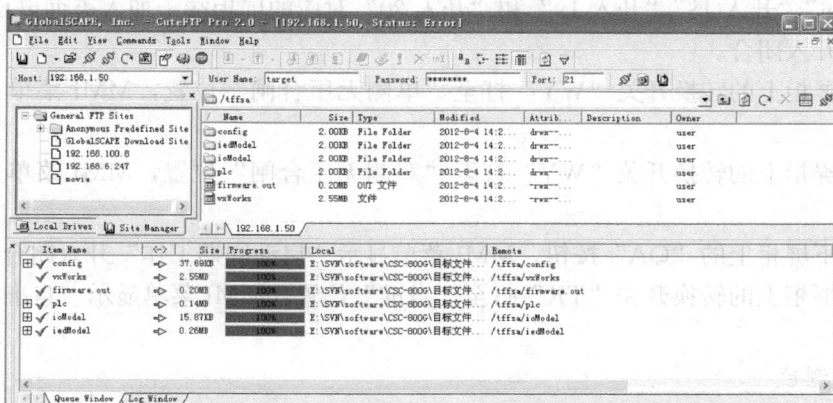

图 5-1　程序目标文件更新图

2. 参数设置

(1) 进入 主菜单—装置设置—地址设置 菜单，设置装置地址（该界面的装置地址是以
10 进制显示的）。

地址设置：27

(2) 进入 主菜单—装置设置—网络设置 菜单，设置装置的 A 网和 B 网 IP 地址，注意
A 网和 B 网的 IP 地址不能是同一个网段。

IP 设置：

Network1IP=192.168.3.27

Network2IP=192.168.4.27

3. CSC-825B 出厂测试

在进行如下出厂测试项目时，若实测情况与期望不符又确认接线无误，则将装置返回到
生产中心处理或参照"CSC-825B 数字式准同期装置调试方法"进行处理。

4. 定值整定

将 1 号同期点定值整定为默认定值。进入 主菜单—定值操作—定值切换 菜单，将当前
定值区切换为 1 号同期点。

5. 以太网通信测试

设置计算机网口与 A 网地址处于同一个网段，然后用以太网线将计算机网口与装置的
CM 插件的"网络 1"口相连，检测通信正常。

设置计算机网口与 B 网地址处于同一个网段，然后用以太网线将计算机网口与装置的
CM 插件的"网络 2"口相连，检测通信正常。

6. 开入测试

依次执行下列操作，并在 主菜单—装置调试—开入测试 菜单，观察对应开入的开闭情
况是与预期一致。

(1) 分别在"信号复归""急停信号""单侧无压合闸确认""双侧无压合闸确认""启动
同期工作""开入 8""开入 9""开入 10""开入 11""开入 12""开入 13""开入 14""开入

15""开入 16""开入 18""开入 19"和"开入 20"对应的屏柜端子加入查询电压，MMI 菜单显示对应开入闭合。

（2）将屏柜上的转换开关"WY"打至"单侧无压合闸"位置，MMI 菜单显示对应开入闭合。

（3）将屏柜上的转换开关"WY"打至"双侧无压合闸"位置，MMI 菜单显示对应开入闭合。

（4）按下屏柜上的"QA"按钮，MMI 菜单显示"启动同期工作"开入闭合。

（5）将屏柜上的转换开关"TK"打至"自准"位置，MMI 菜单显示"自准模式"开入闭合。

7. 开出测试

短接屏柜"同期装置上电"对应接点，以解除对于自动准同期装置输出信号的闭锁；将屏柜上的转换开关"TK"打至"自准"位置。

进入 主菜单—装置调试—开出传动 菜单，输入密码"8888"，依次进行开出信号（升压输出、降压输出、加速输出、减速输出、合闸输出、装置告警信号、装置闭锁信号、备用信号 3、备用信号 4、备用信号 5、备用信号 6、备用信号 7、备用信号 8）传动，用万用表测量屏柜开出端子的"断开""导通"情况与传动的"开""闭"命令一致。

8. 交流测试

依次在待并侧和系统侧电压屏柜端子上加入 57V、50Hz 交流电压，在 主菜单—运行工况—交流量 菜单观察测量值正确，测量精度应达到 1.0 级。

（1）变换待并侧和系统侧电压间的相角差，同步检查继电器的动断触点应在设定的相角差范围内闭合，在相角差范围外断开。

（2）将待并侧电压频率修改为 50.1Hz，观察同步表的旋转，每 10s 转 1 圈。

9. 手动同期功能测试

（1）将屏柜上的转换开关"TK"打至"手准"位置。

（2）依次按下屏柜上的升压输出、降压输出、加速输出、减速输出、合闸输出按钮，用万用表测量屏柜对应开出端子"导通"。

10. 同步检查继电器及同步表测试

（1）将同步检查继电器的前面板面罩卸下，调整转动指针指向 30°位置（考虑 5°的误差，同步检查继电器允许的相角差区间为－35°～＋35°）。

（2）将屏柜上的转换开关"TK"打至"手准"位置；用继电保护测试仪在待并侧和系统侧电压屏柜端子上加入 57V、50Hz 交流电压。

（3）变换待并侧和系统侧电压间的相角差，用万用表测量同步检查继电器的常闭接点应在设定范围内（相角差绝对值小于 35°）闭合，在设定范围外（相角差绝对值大于 35°）断开。

（4）将待并侧和系统侧电压间的相角差调整到 0°，同步表的相差指针应指向 0°附近；将待并侧电压频率修改为 50.1Hz，观察同步表的旋转，每 10s 应转 1 圈，同时同步表的频差指针正偏；将待并侧电压频率修改为 49.9Hz，同步表的频差指针负偏；将待并侧电压有效值修改为 58V，同步表的压差指针正偏；将待并侧电压有效值修改为 56V，同步表的压差指针负偏。

11. 查线

根据设计图纸，对于剩余的接线情况进行查线验证，查线无误。

三、现场调试步骤

在进行如下现场调试项目时，若实测情况与期望不符，请首先确认屏柜与相关系统间接线的正确性。然后根据 MMI 弹出的告警信息进行相应处理。

1. 准备工作

检查对自准同期装置的控制接线。

现场应用中，一般由 LCU、DCS 或测控装置等对自准同期装置进行 DO 控制。相应的控制信号如下：

（1）"解锁同期装置出口"和"闭锁同期装置出口"是必控的两个信号。其中"解锁同期装置出口"用 DO 动合触点，"闭锁同期装置出口"用 DO 动断触点（也可用中间继电器进行接点转换）。

（2）若业主要求在监控后台完成遥控选线及启动同期的一系列动作，则"复归装置""单侧无压确认""双侧无压确认""启动同期工作""遥控选线（依据实际情况会有多个同期点）"是必控的信号；这些信号均采用 DO 动合触点进行控制。

自准同期装置会反馈"装置告警""装置闭锁""选线成功"等信号，可以由 DI 进行硬接线的采集，也可以通过与自准同期装置通信获取这些信号。

2. 确定定值

给出主要定值的整定值。这些主要定值包括"控制字"（并网模式、逆功率、无功进相、单侧无压合闸类型、同期成功后复归方式、同期超时功能投退）、"系统侧额定电压""待并侧额定电压""合闸脉冲导前时间""同频同期允许功角""允许压差""允许频差""系统侧应转角""过电压保护值""低电压闭锁值"和"装置允许同期时间"。

3. 与励磁厂家沟通定值

与励磁厂家沟通，由厂家给出"调压脉冲间隔""调压比例系数""调压最大脉冲宽度"和"调压最小脉冲宽度"等整定值。

4. 与调速厂家沟通定值

与调速厂家沟通，由厂家给出"调速脉冲间隔""调速比例系数""调速最大脉冲宽度"和"调速最小脉冲宽度"等整定值。

5. 定值整定

根据沟通结果确定整定值并进行定值整定。

要注意的是，对于多点同期装置，要保证定值区与对应同期点的一致性。对于单点同期装置，将所有定值区都整定为同样的整定值。定值清单见表 5-1。

表 5-1　　　　　　　　　　　　　　　定　值　清　单

序号	参数	范围	
1	控制字 Ⅰ	0000～FFFFH	0000
2	控制字 Ⅱ	0000～FFFFH	0000
3	系统侧额定电压	50.00～110.00V	100

续表

序号	参数	范围	
4	待并侧额定电压	50.00~110.00V	100
5	断路器合闸时间	20~990ms	100
6	同频同期允许功角	5°~80°	10
7	允许压差	1%~20%	10
8	允许频差	0.10~1.00Hz	0.01
9	系统侧应转角	0°~360°	10
10	调速脉冲间隔	1000~30000ms	2000
11	调速比例系数	1~1000	10
12	调速最大脉冲宽度	10~1000ms	1000
13	调速最小脉冲宽度	10~1000ms	10
14	调压脉冲间隔	1000~30000ms	2000
15	调压比例系数	1~1000	10
16	调压最大脉冲宽度	10~500ms	100
17	调压最小脉冲宽度	10~500ms	10
18	过电压保护值	105%~120%	110
19	低电压闭锁值	30%~90%	70
20	同频调频脉冲宽度	10~500ms	20
21	装置允许同期时间	1~30min	1

6. 同步检查继电器动作相角差整定

(1) 若合闸模式为差频合闸，则同步检查继电器动作相角差大于"2.0×合闸脉冲导前时间×360×允许频差"。

(2) 若合闸模式为同频合闸，则同步检查继电器动作相角差大于定值中的"同频同期允许功角"。

(3) 计算完毕后，将同步检查继电器的前面板面罩卸下，调整转动指针指向对应相角差位置。

四、现场调试

1. 与励磁及调速厂家联调

(1) 将屏柜上的转换开关"TK"打至"手准"位置，对于多同期点应用场合，将CSC-825X面板上的旋钮打到"手动"位置，并操作钥匙开关进行选线。

(2) 依次按下屏柜上的升压输出、降压输出按钮（按下后迅速松开），与励磁厂家确认能正确收到相应信号。

(3) 依次按下屏柜上的加速输出、减速输出按钮（按下后迅速松开），与调速厂家确认能正确收到相应信号。

(4) 与监控系统通信管理机联调：将附录的通信规约提供给监控系统通信管理机。挑点工作由远动通信管理机或监控后台负责完成。

2. 静态试验

将同期点断路器两侧的隔离开关断开（或者将断路器处于试验位置），断开与励磁及调速厂家的开出信号。用测试仪模拟实际情况提供待并侧和系统侧电压进行静态试验，验证同期逻辑是正确的。

装置可以自动测量合闸出口至断路器合闸位置触点闭合闸的时间并报事件"断路器合闸时间 1ms"，将该时间与定值中"合闸脉冲导前时间"进行比较，两者之间的差不应大于 5ms。

3. 预投运试验

将各个同期点的实际信号接至屏柜对应端子。将同期点断路器两侧的隔离开关断开（或者将断路器处于试验位置），启动同期装置，由同期装置自动进行调频调压和合闸操作，完成预投运试验。

4. 投运后的检查

无论是手动同期还是自动同期，完成同期并网后，通过观察自准同期装置的 MMI 循环显示界面对每个同期点进行如下检查：

(1) 显示压差在 ±2% 范围内。

(2) 显示频差在 0.02Hz 范围内。

显示相差在 1.0° 范围内（将系统侧应转角计算在内）。

第二节　同步发电机自动准同期综合性实训

一、实训目的

(1) 加深理解同步发电机准同期并列原理，掌握准同期并列条件。

(2) 掌握微机准同期装置的调试方法。

(3) 熟悉同步发电机自动准同期并列过程。

(4) 熟悉同步发电机手动准同期并列过程。

(5) 观察、分析有关波形。

二、原理与说明

将同步发电机并入电力系统的合闸操作通常采用准同期并列方式。准同期并列要求在合闸前通过调整待并机组的电压和转速，当满足电压幅值和频率条件后，根据"恒定越前时间原理"，由运行操作人员手动或由准同期控制器自动选择合适时机发出合闸命令，这种并列操作的合闸冲击电流一般很小，并且机组投入电力系统后能被迅速拉入同步。根据并列操作的自动化程度不同，又分为手动准同期、半自动准同期和全自动准同期三种方式。

正弦整步电压是不同频率的两正弦电压之差，其幅值做周期性的正弦规律变化。它能反映两个待并系统间的同步情况，如频率差、相角差以及电压幅值差。线性整步电压反映的是不同频率的两方波电压间相角差的变化规律，其波形为三角波。它能反映两个待并系统间的频率差和相角差，并且不受电压幅值差的影响，因此得到广泛应用。

手动准同期并列，应在正弦整步电压的最低点（相同点）时合闸，考虑到断路器的固有合闸时间，实际发出合闸命令的时刻应提前一个相应的时间或角度。

自动准同期并列，通常采用恒定越前时间原理工作，这个越前时间可按断路器的合闸时间整定。准同期控制器根据给定的允许压差和允许频差，不断地检查准同期条件是否满足，在不满足要求时闭锁合闸并且发出均压均频控制脉冲。当所有条件均满足时，在整定的越前时刻送出合闸脉冲。

三、实训项目和方法

1. 机组启动与建压

（1）检查调速器上"模拟调节"电位器指针是否指在 0 位置，如不在则应调到 0 位置。

（2）合上操作电源开关，检查实训台上各开关状态：各开关信号灯应绿灯亮、红灯熄。调速器面板上数码管在并网前显示发电机转速（左）和控制量（右），在并网后显示控制量（左）和功率角（右）。调速器上"并网"灯和"微机故障"灯均为熄灭状态，"输出零"灯亮。

（3）按调速器上的"微机方式自动/手动"按钮使"微机自动"灯亮。

（4）励磁调节器选择他励、恒 U_F 运行方式，合上励磁开关。

（5）把实训台上"同期方式"开关置"断开"位置。

（6）合上系统电压开关和线路开关 QF1、QF3，检查系统电压接近额定值 380V。

（7）合上原动机开关，按"停机/开机"按钮使"开机"灯亮，调速器将自动起动电动机到额定转速。

（8）当机组转速升到 95% 以上时，微机励磁调节器自动将发电机电压建压到与系统电压相等。

2. 观察与分析

（1）操作调速器上的增速或减速按钮调整机组转速，记录微机准同期控制器显示的发电视和系统频率。观察并记录旋转灯光整步表上灯光旋转方向及旋转速度与频差方向及频差大小的对应关系；观察并记录不同频差方向，不同频差大小时的模拟式整步表的指针旋转方向及旋转速度、频率平衡表指针的偏转方向及偏转角度的大小的对应关系。

（2）操作励磁调节器上的增磁或减磁按钮调节发电机端电压，观察并记录不同电压差方向、不同电压差大小时的模拟式电压平衡表指针的偏转方向和偏转角度的大小的对应关系。

（3）调节转速和电压，观察并记录微机准同期控制器的频差闭锁、压差闭锁、相差闭锁灯亮熄规律。

（4）将示波器跨接在"发电机电压"测孔与"系统电压"测孔间，观察正弦整步电压（即脉动电压）波形；观察并记录整步表旋转速度与正弦整步电压的周期的关系；观察并记录电压幅值差大小与正弦整步电压最小幅值间的关系；观察并记录正弦整步电压幅值达到最小值得时刻所对应的整步表指针位置和灯光位置。

（5）用示波器跨接到"三角波"测孔与"参考地"测孔之间，观察线性整步电压（即三角波）的波形，观察并记录整步表旋转速度与线性整步电压的周期的关系；观察并记录电压幅值差大小与线性整步电压最小幅值间的关系；观察并记录线性整步电压幅值达到最小值得时刻所对应的整步表指针位置和灯光位置。

3. 手动准同期

（1）按同期并列条件合闸。将"同期方式"转换开关置"手动"位置。在这种情况下，要满足并列条件，需要手动调节发电机电压、频率，直至压差、频差在允许范围内，相角差在 0° 前某一合适位置时，手动操作合闸按钮进行合闸。

　　观察微机准同期控制器上显示的发电机电压和系统电压，相应操作微机励磁调节器上的增磁或减磁按钮进行调压，直至"压差闭锁"灯熄灭。

　　观察微机准同期控制器上显示的发电机频率和系统频率，相应操作微机调速器上的增速或减速按钮进行调速，直至"频差闭锁"灯熄灭。

　　此时表示压差、频差均满足条件，观察整步表上旋转灯位置，当旋转至$0°$位置前某一合适时刻时，即可合闸。观察并记录合闸时的冲击电流。

　　（2）偏高准同期并列条件合闸。本实训项目仅限于实训室进行，不得在电厂机组上使用。

　　实训分别在单独一种并列条件不满足的情况下合闸，记录功率表冲击情况；

　　1）压差、相角差条件满足，频差不满足，在$f_F>f_X$和$f_F<f_X$时手动合闸，观察并记录实训台上有功功率表P和无功功率表Q指针偏转方向及偏转角度大小，分别填入表5-2。注意：频差不要大于$0.5\mathrm{Hz}$。

　　2）频差、相角差条件满足，压差不满足，$U_F>U_X$和$U_F<U_X$时手动合闸，观察并记录实训台上有功功率表P和无功功率表Q指针偏转方向及偏转角度大小，分别填入表5-2。注意：电压差不要大于额定电压的10%。

　　3）频差、压差条件满足，相角差不满足，顺时针旋转和逆时针旋转时手动合闸，观察并记录实训台上有功功率表P和无功功率表Q指针偏转方向及偏转角度大小，分别填入表5-2。注意：相角差不要大于$30°$。

表5-2　　　　　　　　　　　　　　功率表冲击情况

参数	$f_F>f_X$	$f_F<f_X$	$U_F>U_X$	$U_F<U_X$	顺时针	逆时针
P（kW）						
Q（kvar）						

　　4. 半自动准同期

　　将"同期方式"转换开关置"半自动"位置，按下准同期控制器上的"同期"按钮即向准同期控制器发出同期并列命令，此时，同期命令指示灯亮，微机正常灯闪烁加快。准同期控制器将给出相应操作指示信息，运行人员可以按这个指示进行相应操作。调速调压方法同手动准同期。当压差、频差条件满足时，整步表上旋转灯光旋转至接近$0°$位置时，整步表圆盘中心灯亮，表示全部条件满足，准同期控制器会自动发出合闸命令，"合闸出口"灯亮，随后 DL 灯亮，表示已经合闸。同期命令指示灯熄，微机正常灯恢复正常闪烁，进入待命状态。

　　5. 全自动准同期

　　将"同期方式"转换开关置"全自动"位置；按下准同期控制器的"同期"按钮，同期命令指示灯亮，微机正常灯闪烁加快，此时，微机准同期控制器将自动进行均压、均频控制并检测合闸条件，一旦合闸条件满足即发出合闸命令。在全自动过程中，观察当"升速"或"降速"命令指示灯亮时，调速器上有什么反应；当"升压"或"降压"命令指示灯亮时，微机励磁调节器上有什么反应。当一次合闸过程完毕，控制器会自动解除合闸命令，避免二次合闸；此时同期命令指示灯熄，微机正常灯恢复正常闪烁。

　　6. 准同期条件的整定

　　按"参数设置"按钮使"参数设置"灯亮进入参数设置状态（再按一下"参数设置"按

钮即可使"参数设置"灯熄退出参数设置状态），并显示 8 个参数，可供修改的参数共有 7 个，即开关时间、频差允许值、压差允许值、均压脉冲周期、均压脉冲宽度、均频脉冲周期、均频脉冲宽度。另第 8 个参数是实测上一次开关合闸时间，单位为 ms。以上 7 个参数按"参数选择"按钮可循环出现，按上三角或下三角按钮可改变其大小。改变某些参数来重复做一下全自动同期。

（1）整定频差允许值 $f=0.3$Hz。压差允许值 $U=3$V 趁超前时间 $t=0.1$s，通过改变实际开关动作时间，即整定"同期开关时间"的时间继电器。重复进行全自动同期实训，观察在不同开关时间 t_{yq} 下并列过程有何差异，并记录三相冲击电流中最大的一相的电流值 I_m，填入表 5-3。

表 5-3

参数	$f_F > f_X$	$f_F < f_X$	$U_F > U_X$	$U_F < U_X$	顺时针	逆时针
P（kW）						
Q（kvar）						

据此，估算出开关操作回路固有时间的大致范围，根据上一次开关的实测合闸时间，整定同期装置的越前时间。在此状态下，观察并列过程时的冲击电流的大小。

（2）改变频差允许值 Δf，重复进行全自动同期实训，观察在不同频差允许值下并列过程有何差异，并记录三相冲击电流中最大的一相的电流值 I_m，填入表 5-4。

表 5-4 不同频差下的冲击电流 I_m

频差允许值 Δf（Hz）	0.4	0.3	0.2	0.1
冲击电流 I_m（A）				

（3）改变压差允许值 ΔU，重复进行全自动同期实训，观察在不同压差允许值下并列过程有何差异，并记录三相冲击电流中最大的一相的电流值 I_m，填入表 5-5。

表 5-5

压差允许值 ΔU（V）	5	4	3	2
冲击电流 I_m（A）				

7. 停机

当同步发电机与系统解列之后，按调速器的"停机/开机"按钮使"停机"灯亮，即可自动停机，当机组转速降到 85% 以下时，微机励磁调节器自动逆变灭磁。待机组停稳后断开原动机开关，跳开励磁开关以及线路和无穷大电源开关。

切断操作电源开关。

四、实训报告要求

（1）比较手动准同期和自动准同期的调整并列过程。

（2）分析合闸冲击电流的大小与哪些因素有关。

（3）分析正弦整步电压波形的变化规律。

（4）试述滑差频率 f_s、开关时间 t_{yq} 的整定原则。

第六章　同步发电机励磁系统的调试和试验

本章主要介绍微机型励磁调节装置的调试项目和方法，以及同步发电机励磁系统的静态试验和动态试验的步骤和方法。

第一节　同步发电机励磁系统的静态试验

一、调试目的

(1) 加深理解同步发电机励磁调节原理和励磁控制系统的基本任务。

(2) 了解自并励励磁方式和他励励磁方式的特点。

(3) 熟悉三相全控桥整流、逆变的工作波形，观察触发脉冲及其相位移动。

(4) 了解微机励磁调节器的基本控制方式。

(5) 了解电力系统稳定器的作用，观察强励现象及其对稳定的影响。

(6) 了解几种常用励磁限制器的作用。

(7) 掌握励磁调节器的基本使用方法。

二、原理与说明

同步发电机的励磁系统由励磁功率单元和励磁调节器两部分组成，它们和同步发电机结合在一起就构成一个闭环反馈控制系统，称为励磁控制系统。励磁控制系统的三大基本任务是：稳定电压，合理分配无功功率和提高电力。

实训用的励磁控制系统示意图如图 6 - 1 所示。可供选择的励磁方式有两种：自并励和他励。当三相全控桥的交流励磁电源取自发电机机端时，构成自并励励磁系统。而当交流励磁电源取自 380V 市电时，构成他励励磁系统。两种励磁方式的可控整流桥均是由微机自动励磁调节器控制的，触发脉冲为双脉冲，具有最大最小 α 角限制。

微机励磁调节器的控制方式有四种：恒 U_F（保持机端电压稳定）、恒 I_L（保持励磁电流稳定）、恒 Q（保持发电机输出无功功率稳定）和恒 α（保持 控制角稳定）。其中，恒 α 方式是一种开环控制方式，只限于他励方式下使用。同步发电机并入电力系统之前，励磁调节装置能维持机端电压在给定水平。当操作励磁调节器的增减磁按钮，可以升高或降低发电机电压；当发电机并网运行时，操作励磁调节器的增减磁按钮，可以增加或减少发电机的无功输出，其机端电压控调差特性曲线变化。

发电机正常运行时，三相全控桥处于整流状态，控制角 α 小于 $90°$；当正常停机或事故停机时，调节器使控制角 α 大于 $90°$，实现逆变灭磁。

电力系统稳定器 PSS 是提高电力系统动态稳定性能的经济有效方法之一，已成为励磁调节器的基本配置；励磁系统的强励，有助于提高电力系统暂态稳定性；励磁限制器是保障励磁系统安全可靠运行的重要环节，常见的励磁限制器有过励限制器、欠励限制器等。

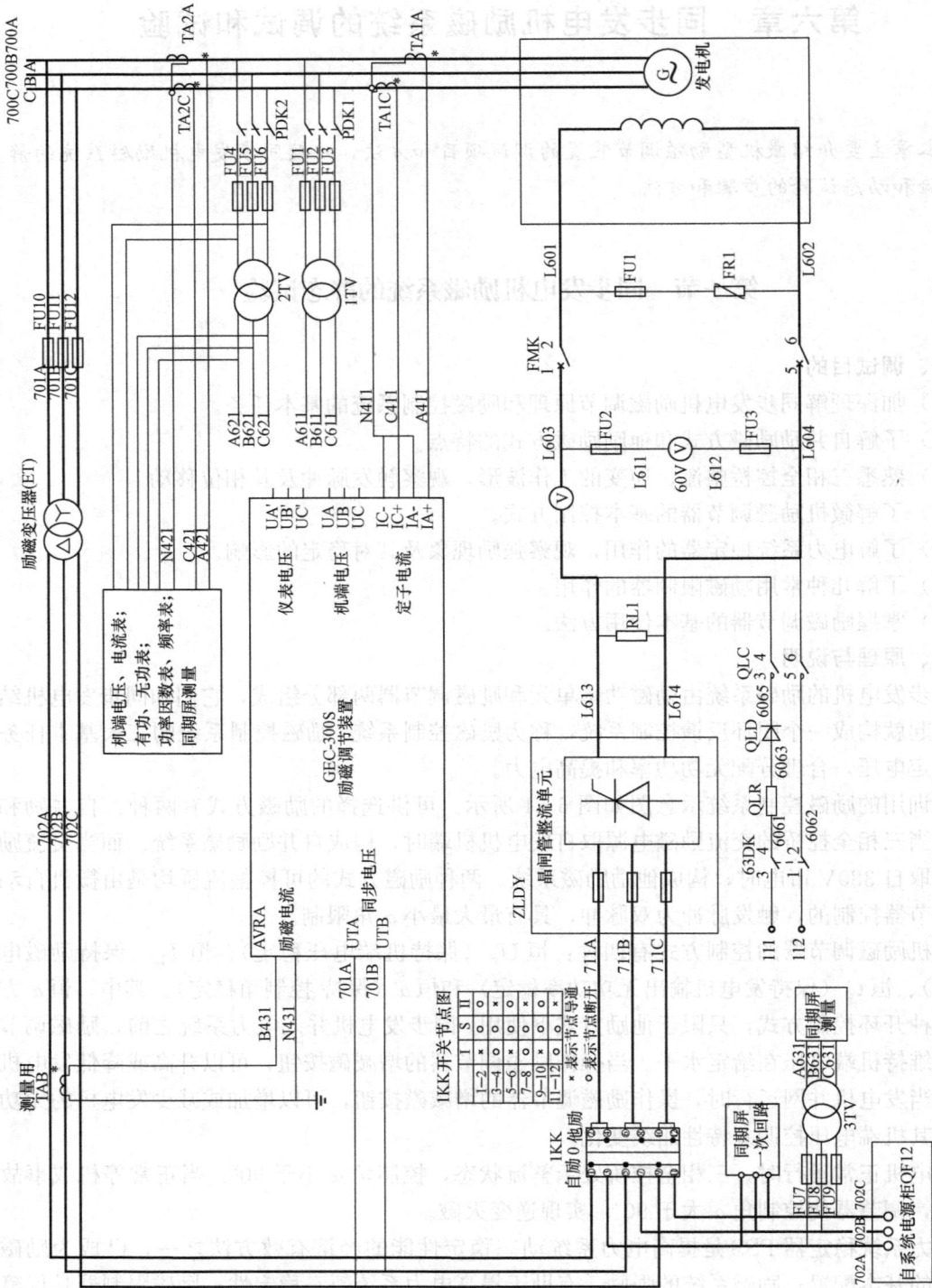

图 6 - 1　励磁控制系统示意图

三、实训项目和方法

1. 准备工作

（1）试验设备及技术资料见表 6-1。

表 6-1 **试验设备及技术资料**

试验设备及技术资料	数量	试验设备及技术资料	数量
交流 380V 电源	1 套	示波器	1 台
直流 220V 电源	1 套	相序表	1 块
继电保护测试仪	1 台	数字万用表	2 块
笔记本计算机（与测试仪配合）	1 台	绝缘电阻表	1 块
三相调压器	1 台	设计图纸	1 套
模拟电阻 10Ω≥额定电流 10A	1 个	调试大纲	1 份

（2）绝缘检查。

摇测绝缘前要求设备无外接仪器，设备外接连线中含接地点的或不需检验绝缘的连线均已断开，同时还要注意将励磁控制装置中与板件的连线断开，以免意外损坏板件。

上述步骤完成后，可以开始摇测设备的绝缘。摇测的具体方法如下：将绝缘电阻表负极（接地端）可靠连接在柜体的非绝缘处、正极依次接在设备端子排上每一个端子（不含接地端子），匀速摇动绝缘电阻表（120r/min 左右），在绝缘电阻表上读取绝缘电阻值。

励磁控制装置的电压、电流及电源回路采用 1000V 绝缘电阻表，其余采用 500V 绝缘电阻表。

励磁主回路绝缘测试应采用 2000～2500V 绝缘电阻表。设备装有起励回路的，起励回路也应做绝缘检测。

绝缘电阻值应≥5.0MΩ，否则为不合格。绝缘检测完毕后，拆除绝缘电阻表连线。

注意：如现场需做交流 A、C 之间绝缘检测试验，则需断开交流转换开关至励磁变压器二次侧连线及交流转换开关至同步变压器的连线或向厂家咨询。

工频耐压试验（见表 6-2）为出厂试验，现场交接可不做。如机组大修必须做此试验，则向厂家咨询。

表 6-2 **工 频 耐 压 试 验**

项目	泄漏电流	耐压	检查结果
一次回路对机柜外壳	≤＿＿ mA	＿＿ V/min	

检验仪器：耐压测试仪。

（3）试验前接线。

TV 段：测试仪输出电压接励磁装置机端 TV 端子，励磁 TV、仪表 TV 和系统 TV 的 A、C 相同相相互短接。

TA 段：测试仪输出电流 A、C 相，分别接励磁装置定子 TA A、C 相；测试仪输出电流 B 相，接励磁装置的励磁电流。

三相调压器：二次侧接发电机机端接线柱或 1X6-1、4、7、10 系统电压端子排，模拟发电机机端或他励电源，保证相序正确；缓慢升调压器电压。

模拟电阻 R：接在励磁装置的输出母排上。

电源线：参考图纸接线。

注意：保证直流电源极性正确，交流电源相序正确。TV、TA 的相序；接测试仪时，断开 TV、TA 回路外部接线。

注意：上述接线完成后应认真检查校对，还应检查各开关是否处于断开位置。

2. 电源检测

AVR 工作电源检查见表 6-3。

表 6-3   **AVR 工作电源检查**

供电方式	输入（V）	24V
直流供电电源		
交流供电电源		
交直流供电电源		

检查标准：24V±1V，电源切换时输出电压无波动。

使用仪器：万用表。

3. 信号回路检查

（1）开入回路检查见表 6-4。

表 6-4   **开 入 回 路 检 查**

项目	条件	液晶屏显示	液晶屏相应输入位指示是否正确	
			本套	其他
增加励磁	本柜按"增加励磁"按钮	"增加励磁"指示灯亮		
	远方按"增加励磁"按钮			
减少励磁	本柜按"减少励磁"按钮	"减少励磁"指示灯亮		
	远方按"减少励磁"按钮			
逆变灭磁	本柜按"逆变灭磁"按钮	"逆变灭磁"指示灯亮		
	远方按"逆变灭磁"按钮			
并网开关分	分并网开关（或短接端子排上并网开关分节点）	"并网开关分"指示灯亮		
起励建压	本柜按"起励建压"按钮	"起励建压"指示灯亮		
	远方按"起励建压"按钮			
超温限负荷	"超温限负荷"节点信号开入	"超温限负荷"指示灯亮		
信号复归	本柜按"信号复归"按钮	"信号复归"指示灯亮		
	远方按"信号复归"按钮			
投 PSS	本柜转换开关"投 PSS"置 ON 位	"PSS 投入"指示灯亮		
	远方按"投 PSS"开关			
投手动	本柜转换开关"投手动"置 ON 位	"投手动"指示灯亮		

续表

项目	条件	液晶屏显示	液晶屏相应输入位指示是否正确	
			本套	其他
备用	—	—	—	
备用	—	—	—	
快熔熔断	闭合整流桥快熔微动开关（模拟快熔熔断）	"快熔熔断"指示灯亮		
投恒无功	本柜转换开关置"恒无功"	"投恒无功"指示灯亮		
	远方按"投恒无功"开关			
投恒功率因数	本柜转换开关置"恒功率因数"	"投恒功率因数"指示灯亮		
	远方按"投恒功率因数"开关			
备用	—	—	—	
投限制	控制箱门板内拨码开关 CDI17 置 ON 位	"投限制"指示灯亮		
备用	—	—	—	
备用	—	—	—	
调试位	控制箱门板内拨码开关 CDI20 置 ON 位	"调试位"指示灯亮		
定义 A 套	控制箱 CPU 板上跳线 J6 连接 2 和 3	"定义 A 套"指示灯亮		

（2）开出回路检查见表 6-5。开出回路检查时励磁调节装置门板内拨码开关 CDI20 "调试位"应置 "ON"位；在液晶屏内的"开出量"界面点击"DO 测试开"按键，开启 DO 测试，显示"DO 测试关"状态，当前 AVR 的输出位无效，点击相应 AVR 的开出位文字，使其开出相应开出位，从而检查该开出位是否正常开出。完成测试后，点击"DO 测试关"按钮，退出 DO 测试。

表 6-5 开出回路检查

项目	液晶屏显示正确，同时	相应开出位继电器动作是否正确	
		本套	其他
运行正常	励磁调节装置面板相应指示灯亮		
异常报警	励磁调节装置面板相应指示灯亮		
本套为主	励磁调节装置面板相应指示灯亮		
投起励电源			
手动运行	励磁调节装置面板相应指示灯亮		
起励失败			
V/Hz 限制			
PSS 激活			
TV 断线			
强励限制			
低励限制			

续表

项目	液晶屏显示正确，同时	相应开出位继电器动作是否正确	
		本套	其他
备用	—		
备用	—		
备用	—		

4. 通道及保护限制功能检查

（1）励磁调节装置各通道上电初始化检查见表 6-6。

表 6-6　　　　　　　励磁调节装置各通道上电初始化检查

显示量	U_t	I_t	P_e	Q_e	I_f
显示值					
允许范围	0±0.01	0±0.01	0±0.01	0±0.01	0±0.01
显示量	U_c	U_r	I_{fr}	U_1	U_s
显示值					
允许范围	±10	0±0.01	0±0.01	0±0.01	0±0.01
显示量	U_{sd}	F	cos	Alp	Q_r
显示值					
允许范围	1.5±0.1	1±0.01	0.8500	90±1	0±0.01
显示量	I_{fl}	U_f	T_r		
显示值					
允许范围	0±0.01	0±0.01	0±0.01		

结论：合格 □　　不合格 □

（2）电压通道检查见表 6-7。

励磁调节装置电压通道检查：定子电压基值 P110＝_____；仪表电压基值 P111＝_____；系统电压基值 P112＝_____。

表 6-7　　　　　　　　电 压 通 道 检 查

电压输入（V）	10	20	30	40	50	60
U_t 通道						
U_1 通道						
U_s 通道						
电压输入（V）	70	80	90	100	110	120
U_t 通道						
U_1 通道						
U_s 通道						
U_t 通道结果			线性度：合格	□		
U_1 通道结果			线性度：合格	□		
U_s 通道结果			线性度：合格	□		

检验标准：对应 0～120V，U_t、U_1、U_s 显示为 0～1.2，且基本线性对应关系；

　　　　　　对应 100V 电压，U_t、U_1、U_s 显示为：1.0±0.02。

（3）电流通道检查见表 6-8。

励磁调节装置电流通道检查：定子电流基值 P113＝_____；励磁电流基值 P114＝_____。

表 6-8 　　　　　　　　　　**电 流 通 道 检 查**

电流输入（A）	0.5	1.0	1.5	2.0	2.5	3.0
I_t 通道						
I_f 通道						
电流输入（A）	3.5	4.0	4.5			
I_t 通道						
I_f 通道						
I_t 通道结果	线性度：合格　　□					
I_f 通道结果	线性度：合格　　□					

检验标准：对应 0～4.5A，I_t 显示为 0～1.2857，且基本线性对应关系；

　　　　　　对应 0～4.5A，I_f 显示为 0～1.8000，且基本线性对应关系；

　　　　　　对应 3.5A（额定值）电流，I_t 显示为：1.0±0.02；

　　　　　　对应 2.5A（额定值）电流，I_f 显示为：1.0±0.02。

（4）励磁调节装置功率计算显示检查见表 6-9。

励磁调节装置功率计算显示检查：定子电压输入：_____ V；定子电流输入：_____ A；功率修正 P115＝_____；U_t 显示：_____；I_t 显示：_____。

表 6-9 　　　　　　　　**励磁调节装置功率计算显示检查**

相位差 φ（°）	-90	-60	-45	-30	0
P 显示					
Q 显示					
相位差 φ（°）	30	45	60	90	
P 显示					
Q 显示					
P 显示结果	合格　　□				
Q 显示结果	合格　　□				

注　以上均为电压超前电流。

　　检验标准：$P = U_t \times I_t \times \cos\varphi$，$Q = U_t \times I_t \times \sin\varphi$。

　　误差允许±2%。

（5）保护与限制功能检查见表 6-10。

表 6 - 10　　　　　　　　　　　保护与限制功能检查

序号	项目	条件	方法	结果	复位	液晶屏相应指示是否正确 本套	其他
1	TV 断线	自动运行 $U_t=1.0$ $U_1=1.0$	分别断本套励磁 TV 任一相	U_t 从 1.0→0.5,本套转手动运行,主、从运行状态进行切换。报警量和开出量指示"TV 断线",开出端子节点导通。录波	TV 断线恢复,U_t 从 0.5→1.0 故障信号保持按"信号复归"按钮复归报警信号并且从手动运行变成自动运行,再按"主从切换"按钮后切换至本套为主运行		
			分别断本套仪表 TV 任一相	U_1 从 1.0→0.5,报警量和开出量指示"TV 断线",开出端子节点导通。录波	TV 断线恢复,U_1 从 0.5→1.0,故障信号保持按"信号复归"按钮复归报警信号		
2	强励报警	自动运行投限制	调整 P114 使 $I_f>1.2$	报警量指示"强励报警"。录波、禁止增磁	减小 I_f 使其小于 1.2,故障信号保持,按"信号复归"按钮复归报警信号		
3	强励限制	自动运行投限制	调整 P114 使 $I_f>1.1$	经过时间 t（见表6-11）,报警量和开出量指示"强励限制"。开出端子触点导通,限制 U_c。录波	减小 I_f 使其小于 1.1,故障信号保持,由于积分原因,需经过一段时间再按"信号复归"按钮使其报警信号复归		
4	低励报警	自动运行投限制 $P_e=0.10$	调整 Q_e 为负值,使其动作	禁止减磁,动作值见表 6 - 12,报警量指示"低励报警"。录波	增加 Q_e 值,故障信号保持。按"信号复归"按钮复归报警信号,禁止减磁解禁		
5	低励限制	自动运行投限制 $P_e=0.10$	调整 Q_e 为负值,使其动作	禁止减磁,自动增磁（U_c 上升）,动作值见表 6 - 12,报警量和开出量指示"低励限制",开出端子节点导通	增加 Q_e 值,故障信号保持。按"信号复归"按钮复归报警信号,禁止减磁解禁,U_c 回到原值		
6	V/Hz 报警	自动运行投限制	改变频率或 U_t,从而改变 U_t/f 值,使其大于 P80	禁止增磁。报警量指示"V/Hz 报警"。录波	使 U_t/f 值小于 P80,故障信号保持,按"信号复归"按钮复归报警信号。禁止增磁解禁		

续表

序号	项目	条件	方法	结果	复位	液晶屏相应指示是否正确 本套	其他
7	V/Hz 限制	自动运行 投限制	改变频率或 U_t 从而改变 U_t/f 值,使其大于 P81	空载,禁止增磁,自动减磁报警量和开出量指示"V/Hz 限制",开出端子节点导通	使 U_t/f 值小于 P81,故障信号保持,按"信号复归"按钮复归报警信号。禁止增磁解禁。U_r 保持不变		
				并网,$U_r>0.95$ 时自动减磁,减到 0.95。报警量和开出量指示"V/Hz 限制",开出端子节点导通			
8	起励失败	自动运行,空载运行,$U_r<0.3$,$I_{fr}<0.1$	本柜按"起励建压"按钮	10s 后 $U_t<0.2$(起励成功值 P93)。报警量和开出量指示"起励失败",开出端子节点导通	故障信号保持。按"信号复归"按钮复归报警信号		
9	超温报警	自动运行并网	有开入信号 5s,$U_r>0.9$ 且 $I_f>$P71	U_r 与 I_r 自动减少。报警量指示"超温报警"。录波	取消开入信号,报警信号自动复归		
10	快熔熔断	正常运行自动运行	分别闭合整流桥的 6 个快熔微动开关	U_r 置 0。退出运行。报警量指示"快熔熔断"	恢复微动开关位置,故障信号保持,按"信号复归"按钮复归报警信号		
11	误强励	空载运行自动运行	$I_f>0.4$ $U_t>1.3$	0.4s 后退出运行。报警量指示"误强励"	调整 U_t 使其小于 1.2,故障信号保持,按"信号复归"按钮复归报警信号		
		并网运行自动运行	$I_f>1.4$ $U_t>1.2$	2s 后退出运行。报警量指示"误强励"			
12	测频故障	自动运行	1min 累计出现 10 次频率波动大于 4Hz	开出量的"运行正常"指示灯灭	故障信号保持,按"信号复归"按钮复归报警信号		
13	频率异常	自动运行空载运行 $U_r>0.1$	频率小于 45Hz,$U_t>0.2$	$U_r=0$,$I_{fr}=0$	—		

强励反时限见表 6 - 11。

励磁电流基值 P114＝_____。

表 6 - 11 强 励 反 时 限

励磁电流 I_f（标幺值）	1.2	1.4	1.6	1.8	2.0
强励动作时间（s）					

检验标准：参考强励反时限曲线校验。

低励限制见表 6 - 12。

有功交点 P73（P1）＝_____；有功拐点 P74（P2）＝_____；无功低限 P75（Q1）＝_____。

表 6 - 12 低 励 限 制

P 值	动作（Q 值）	
条件	低励报警	低励限制

检验标准：参考低励报警及低励限制曲线校验。

5. 励磁系统整组试验

（1）高压小电流试验。

1）微机励磁装置整组试验见表 6 - 13、表 6 - 14。

阳极电压＝_____ V，模拟电阻 R＝_____ Ω/_____ W，补角＝_____°。电压环 PID 放大倍数＝_____，微分常数 T_1＝_____，惯性常数 T_2＝_____。

（a）条件：定子电压 U_t＝0.5，改变 U_r 从而使直流输出电压改变。

（b）条件：电压给定 U_r＝0.5，改变 U_t 从而使直流输出电压改变。

2）脉冲波形检查见表 6 - 15。用示波表（或示波器）观察模拟电阻两端波形，记录波形周期。每周期内波形应有 6 个波头，每个波头波形一致性较好，无畸变。

表 6 - 13 微机励磁装置整组试验（一）

直流输出电压					
U_r					
α（°）					
U_c					
直流输出电压					
U_r					
α（°）					
U_c					

表 6 - 14　　　　　　　　　　　　**微机励磁装置整组试验（二）**

直流输出电压						
U_t						
α（°）						
U_c						
直流输出电压						
U_t						
α（°）						
U_c						

用示波表（或示波器）观察晶闸管控制极和阴极之间脉冲波形，记录脉冲幅值、周期、双脉冲间隔，每周期内应为双脉冲，双脉冲间隔应为 3.33ms，脉冲幅值不低于 1.5V。

表 6 - 15　　　　　　　　　　　　**脉 冲 波 形 检 查**

型号：		制造厂家：					
	标号	＋A	－A	＋B	－B	＋C	－C
实测	触发电压（V）						
	K、G 间直阻（Ω）						
	脉冲间隔（ms）						
	双脉冲间隔（ms）						
阳极电压＝_____ V		$\alpha=60°$		输出电压：_____ V		波形正常	□

（2）低压大电流试验见表 6 - 16。

带桥输出检查：阳极电压＝_____ V，放大倍数＝_____，励磁电流基值 P114＝_____（按额定励磁电流整定）。

低压大电流试验的目的主要是为了检验晶闸管的带载能力。出厂试验已做，现场的静态试验可根据现场的实际选做本节试验。

表 6 - 16　　　　　　　　　　　　**低 压 大 电 流 试 验**

输出电流（A）				
I_f				
α（°）				
F_{L1}（mV）				
输出电流（A）				
I_f				
α（°）				
F_{L1}（mV）				

第二节 同步发电机励磁系统的动态试验

下面是现场投运部分，GEC-300S励磁系统第一次投运或发电机组大修后做以下试验。

一、试验准备仪器和资料

示波表或示波器	1台
相序表	1块
数字万用表	1块
设计图纸	1份
GEC-300S励磁系统用户手册	1份

投运时还需将过电压保护定值临时改为120V，投入跳灭磁开关。

发电机额定转速后做下列动态试验。

二、短路试验

1. 试验接线

确定灭磁开关在分闸位置，将励磁系统自并励励磁方式改为他励方式：将1KK转换开关打到他励位置，确定相序正确。条件不具备，可以在灭磁开关下口直接接可调的直流电源。

注意：保证电网电源至励磁变高压侧的三相相序正确或外接的可调直流电源极性正确。

2. 短路试验

将励磁调节装置调整为手动（即恒励磁电流）通道运行，检查整流桥交流转换开关在他励位置，起励电源开关在分位，灭磁开关在分位。

发电机出口或主变压器高压侧短路，合灭磁开关，检查主套励磁调节装置触发角在90°左右，合脉冲电源开关，缓慢增加励磁，直到发电机定子电流到额定值。期间检查励磁调节装置定子电流、励磁电流采样是否正确。录制发电机短路特性曲线；检查励磁系统柜上各表计显示是否正确。

发电机短路试验结束后，分灭磁开关，将转换开关打至自励位置。

定子电流通道检查见表6-17。

定子电流基值P113＝_____。

表6-17   **定子电流通道检查**

本套	实际电流（A）					
	定子电流 I_t 显示					

励磁电流通道检查见表6-18。

励磁电流基值P114＝_____。

表6-18   **励磁电流通道检查**

本套	实际电流（A）					
	励磁电流 I_f 显示					

三、空载试验

1. 发电机空载特性试验（发电机外特性及调节性能试验）

（1）起励回路检查。检查起励电源开关在合位，灭磁开关在合位，整流桥交流转换开关在分位，励磁调节装置在自动运行状态，按微机励磁装置柜门上"起励建压"按钮，起励接触器吸合，期间检查定子电压采样及阳极电压相序是否正确，10s 后调节器报"起励失败"报警信号，按"信号复归"按钮复归报警信号。

（2）空载特性试验。将励磁调节装置电压起励给定值设定为 0.3，合整流桥交流转换开关至自励位置，合灭磁开关，按"起励建压"按钮进行起励。起励成功后，缓慢增磁，将发电机定子电压缓慢升至要求值，期间检查定子电压采样是否正确。录制发电机空载特性曲线。

2. 空载闭环试验

以下空载闭环试验（1）～（6）的项目由本套励磁调节装置分别做。

（1）零起升压试验。将励磁调节装置的电压起励给定值设定为 0.3，励磁调节装置在自动运行状态。合起励电源开关，合灭磁开关，合脉冲电源开关。按"起励建压"按钮进行起励。起励成功后将发电机电压升至额定值，记录励磁电压、阳极电压值；修正定子电压基值、控制电压修正系数、励磁电流基值、空载最大励磁电流限制值、电流跟踪系数等参数；稳态录波。升发电机电压到 110% 额定（或者升压至现场要求值），检查励磁调节装置自动状态电压调节范围。

电压通道检查见表 6 - 19。

本套定子电压基值 P110＝_____。

表 6 - 19　　　　　　　　　　电 压 通 道 检 查

本套	定子电压（kV）					
	定子电压 U_t 显示					
	仪表电压 U_1 显示					

（2）±5% 阶跃试验。保持发电机空载额定运行状态，设定励磁调节装置阶跃量为 5%。做 −5%、+5% 阶跃试验，调整传递函数参数，记录定子电压 U_t 的超调量、振荡次数和调节时间，以满足标准要求。

（3）自动/手动方式切换试验。保持发电机空载额定运行状态，励磁调节装置切换为手动运行，过 6～12s 后再切回自动运行。

切换时发电机定子电压应无明显波动。

（4）电源切换试验。保持发电机空载额定运行状态，微机励磁装置进行交、直流电源切换试验。

切换时发电机定子电压应无明显波动。

（5）逆变灭磁试验。保持发电机空载额定运行状态，励磁调节装置在自动运行状态，按"逆变灭磁"按钮进行逆变灭磁，发电机定子电压应迅速降至为残压。

（6）起励试验。将励磁调节装置的电压起励给定值设定为 1.0（或者设定为现场要求值），励磁调节装置在自动运行状态。在停机状态下，按"起励建压"按钮起励，录制自动起励试验波形。记录定子电压 U_t 的超调量、振荡次数和调节时间。

（7）跳灭磁开关灭磁试验。发电机空载额定运行状态，直接跳开灭磁开关进行灭磁，发电机定子电压应迅速降至为残压。

空载试验结束，做同期试验，准备并网。

注意：并网前将励磁调节器"投限制"拨码开关转到 OFF 状态，以防止发电机定子 TV 相序，TA 相序、极性等不正确造成励磁调节器保护误动。

四、并网后试验

在机组并网后检查定子 TA 极性及相序，确认励磁调节装置有功、无功数值与中控室有功、无功数值基本一致后，调节器"投限制"拨码开关转到 ON 位。

1. 并网后切换试验

在并网后发电机有功稳定最小值时，做下列切换试验：

（1）励磁调节装置本套主从切换试验。

（2）励磁调节装置本套自动/手动控制方式切换试验。

（3）交、直流电源切换（掉电）试验。

2. 低励限制试验（此试验根据现场实际情况选做）

低励限制的目的是限制发电机进相吸收的无功功率的大小。发电机带一定的有功，按"减小励磁"按钮减少发电机的无功使发电机进相运行，励磁调节装置报"低励限制动作"报警信号，计算动作值和设定值是否一致。

3. 甩负荷试验（此试验根据现场实际情况选做）

发电机并网后带一定的有功和无功，直接分发电机出口开关，进行机组甩负荷，甩负荷后发电机电压应迅速恢复至空载稳态。

分析电压波形，是否满足标准要求。

试验完成后，整理试验数据，出具试验报告，备案保存。

附录 A   GEC‑300S 控制器开关量和参数定义

GEC‑300S 控制器开关量和参数定义见表 A1。

表 A1 　　　　　　　　　　　　　GEC‑300S 控制器开关量和参数定义

位	定义	意义
		开 入 量
1	增加励磁	增加励磁给定（机端电压、励磁电流参考值）
2	减少励磁	减少励磁给定（机端电压、励磁电流参考值）
3	逆变灭磁	灭磁开关处于分状态并有逆变灭磁信号开入，励磁给定置为 0。 并网状态下无效
4	并网开关分	发电机处于空载状态，未并网
5	起励建压	控制器接收到起励建压信号
6	超温限负荷	控制器接收到晶闸管整流桥超温信号，限制发电机励磁电流
7	信号复归	复归控制器报警信号
8	投 PSS	控制器采用 PSS＋PID 控制规律，PSS 功能投入
9	投手动	控制器采用恒励磁电流控制方式，限制功能自动退出
10	主从切换	单套控制器正常时，A、B 套控制器主从状态进行切换
11	备用	
12	备用	
13	快熔熔断	整流桥快熔熔断故障
14	投恒无功	也即投恒 Q，控制器采用恒无功控制方式
15	投恒功率因数	也即恒 $\cos\varphi$，控制器采用恒功率因数控制方式
16	备用	
17	投限制	控制箱门板内拨码开关实现，用来屏蔽控制器各种限制功能，包括：低励限制、强励限制、V/Hz 限制、过无功限制、过 I_t 限制
18	备用	控制箱门板内拨码开关实现
19	备用	控制箱门板内拨码开关实现
20	调试位	控制箱门板内拨码开关实现，控制器处于调试状态，ECU 对用户全部开放：可修改控制参数、做阶跃试验等
21	定义 A 套	控制箱 CPU 板上跳线实现
		开 出 量
1	运行正常	控制器运行正常
2	异常报警	控制器所有报警信号
3	本套为主	本套控制器为主状态控制器

续表

开 出 量		
位	定 义	意 义
4	投起励电源	起励建压时，投入起励电源
5	手动运行	励磁控制系统运行在恒励磁电流控制方式下
6	起励失败	投起励电源 10s 后，机端电压未达到起励成功设定值
7	V/Hz 限制	伏赫（V/Hz）限制动作
8	PSS 激活	PSS 参与控制
9	TV 断线	本套控制器励磁 TV 或仪表 TV 有断线
10	强励限制	强励限制动作
11	低励限制	低励限制动作
12	过 I_t 限制	定子过电流限制动作
13	最小 I_f 限制	并网最小励磁电流限制动作
14	备用	

控制箱面板灯		
注：控制箱面板上共 4 个状态指示灯，与开出量同时动作。由于面板字数的限制，与开出量的定义不同，但意义相同。分别定义如下：		
1	正常	控制器运行正常（同开出量：运行正常）
2	异常	控制器所有报警信号（同开出量：异常报警）
3	主套	本套控制器为主状态控制器（同开出量：本套为主）
4	恒流	励磁控制系统运行在恒励磁电流控制方式下（同开出量：手动运行）

序号	定义	控制器参数	单位	参数值	
		默认值		最大值	最小值
电压环参数 1					
P00	放大倍数 K_{p1}	30.0	倍	70.0	5.0
P01	微分常数 T_1	0.00	s	10.0	0
P02	惯性常数 T_2	0.00	s	10.0	0
P03	放大倍数 K_{p2}	0.00	倍	0	0
P04	微分常数 T_3	0.00	s	0	0
P05	惯性常数 T_4	0.00	s	0	0
电压环参数 2					
P10	积分时间 T_u	5.00	s	5.0	0
P11	软反馈增益 K_f	0.00	倍	0	0
P12	软反馈高通 T_f	0.00	s	0	0
P13	硬反馈系数 K_b	0.00	倍	0	0
P14	调差系数 K_e	0.00	标幺值	0.15	−0.15
P15	增减速率 $Step\%$	0.50	%	1.0	0.1

续表

序号	定义	控制器参数	单位	参数值	
		默认值		最大值	最小值
电流环参数					
P20	放大倍数 K_p	20.0	倍	50.0	1.0
P21	AVR 个数	1.0	个	2.0	1.0
P22	备用	0	—	0	0
P23	积分常数 T_i	5.00	s	10.0	0
P24	增减速率 $Step\%$	0.20	%	1.0	0.1
P25	版本号 Ver	12.03	—	12.03	12.03
PSS 参数 1 (2A)					
P30	一阶微分 T_1	0.13	s	10.0	0
P31	一阶惯性 T_2	0.01	s	10.0	0
P32	二阶微分 T_3	0.13	s	10.0	0
P33	二阶惯性 T_4	0.01	s	10.0	0
P34	三阶微分 T_5	0.10	s	10.0	0
P35	三阶惯性 T_6	0.10	s	10.0	0
PSS 参数 2 (2A)					
P40	PSS 放大倍数 K_{s1}	1.00	倍	20.0	0
P41	PSS 输出限幅 V_{st}	0.02	标幺值	0.1	0
P42	PSS 选择 PSS1A2A	1.00	倍	2.0	0
P43	转速输入系数 K_w	1.00	倍	2.0	0
P44	有功输入系数 K_p	1.00	倍	2.0	0
P45	有功惯性时间 T_7	4.00	标幺值	20.0	0.1
PSS 参数 3 (2A)					
P50	隔直时间 T_w	6.00	s	20.0	0
P51	有功分支系数 K_{s2}	1.14	s	20.0	0
P52	交轴电抗 X_q	1.60	s	20.0	0.1
P53	斜坡跟踪微分 T_8	0.60	s	10.0	0
P54	斜坡跟踪惯性 T_9	0.12	s	10.0	0
P55	转速惯性时间 T_{10}	0	s	20.0	0
强励限制参数					
P60	放大倍数 K_p	30.0	倍	50.0	1.0
P61	额定温度	1.0	s	2.0	0.1
P62	温度修正	1.0	s	2.0	0.1
P63	温度报警	3.1	标幺值	3.1	0.5
P64	顶值电流 L_{Ifr}	2.00	标幺值	2.0	1.6
P65	强励时间 T	10.00	s	30.0	1.0

续表

序号	定义	控制器参数	单位	参数值	
		默认值		最大值	最小值
低励限制参数					
P70	放大倍数 K_p	1.00	倍	10.0	0
P71	超温限流	0.5	标幺值	1.1	0
P72	空载电流	0.40	标幺值	1.0	0
P73	有功交点 P_1	0.85	标幺值	10.0	0.1
P74	有功拐点 P_2	0.20	标幺值	1.0	0
P75	无功低限 Q_1	-0.20	标幺值	0	-1.0
V/Hz 限制参数					
P80	V/Hz 报警值	1.05	标幺值	1.3	0.5
P81	V/Hz 限制值	1.10	标幺值	1.3	0.5
P82	I_{fmin} 放大倍数	30.0	标幺值	100	1.0
P83	I_{fmin} 给定	0.10	标幺值	1.0	0
P84	过 I_t 限制时限	61.0	标幺值	70.0	0
P85	过 Q_e 报警值	0.90	—	0.9	0
起励设置参数					
P90	U_r 限幅 U_{max}	1.20	标幺值	1.35	1.0
P91	自动给定 U_{r0}	0.80	标幺值	1.0	0
P92	手动给定 I_{fr0}	0.15	标幺值	0.6	0
P93	起励成功值 U_{ts}	0.20	标幺值	0.5	0
P94	软起时间 T_r	5.00	s	20.0	0
P95	倍频系数	1.00	标幺值	1.0	1.0
实验设置参数					
P100	阶跃步长 $Step\%$	0.01	标幺值	0.3	0
P101	阶跃时间 T_{Ls}	0.50	s	20.0	0
P102	噪声比率 K_{se}	0.10	倍	1.0	0
P103	补偿特性	0.00	—	2.0	0
P104	显示配置	0.00	—	8.0	0
P105	从站地址	1.00	—	255.0	1
基值修正参数					
P110	定子电压 U_t	10.0	—	20.0	1
P111	仪表电压 U_1	10.0	—	20.0	1
P112	系统电压 U_s	10.0	—	20.0	1
P113	定子电流 I_t	10.0	—	20.0	1
P114	励磁电流 I_f	10.0	—	20.0	1
P115	功率修正 $Delta$	15.0	°	150.0	-150.0

续表

序号	定义	控制器参数		单位	参数值	
		默认值			最大值	最小值
控制角度参数						
P120	转子电流 I_{fl}	10.0		—	20.0	1.0
P121	转子电压 U_f	10.0		—	20.0	1.0
P122	最小角度 Alp_{min}	30		°	90.0	10.0
P123	角度修正 Alp_x	0		°	30.0	0
P124	跟踪系数 K_{fl}	3		—	5.0	0
P125	U_c 归算系数 U_{fx}	0.12		—	0.3	0.05
发电机机组参数						
	有功功率	50		MW		
	功率因数	0.80		—		
	定子电压	10.5		kV		
	定子电流	3440		A		
	励磁电压	252		V		
	励磁电流	527		A		
	系统电压	1.5		kV		

附录 B GEC-300S 在线参数整定操作说明

GEC-300S 励磁控制系统中励磁调节器 AVR 有 78 个参数，存放在三个地方。存储在 FLASH 中的参数叫默认参数，存储在 EEPROM 中的参数叫保存参数，存储在 RAM 中的参数叫运行参数。

AVR 上电后先将保存参数取出作为运行参数，如果发现保存参数有错或者 EEPROM 中没有参数就会将默认参数取出作为运行参数。

修改参数首先修改的是上位机内存中的参数值，当确定待修改的参数就是期望值后用户可以点击按键"确定修改"，这样修改后的参数就传送到下位机的 RAM 中，可以对调节器起控制作用。用户也可以采用立即修改方式，将"立即修改"左边的方框选中，修改后的参数无需用户点击"确定修改"就可以下传到 AVR 的内存中。

当确定运行参数正确并希望该参数保存时，用户可以点击按键"保存参数"，这样修改后的参数将保存起来，下次断电重起后无需用户重新设置参数调节器就可以自动运行在用户设定的状态。

当用户希望快速将运行参数恢复到以前保存起来的参数时，可以点击按键"恢复参数"。

当用户希望调用默认参数时，可以点击按键"默认参数"。

GEC-300S 励磁控制系统监控软件的参数设置窗口中，AVR 调节器的 78 个参数分成 15 组，每组含 6 个参数。在每组参数窗口中有三列，分别将默认参数，保存参数和运行参数显示出来。如果运行参数和保存参数不一致，在运行参数一列中会自动将与保存参数不同的运行参数用绿色显示出来，同时黄灯亮提示用户参数未保存。

每个参数的可调步长有三挡，分别是 1、0.1 和 0.01。调整参数的 6 个按键"＋1""－1""＋0.1""－0.1""＋0.01""－0.01"。如选中待修改的参数后，每点击一下按键"＋0.1"则待修改的参数增加 0.1，其余五个按键类推。另外这五个步长按键具有"防粘连功能"，换句话说，按键连续点击时间最长可达 5s，超过防粘连时间后待修改的参数不再改变，必须放开被按住的按键后再点击它，待修改的参数才会改变。

严禁非专业人员修改参数。

B1 电压环参数 1 整定

电压环参数 1 整定如图 B1 所示。

- P00：放大倍数 K_{p1}

  一阶电压环控制规律的比例放大倍数，无量纲。

  K_{p1} 是负反馈调节的基础，增大 K_{p1} 加快系统响应速度/减小稳态误差，过大则不利于系统稳定。

- P01：微分时间常数 T_1

  单位为 s（秒），一阶电压环控制规律的超前环节时间常数。

  增大 T_1，可以减小系统超调量，加快动态响应速度。

- P02：惯性时间常数 T_2

  单位为 s，一阶电压环控制规律的滞后环节时间常数。

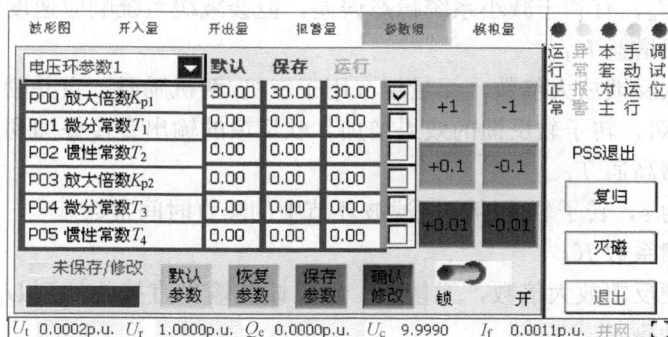

图 B1　电压环参数 1 整定

增大 T_2，有利于系统动态稳定。

- P03：放大倍数 K_{p2}

  二阶电压环控制规律的比例放大倍数，无量纲（用于三机/两机励磁，自并励无此参数）。

  K_{p2} 是负反馈调节的基础，增大 K_{p2} 加快系统响应速度/减小稳态误差，过大则不利于系统稳定。

- P04：微分时间常数 T_3

  单位为 s，二阶电压环控制规律的超前环节时间常数（用于三机/两机励磁，自并励无此参数）。

  增大 T_3，可以减小系统超调量，加快动态响应速度。

- P05：惯性时间常数 T_4

  单位为 s，二阶电压环控制规律的滞后环节时间常数（用于三机/两机励磁，自并励无此参数）。

  增大 T_4，有利于系统动态稳定。

B2　电压环参数 2 整定

电压环参数 2 整定如图 B2 所示。

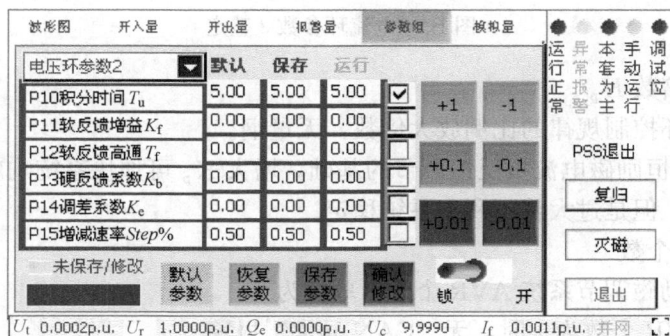

图 B2　电压环参数 2 整定

- P10：积分时间常数 T_u

  单位为 s，自并励电压环控制规律的积分时间常数。

增大 T_u，有利于减小系统稳态误差，但会减缓系统响应速度。

- P11：软反馈增益 K_f

  转子软反馈放大倍数，无量纲（用于三机/两机励磁，自并励无此参数）。

  增大 K_f，转子软反馈的效果增加，软反馈的输出直接叠加到自动环的给定上。

- P12：软反馈高通 T_f

  单位为 s，转子软反馈高通滤波环节中的隔直时间常数。

- P13：硬反馈系数 K_b

  转子硬反馈放大倍数，无量纲。硬反馈的输出直接叠加到 U_c 上。（用于三机/两机励磁）。

- P14：调差系数 K_e

  无量纲，乘以无功叠加到给定值上，零值使调节器具有无调差特性，正数使调节器具有正调差特性，负数使调节器具有负调差特性，一般设为 $-0.1\sim0.1$。

- P15：增减磁步长 $Step\%$

  指长时间按住增减磁操作按键，一秒内调节器自动增减"电压给定 U_r"值，为标幺值，对应定子电压的百分比，如：1.0 表示连续增减磁 1s，电压给定增减 1.0%。

B3　电流环参数 3 整定

电流环参数 3 整定如图 B3 所示。

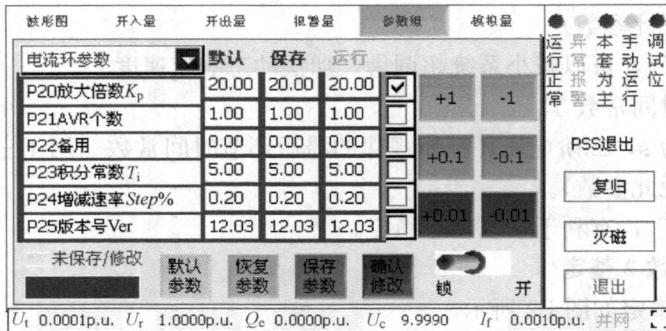

图 B3　电流环参数 3 整定

- P20：放大倍数 K_p

  电流环控制规律的比例放大倍数，无量纲。

  K_p 是恒励磁电流负反馈调节的基础，增大 K_p 可加快系统响应速度，减小稳态误差，但是过大将不利于系统稳定。

- P21：AVR 个数

  表示励磁调节系统 AVR 个数，单位为个。

  当 AVR 个数为 1 时，无"CAN 异常"报警。

  当 AVR 个数为 2 时，表示 AVR 间有 CAN 通信连接，CAN 通信出错后报"CAN 异常"报警。

- P22：备用

控制器备用参数。

- P23：积分常数 T_i

  单位为 s，电流环控制规律的积分时间常数。

- P24：增减速率 $Step\%$

  指长时间按住增减磁操作按键，1s 内调节器自动增减"电流给定 I_r"值，为标幺值，对应励磁电流的百分比，如：1.0 表示连续增减磁 1s，电流给定增减 1.0%。

- P25：版本号 Ver

  显示 AVR 程序的版本号，如显示 1203，则表示当前 AVR 版本为 GEC‐300S‐DSP‐V12 _ 03。

B4　PSS 参数 1 整定

PSS 参数 1 整定如图 B4 所示。

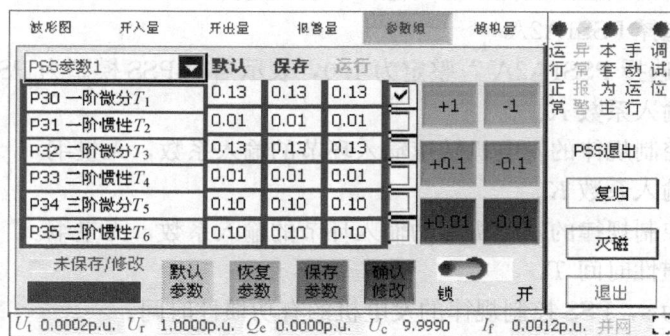

图 B4　PSS 参数 1 整定

- P30：一阶微分 T_1

  单位为 s，PSS 控制规律的一阶超前环节时间常数。

- P31：一阶惯性 T_2

  单位为 s，PSS 控制规律的一阶滞后环节时间常数。

- P32：二阶微分 T_3

  单位为 s，PSS 控制规律的二阶超前环节时间常数。

- P33：二阶惯性 T_4

  单位为 s，PSS 控制规律的二阶滞后环节时间常数。

- P34：三阶微分 T_5

  单位为 s，PSS 控制规律的三阶超前环节时间常数。

- P35：三阶惯性 T_6

  单位为 s，PSS 控制规律的三阶滞后环节时间常数。

B5　PSS 参数 2 整定

PSS 参数 2 整定如图 B5 所示。

- P40：PSS 放大倍数 K_{s1}

  PSS 控制规律的比例放大倍数，无量纲。

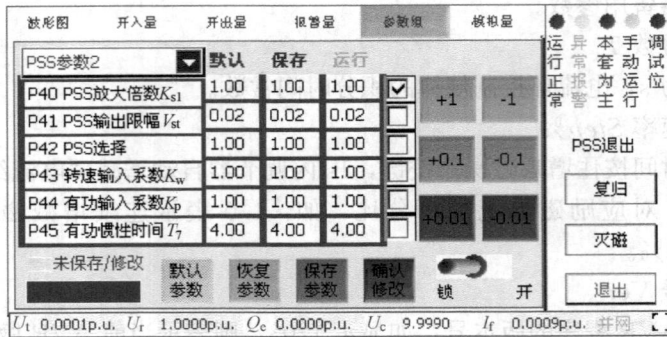

图 B5　PSS 参数 2 整定

- P41：PSS 输出限幅 V_{st}

  PSS 输出幅值限制值，标幺值，一般设定为 $\pm 5\%$ 或 $\pm 10\%$。

- P42：PSS 选择 PSS1A2A

  "PSS 选择 PSS1A2A" 整定为 1.0，表示当前 PSS 模型为 PSS2B 模型。

- P43：转速输入系数 K_w

  PSS 控制规律的发电机转速输入环节的输入系数，无量纲。

- P44：有功输入系数 K_p

  PSS 控制规律的发电机有功输入环节的输入系数，无量纲。

- P45：有功惯性时间 T_7

  单位为 s，PSS 控制规律的发电机的有功惯性时间。

B6　PSS 参数 3 整定

PSS 参数 3 整定如图 B6 所示。

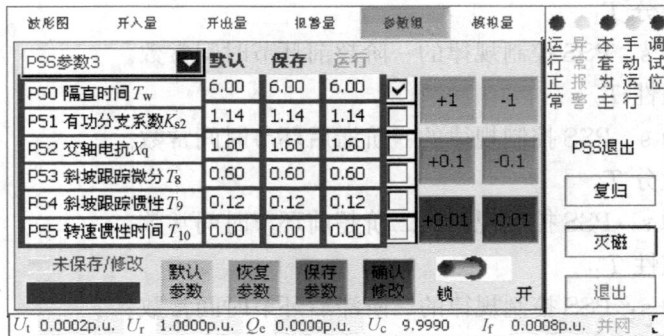

图 B6　PSS 参数 3 整定

- P50：隔直时间 T_w

  单位为 s，转速高通滤波时间常数。

- P51：有功分支系数 K_{s2}

  PSS 控制规律的有功输入环节的有功分支系数。

- P52：交轴电抗 X_q

  发电机的交轴电抗 X_q，PSS 功能模块使用。

- P53：斜坡跟踪微分 T_8

  单位为 s，PSS 控制规律陷波器环节的超前时间常数。

- P54：斜坡跟踪惯性 T_9

  单位为秒，PSS 控制规律陷波器环节的滞后时间常数。

- P55：转速惯性时间 T_{10}

  单位为秒，PSS 控制规律转速输入环节滞后时间常数。

B7 强励限制参数整定

强励限制参数整定如图 B7 所示。

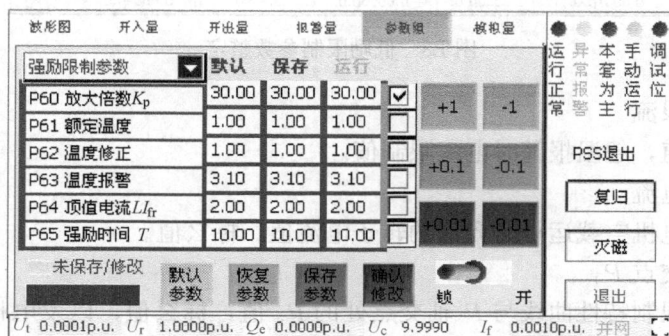

图 B7 强励限制参数整定

- P60：放大倍数 K_p

  强励限制控制环节传递函数的比例放大倍数，无量纲。

- P61：额定温度

  无量纲，转子在额定电压和额定电流下的温度，按缩小 100 倍设定，即额定温度为 80℃时，此值设为 0.8（有转子测温功能模块时使用）。

- P62：温度修正

  无量纲，转子在额定电压和额定电流下修正该参数使转子温度标幺值显示为 1。

- P63：温度报警

  无量纲，转子温度报警值，按缩小 100 倍设定，即温度报警值为 90℃时，此值设为 0.9（有转子测温功能模块时使用）。

- P64：顶值电流 LI_{fx}

  指发电机强励时的顶值电流，标幺值。

  并网最大励磁电流限制值为：顶值电流 $LI_{fx}+0.2$。

  一般此值设为 2.0。

- P65：强励时间 T

  单位为 s，指发电机强励的时间。

B8 低励限制参数整定

低励限制参数整定如图 B8 所示。

- P70：放大倍数 K_p

  低励限制控制环节传递函数的比例放大倍数，无量纲。

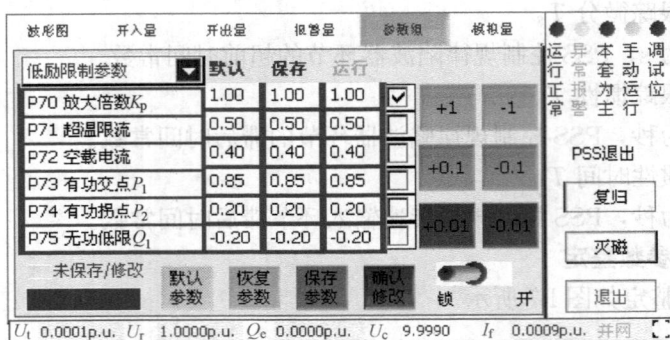

图 B8 低励限制参数整定

• P71：超温限流
  标幺值，超温报警时电流限制值。
• P72：空载电流
  指发电机空载运行时允许的转子电流值，标幺值。
• P73：有功交点 P_1
  低励限制特性曲线与 P 轴交点处的 P_e 值，标幺值，以发电机组额定视在功率为基值。
• P74：有功拐点 P_2
  低励限制特性曲线拐点处对应的 P_e 值，标幺值，以发电机组额定视在功率为基值。
• P75：无功低限 Q_1
  发电机在较低有功负荷时进相运行允许的无功，标幺值，以发电机组额定视在功率为基值。

B9 伏赫限制控制参数整定

伏赫限制控制参数整定如图 B9 所示。

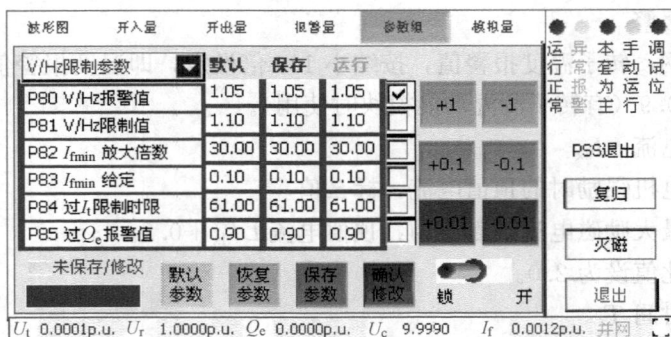

图 B9 伏赫限制控制参数整定

• P80：V/Hz 报警值
  无量纲，当 U_t/f（定子电压与频率比值）大于此值时，AVR 报 V/Hz 报警。
• P81：V/Hz 限制值

无量纲，当 U_t/f（定子电压与频率比值）大于此值时，V/Hz 限制动作。

- P82：I_{fmin} 放大倍数

  并网最小励磁电流限制控制环节传递函数的比例放大倍数，无量纲。

- P83：I_{fmin} 给定

  并网最小励磁电流限制给定值，标幺值，若此值小于 0.2，则表示并网最小励磁电流限制功能模块为退出状态。

- P84：过 I_t 限制时限

  定子过电流限制动作时间，此值按发电机定子电流 1.2 倍允许维持时间整定。若此值大于 60，则表示定子过电流限制功能模块为退出状态。

- P85：过 Q_e 报警值

  过无功报警值，标幺值。

  过无功限制值为：过 Q_e 报警值＋0.02。

  若此值大于 60，则表示过无功保护功能模块为退出状态。

B10 起励设置参数整定

起励设置参数整定如图 B10 所示。

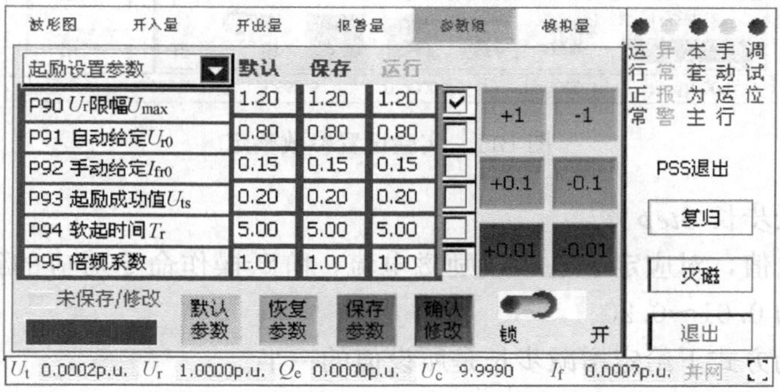

图 B10 起励设置参数整定

- P90：U_r 限幅 U_{rmax}

  标幺值，自动电压给定的最大限幅。

- P91：自动给定 U_{r0}

  标幺值，对应定子电压，自动方式下调节器收到起励建压后设置的电压给定顶值。

如 $U_{r0}=1.0$，则调节器先将电压给定设为 0.2，在设定的软起给定时间内按固定斜率逐渐从 0.2 增加电压给定，直至电压给定为 1.0。

- P92：手动给定 I_{fr0}

  标幺值，对应励磁电流，手动方式下调节器收到起励建压后设置的电流给定顶值。

如 $I_{fr0}=0.30$，则调节器先将电流给定设为 0.05，在设定的软起给定时间内按固定斜率逐渐从 0.05 增加电流给定，直至电流给定为 0.30。

- P93：起励成功值 U_{ts}

标幺值，对应定子电压，用于判断是否投起励电源，同时作为起励成功与失败判断依据。调节器收到起励命令后，如果定子电压小于 U_{ts} 所设值，调节器自动投起励电源，10s 后如果定子电压仍然小于 U_{ts} 设置值，调节器则报起励失败。

- P94：软起时间 T_r

  单位为 s，软起励建压的总起励时间，给定值从 0 到给定顶值 U_{r0} 的时间。

- P95：倍频系数

  无量纲，自并励默认为 1，三机励磁为永磁机的频率对基频的倍频数。

B11　实验设置参数整定

实验设置参数整定如图 B11 所示。

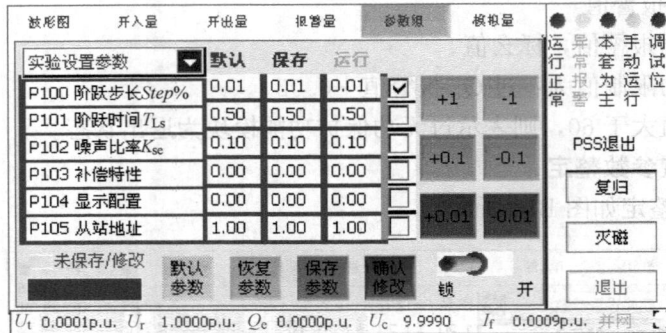

图 B11　实验设置参数整定

- P100：阶跃步长 $Step\%$

  标幺值，对应定子电压或励磁电流，阶跃操作命令对应的给定增减步长。一般为 $0.01 \sim 0.20$。

  手动方式下给定增减步长是所设值的一半。

- P101：阶跃时间 T_{Ls}

  单位为 s，指并网阶跃试验时阶跃后状态维持的时间，时间到后，电压给定自动回到并网阶跃前的值。

- P102：噪声比率 K_{se}

  无量纲，PSS 试验时白噪声输入系数。

  默认为 0.1，指输入 1.5V 对应电压给定变化 0.1。

- P103：补偿特性

  无量纲，PSS 试验时的有补偿特性和无补偿特性的开关。例如当该值＝1 时，可以进行无补偿特性试验，当该值＝2 时，可以进行有补偿特性试验，当该值＝0 时，白噪声的输入对调节器无效。

- P104：显示配置

  无量纲，可以选择录波的第五通道的量，默认为频率 f。

  可以选择的量有 P_e（有功功率），U_r（自动给定），U_{se}（白噪声输入），U_{rp}（PSS 输出），U_{ru}（低励限制附加给定输出），U_{ca}（自动环 U_c），U_{cm}（手动环 U_c），U_{cl}（限制环 U_c）。

- P105：从站地址

    从站地址值，用于 DCS485 通信。

B12 基值修正参数整定

基值修正参数整定如图 B12 所示。

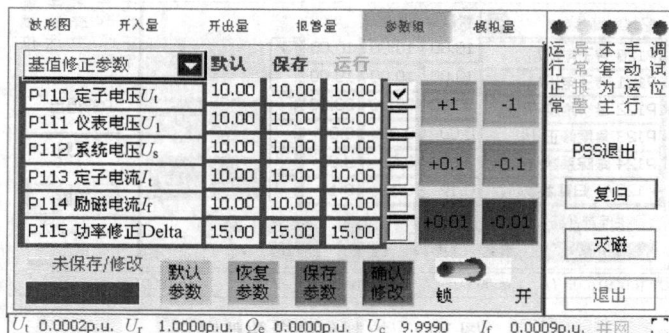

图 B12 基值修正参数整定

- P110：定子电压 U_t

    定子电压基值，AVR 采额定定子电压值时，调整此值，使 U_t 显示为 1.0000p. u.（标幺值）。

- P111：仪表电压 U_1

    仪表电压基值，AVR 采额定定子电压值时，调整此值，使 U_1 显示为 1.0000p. u.（标幺值）。

- P112：系统电压 U_s

    系统电压基值，AVR 采额定系统电压值时，调整此值，使 U_s 显示为 1.0000p. u.（标幺值）。

    此值在恒系统电压起励时用到。

- P113：定子电流 I_t

    定子电流基值，AVR 采额定定子电流值时，调整此值，使 I_t 显示为 1.0000p. u.（标幺值）。

- P114：励磁电流 I_f

    励磁电流基值，AVR 采发电机额定励磁电流值时，调整此值，使 I_f 显示为 1.0000p. u.（标幺值）。

- P115：功率修正 Delta

    功率休整系数，定子电压和定子电流均在额定工况下，功率因数为 0.85 时，调整 P115，使有功功率显示为 0.85p. u.（标幺值），无功功率显示为 0.53p. u.（标幺值）。

注：与以上参数有关的模拟量，修正前后值的关系式可表示为

$$A = A' \times P11x, \quad x = 0、1、2、3、4$$
$$P = P' \times \cos q + Q' \times \sin q$$
$$Q = P' \times \sin q + Q' \times \cos q$$

其中 q 为电压与电流之间的偏移角度，$q=\text{P115}/10.0$。

B13　控制角度参数整定

控制角度参数整定如图 B13 所示。

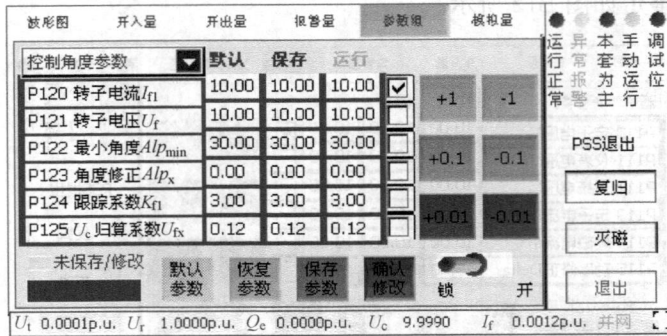

图 B13　控制角度参数整定

- P120：转子电流 I_f

  发电机转子电流输入额定值时，调整 P121，使 I_{fl} 显示为 1.0000p. u.（标幺值）；一般转子电流采样使用 $4\sim20$mA 电压电流变送器，电流进入 CPU 板后经过 150Ω 电阻后转变为 $0.6\sim3$V 电压（有转子测温功能模块时使用）。

- P121：转子电压 U_f

  发电机转子电压输入额定值，调整 P120，使 U_f 显示为 1.0000p. u.（标幺值）；一般转子电压采样使用 $4\sim20$mA 电压电流变送器，电流进入 CPU 板后经过 150Ω 电阻后转变为 $0.6\sim3$V 电压，（有转子测温功能模块时使用）。

- P122：最小角度 $Alp_{\min}$

  AVR 触发晶闸管的最小角度。

- P123：角度修正 Alp_x

  通过调整 P123，使 AVR 显示可控硅触发角度与实际晶闸管触发角度相同。

- P121：跟踪系数 K_{fl}

  用于从套与主套 U_c 跟踪，按从套 $U_c=$ 跟踪系数 $K_{fl}\times I_f=$ 主套 U_c 设定（控制器并列方式时使用）。

- P125：U_c 归算系数 U_{fx}

  用于归算控制电压 U_c。

附 录 C 相 关 示 例 图 纸

发电厂自动装置运行与调试相关示例图纸如图 C1～图 C42 所示。

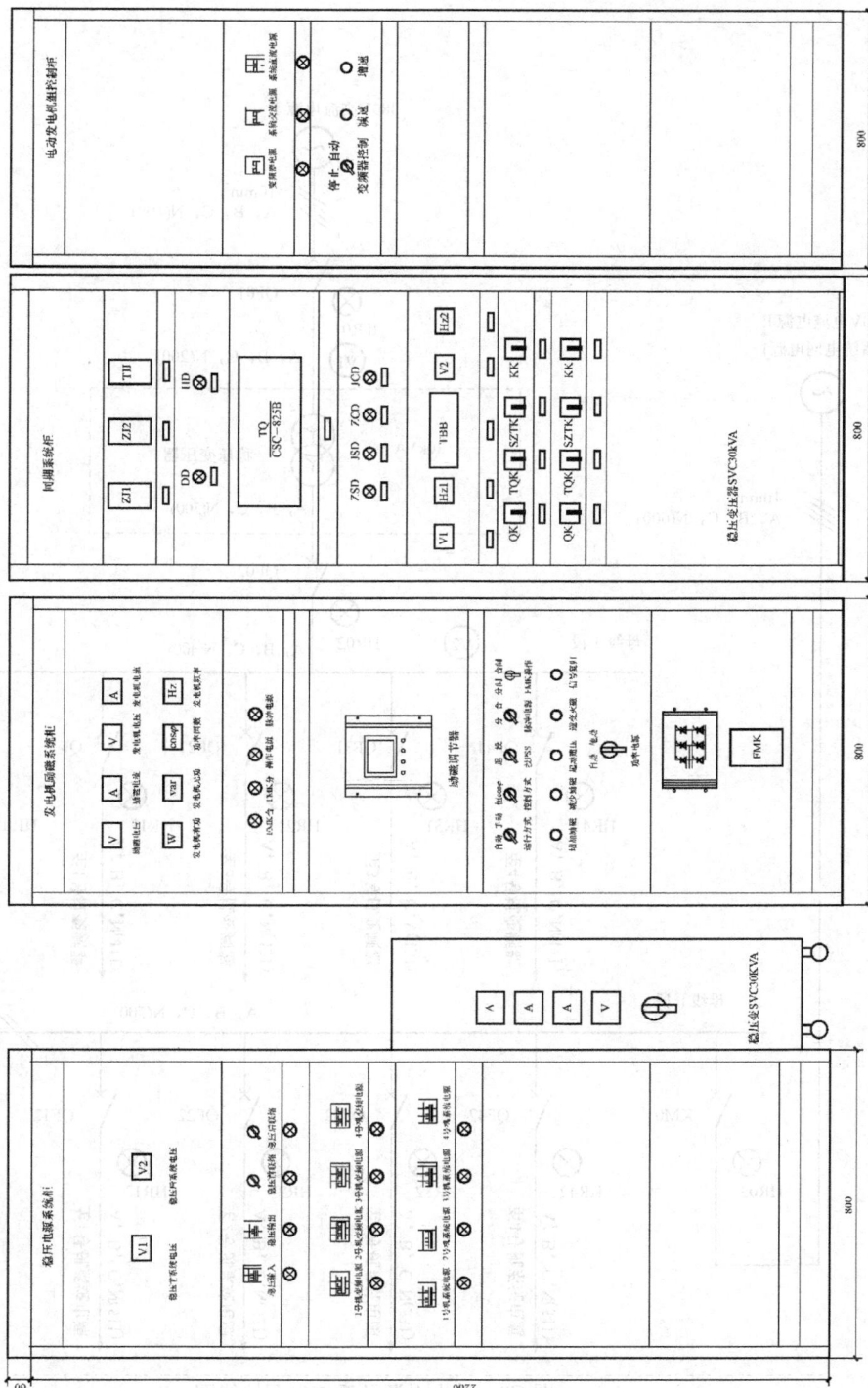

图 C1　屏位整体布置图

380V交流电源 I

10mm²
A，B，C，N(100)

QF01

II R01

VI A，B，C，N(200)

380V电流电源 II
(系统电网电源)

30kVA 稳压变压器

A，B，C，N(300)

10mm²
A，B，C，N(600)

QF02

母线 I 段 V2 HR02 A，B，C，N(400)

6mm²

QF41 QF31 QF21 QF11 KM02

HR41 HR31 HR21 HR11 HR04

A，B，C，N(441) 至4号机变频器
A，B，C，V(431) 至3号机变频器
A，B，C，N(421) 至3号机变频器
A，B，C，N(411) 至1号机变频器
A，B，C，N(411) 至厂用电屏

6mm²

母线 II 段 A，B，C，N(500)

KM01 QF42 QF32 QF22 QF12

HR03 HR42 HR32 HR22 HR12

A，B，C，N(541) 至4号机系统电源
A，B，C，N(551) 至3号机系统电源
A，B，C，N(521) 至3号机系统电源
A，B，C，N(511) 至1号机系统电源

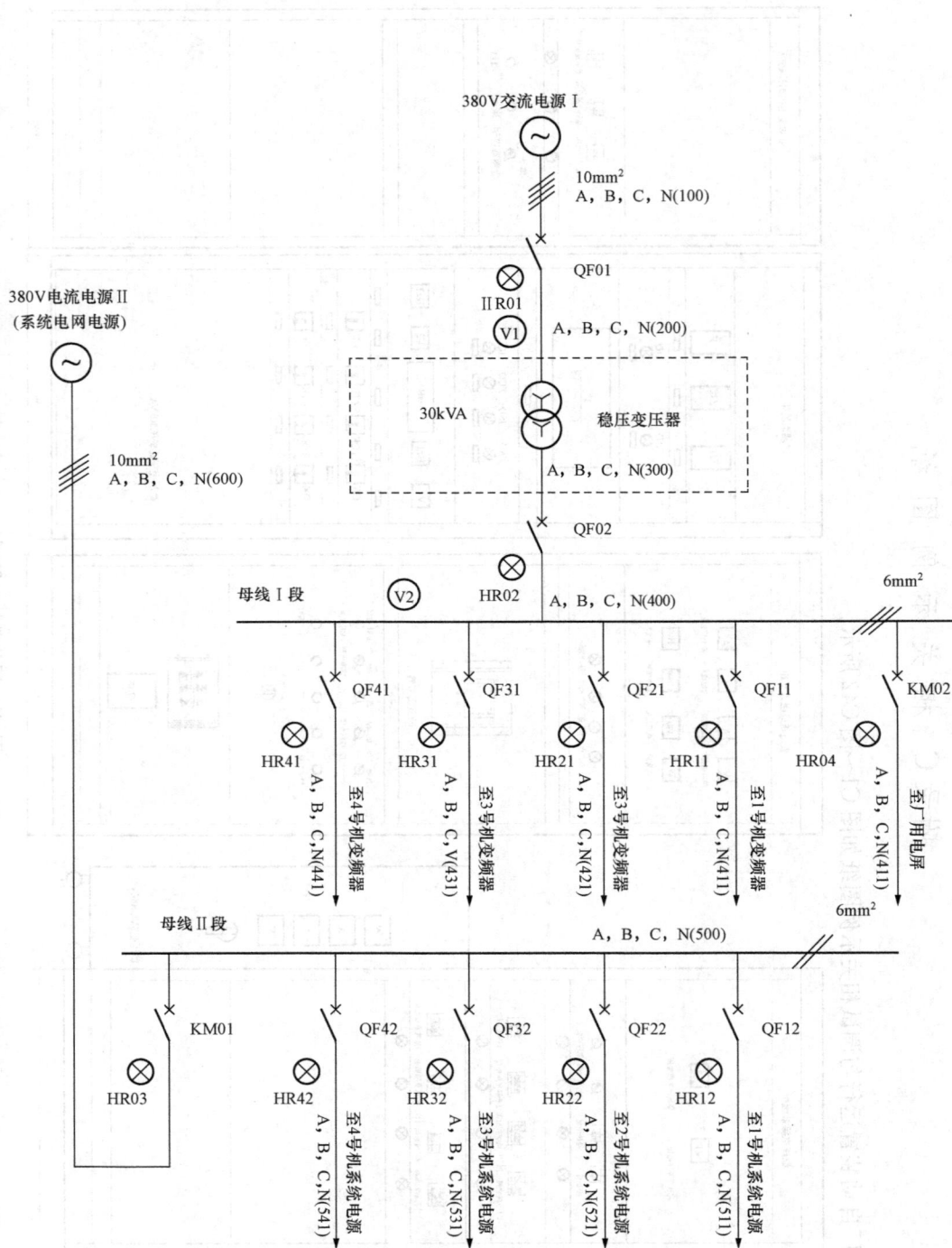

图 C2　动力电源及系统电源接线图

序号	名称	代号	规格型号	数量
18	门控灯	ZD01、MK01	AC220V	1
17	通用端子	X5，X7	UK5N	30
16	通用端子	X1，X2	UK10N	40
15	通用端子	F01，X2	UK16N	20
14	熔断器端子	FU1，FU2	UK5-HESI	2
13	熔断器	KM01,KM02	RT18-32X 10mm×38mm	2
12	熔断器	ZJ12-ZJ42	500V/2A 10mm×38mm	2
11	接触器	QF11~QF41,QF12~QF42	LC1-D40M7C-线圈AC220V	2
10	中间继电器	QF01~QF02	RXZE2S108M	2
9	空开辅助触点	QF03、QF04	OF 26924	4
8	空气开关		C65N-D-3P×25A	10
7	空气开关		C65N-D-3P/63A	8
6	转换开关		LN39B 20K/K	2
5	指示灯	HR01,HR02,HR03~HR11,HR12~HR42	AD16 22D/R31S	2
4	交流电压表	V1、V2	6ILT3V500V/1.5级	12
3	交流电流表	A	6IL13-A50/5A	2
2	机柜		800×600×2260	1
1				1

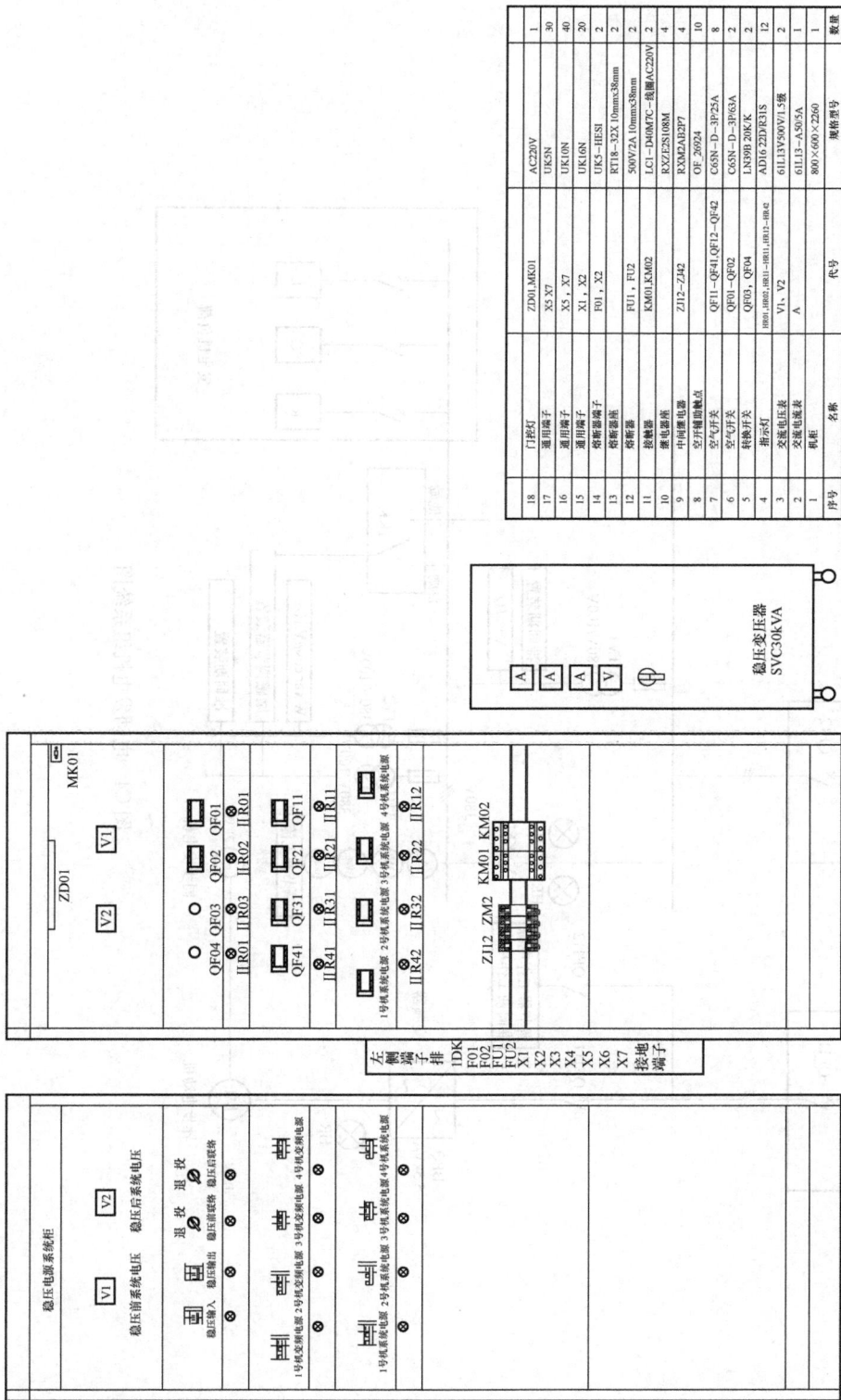

图 C3　稳压电源柜屏面布置图

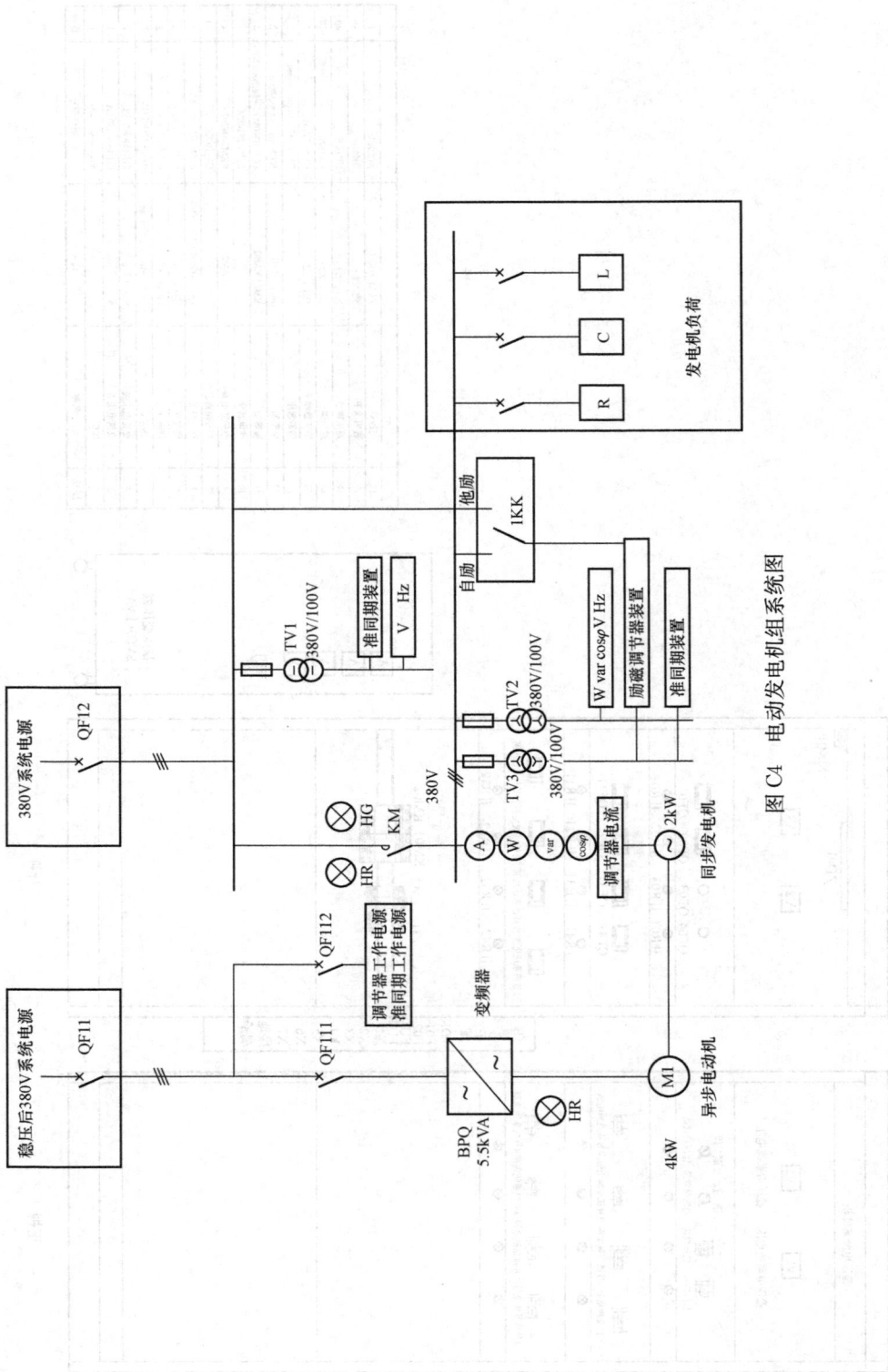

图 C4 电动发电机组系统图

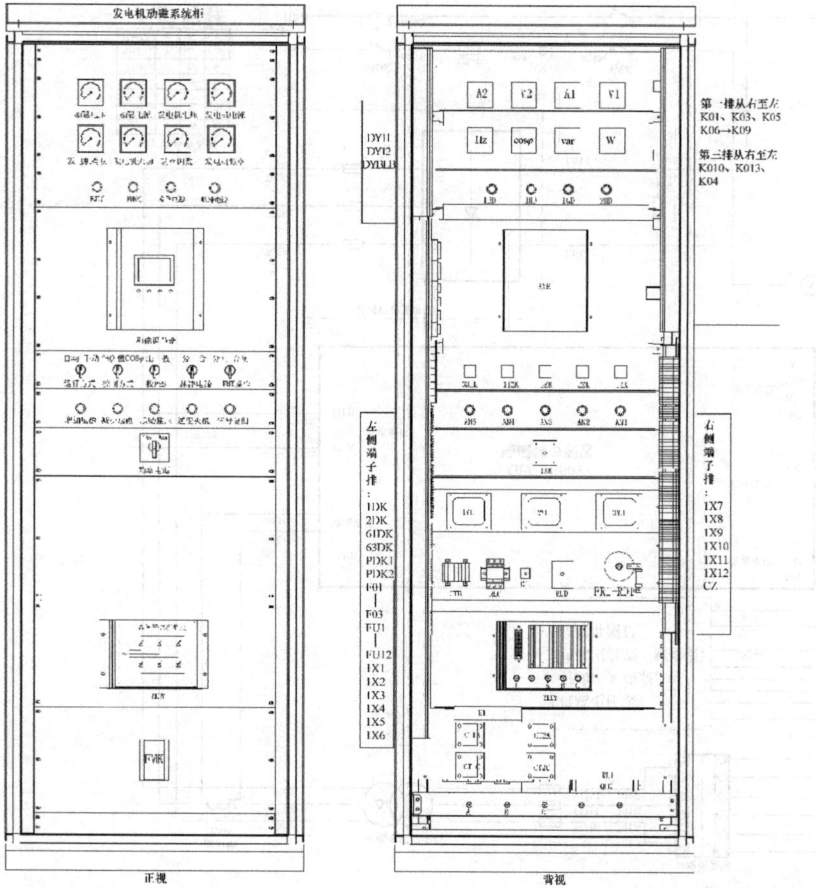

序号	名称	代号	规格型号	数量
50	普通端子	1X7−1X12	UK5N	81
49	普通端子	1X5−1X6	UK10N	20
48	试验端子	1X1−1X1	URTK/S	35
47	熔断器座		RT18-32X_10mmx38mm	12
46	熔断器	FU10−FU12	500V-10A 10mmx38mm	3
45	熔断器	FU01−FU09	500V-2A_10mmx38mm	9
44	熔断器端子	F01 F03	UK5 HES1	3
43	交流空气开关	PDK1 PDK2	C65N C6A/3P	2
42	交流空气开关	2DK	C65N−C6A/2P	1
41	直流空气开关	63DK	C65H−DC−C10A 2P	1
40	直流空气开关	1DK 61DK	C65H−DC−C6A/2P	2
39	继电器	K04	MKS3P DC24V	1
38	继电器座		RXZE2M114	10
37	继电器	KT1−KT5 KT7−KT10 ZT1	RXM4AB1MD	10
36	继电器	K01−K03, K05−K011	MV2NJ−D2/DC24V	10
35	电源并联板	DYBLB	CECC−DYBLB−090430	1
34	电源模块	DY11 DY12	GZM−U60S24	2
33	电流互感器	CTB	BH 0.66 30I 5/5	1
32	电流互感器	CT1A CT2A CT1C CT2C	SDH 0.66 M10 10A/5A	4
31	电流互感器	1YⅡ 2YⅡ 3YⅡ	SR60−380V 100V−3P	3
30	极管	D1	KBPC3510	1
29	起励电阻	RLR	RX20 150W/200Ω	1
28	起励电极管	RLD	ZP−10A/1200V	1
27	起励接触器	RLC	LC1−D09MD	1
26	熔断器	RD1	RGS4−16A/1000V	1
25	氧化锌电阻	FR1	MVN1−10kJ 1kV	1
24	6P端子	DZ	6P	1
23	灭磁开关	FMK	RMM1 63HP/3260 63A/CD2	1
22	阳极转换开关	1KK	LW39−25−303 3P	1
21	负载电阻	RL1	RX20 150W/1kΩ	1
20	晶闸管整流单元	ZLDY	4U整流单元 电流20A	1
19	微机励磁控制器	AVR	CT5A5A 带液晶 V2	1
18	励磁变压器	ET	SCB−1KVA−380V/100V	1
17	按钮	AN2 AN4	LA39−B−20 g(绿)	2
16	按钮	AN1 AN3 AN5	LA39−B−20 r(红)	3
15	转换开关	63KK	LA39B−20XS KFFL	1
14	转换开关	2ZK	LA39B 20XS /K	1
13	转换开关	1ZK 3ZK 1ZK	LA39B 20X/K	3
12	指示灯	1BD	AD16 22D/B23	1
11	指示灯	1GD	AD16−22D/B28	1
10	指示灯	1HD 2HD	AD16−22D/R28	2
9	有功表	W	6IL13−W−3KW 2.5级	1
8	无功表	Var	6IL13−Var−3KW_2.5级	1
7	功率因数表	cosΦ	6IL13−cosφ−380V	1
6	频率表	Hz	6IL13−Hz−45-55−380V	1
5	直流电压表	V1	6IC13 V 100V 1.5级	1
4	直流电流表	A1	6IC13−A−10A 1.5级	1
3	直流电压表	V2	6IL13−V−500V 1.5级	1
2	直流电流表	A2	6IL13−A−10A 1.5级	1
1	机柜		800 600<2260	1

图 C5 励磁系统柜屏面布置图

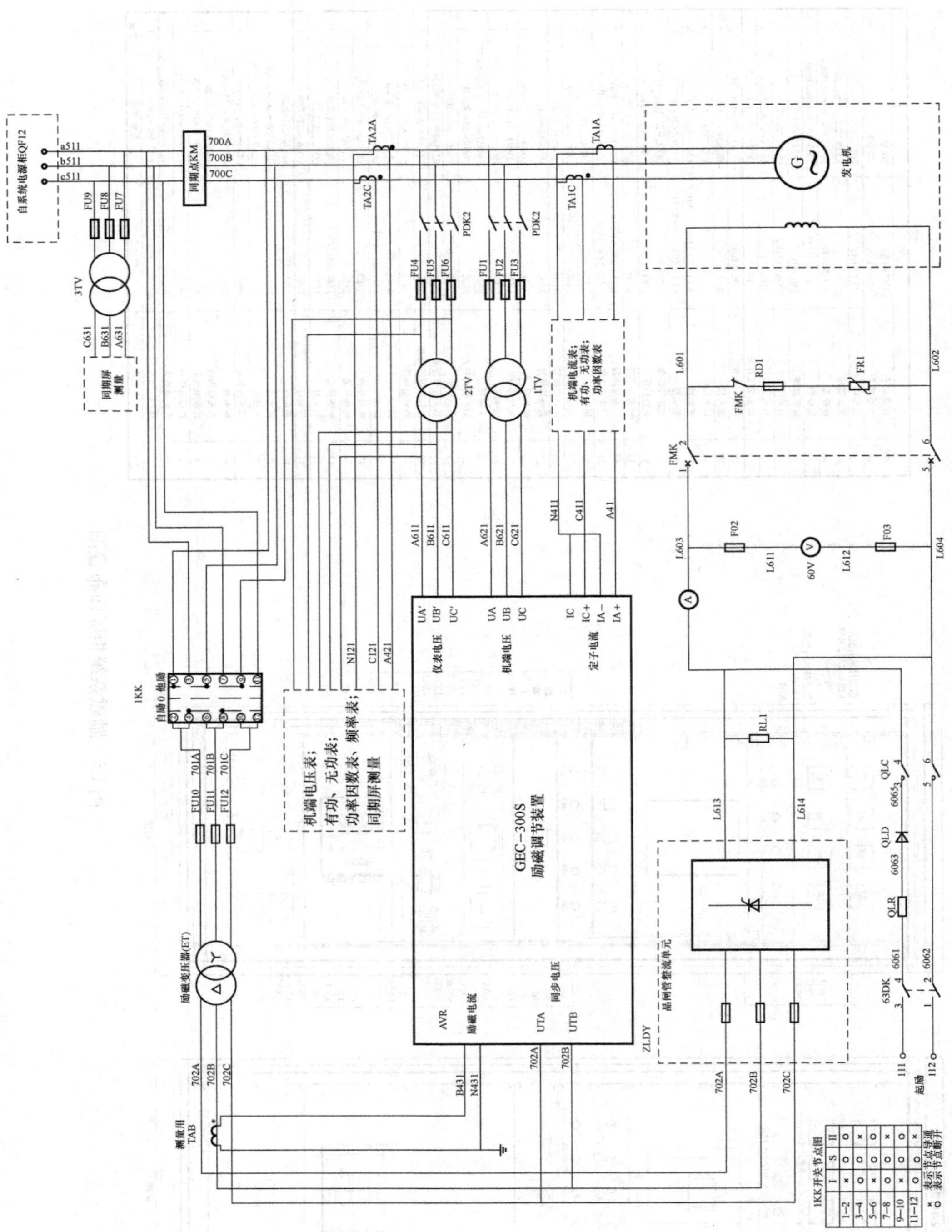

图 C6　励磁系统原理接线图

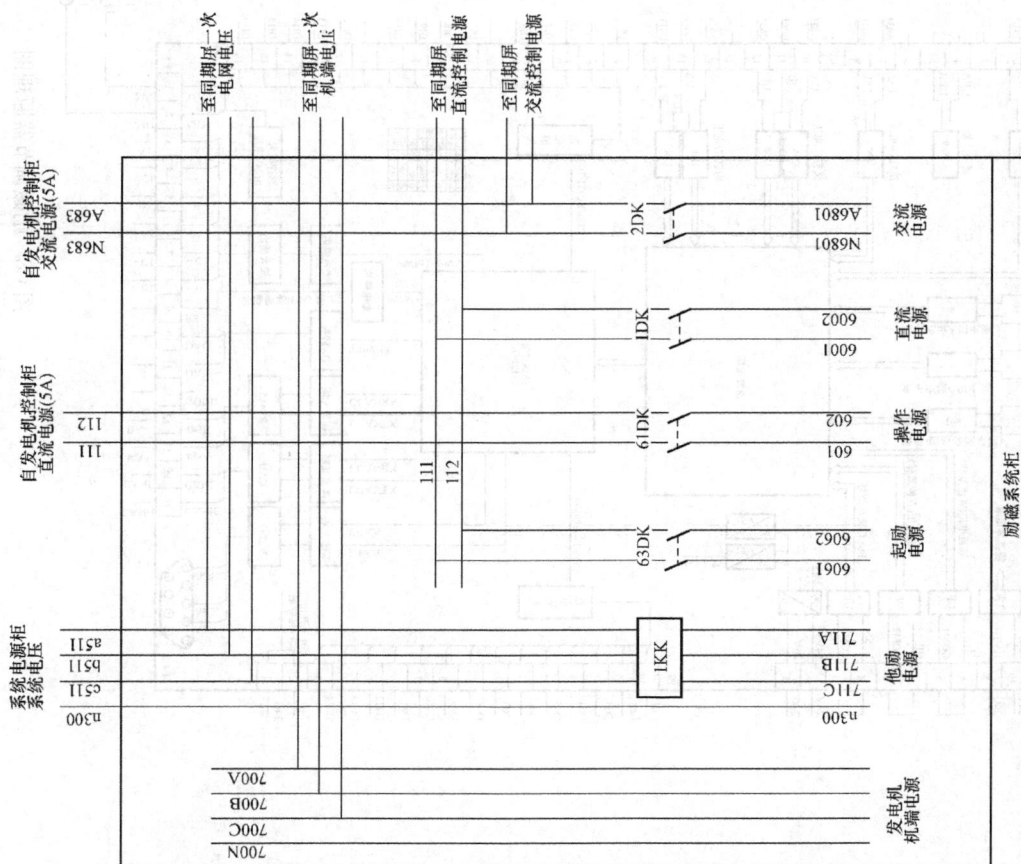

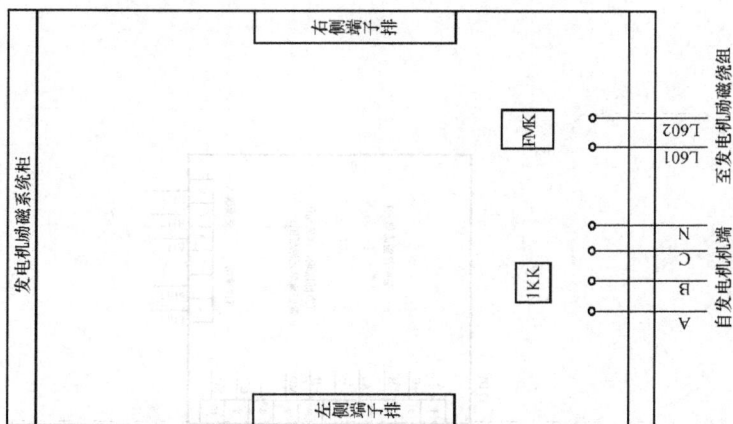

图 C7 励磁系统供电原理图

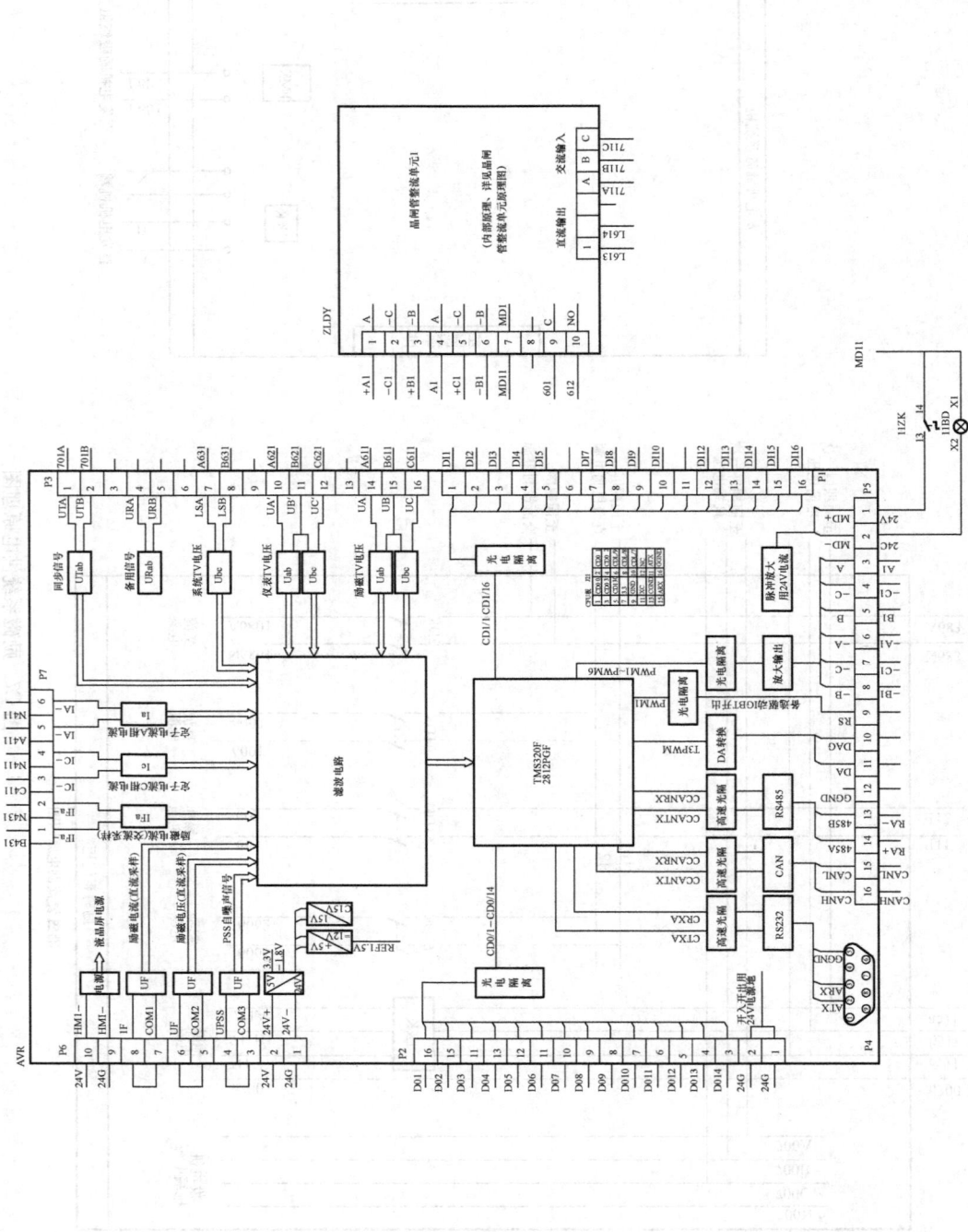

图 C8 励磁调节器原理图

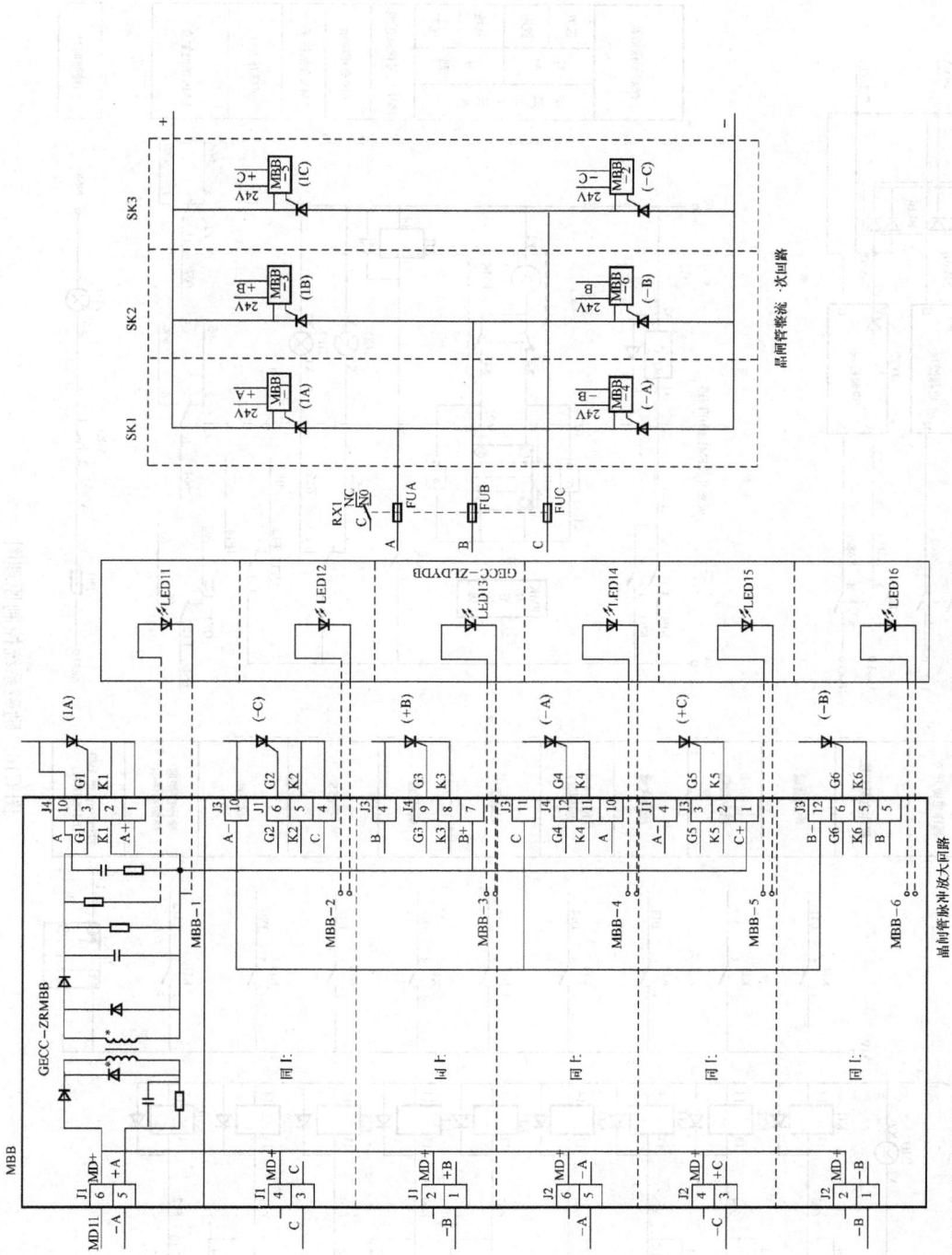

图 C9　励磁系统整流单元接线图

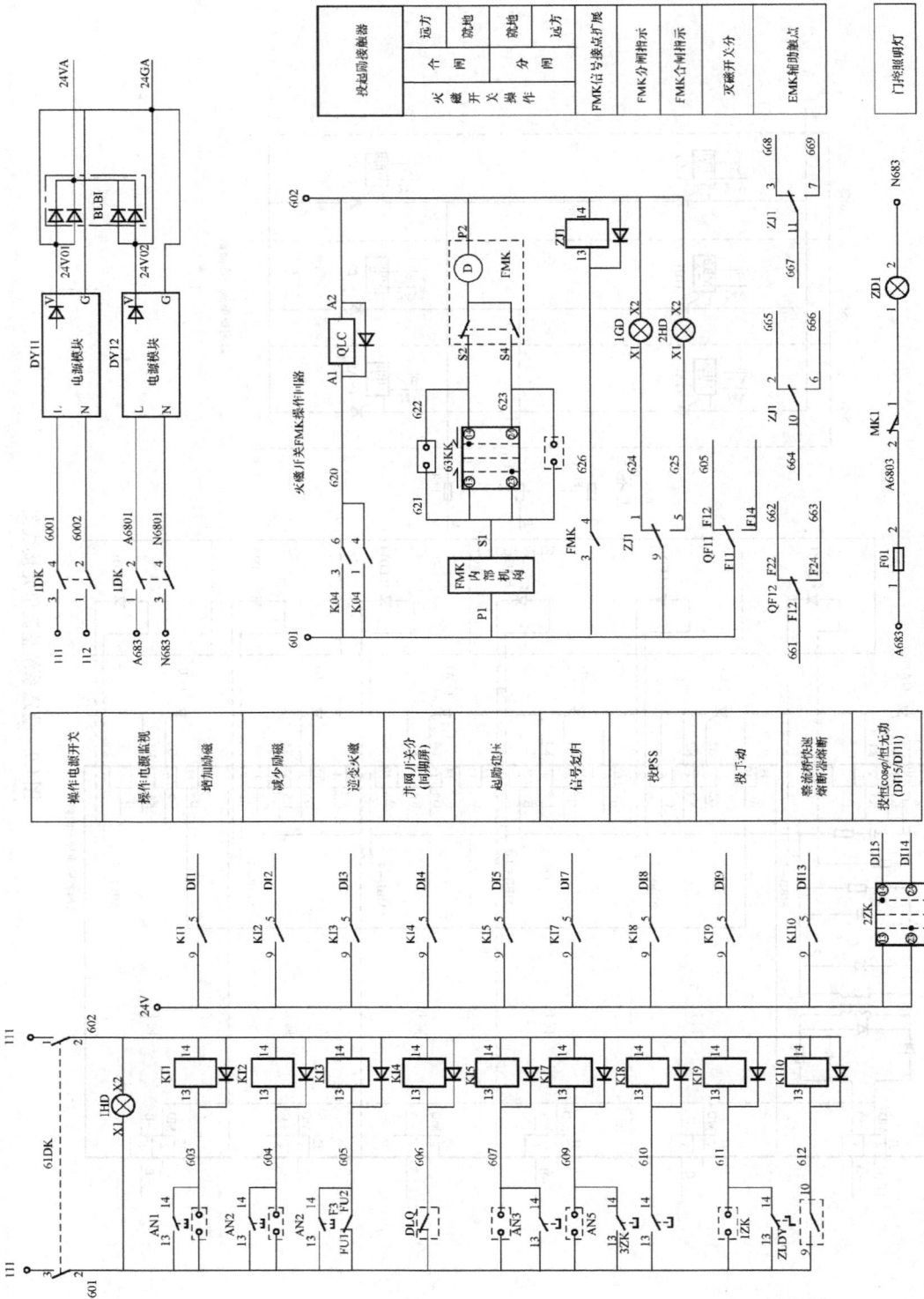

图 C10　励磁系统控制原理图

控制器(VR)开出回路

24V

K01			
14	13	D01	运行正常

K02			
14	13	D02	异常报警

K03			
14	13	D03	本套为主

K04			
10	12	D05	投起励电源

K05			
14	13	D05	手动运行

K06			
14	13	D06	起励失败

K07			
14	13	D07	V/Hz限制

K08			
14	13	D08	PSS激活

K09			
14	13	D09	TV断线

K010			
14	13	D010	强励限制

K011			
14	13	D011	低励限制

	K01		
S301	12	4	S331	调节器故障

	K02		
S302	12	8	S333	异常报警

	K05		
S303	12	8	S335	手动运行

	K06		
S304	12	8	S337	起励失败

	K07		
S305	12	8	S339	V/Hz限制

	K08		
S306	12	8	S341	PSS激活

	K09		
S307	12	8	S343	PT断线

	K010		
S308	12	8	S345	强励限制

	K011		
S309	12	8	S347	低励限制

	KI10		
S310	12	8	S349	快熔熔断

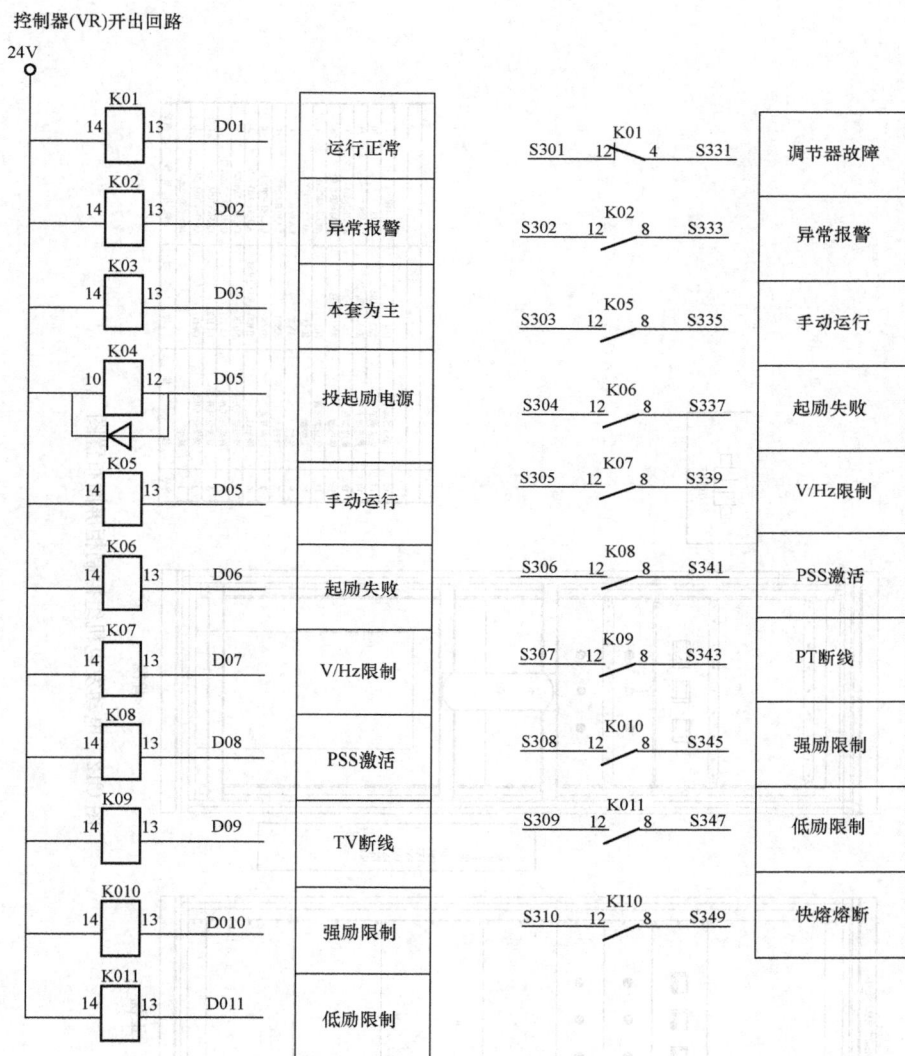

图 C11 励磁装置开关量输出原理图

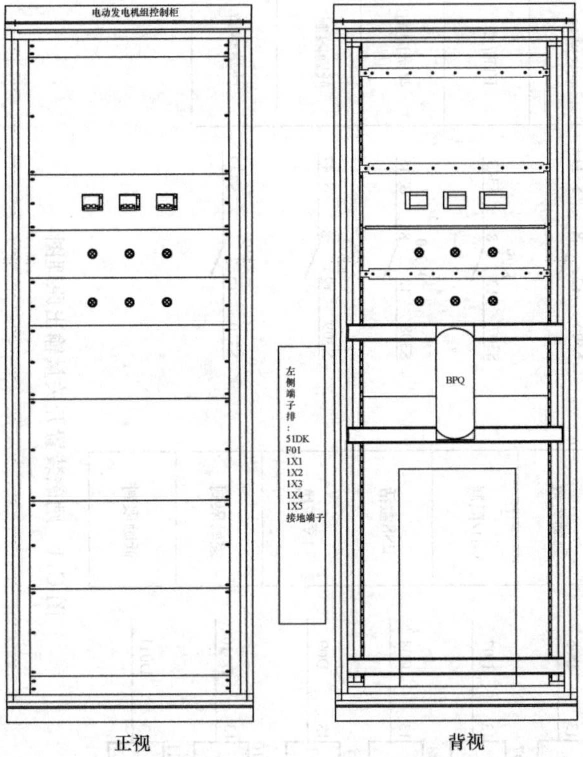

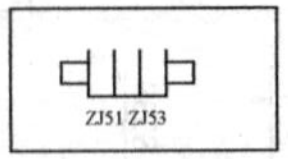

序号	名称	代号	规格型号	数量
16	熔断器端子	F01	LK5-1B1S1	1
15	熔断端子	2X3--2X5	LK5S	30
14	熔断端子	2X3、2X2、2X6	LK10S	25
13	熔断器座		RXZ2A114	3
12	熔断器座	Z251~Z153	RXM4AB1MD	3
11	脱负载装置	JEZ	ACLT3801M	1
10	变频器	BPQ	ACS510 01 012A 4	1
9	按钮	ANS2	LA39 B2 20-G	1
8	按钮	ANS1	LA39 B2 20-R	1
7	转换开关	S1ZK	LA39B--20O.K	3
6	指示灯	I]RS1 I]RS2 I]RS3	AD16--22D/R28	3
5	交流空气开关	S1DK	C6SN--C6A/2P	1
4	直流空气开关	QF113	C6SN DC C16A/2P	1
3	交流空气开关	QF112	C6SN C10A/2P	1
2	交流空气开关	QF111	C6SN C10A/3P	1
1	配柜		800×600×2260	1

Z251/Z153

BPQ

左顶端子排
:
S1DK
F01
1X1
1X2
1X3
1X4
1X5
接地端子

背视

电动发电机组控制柜

正视

图C12　电动发电机组控制柜屏面布置图

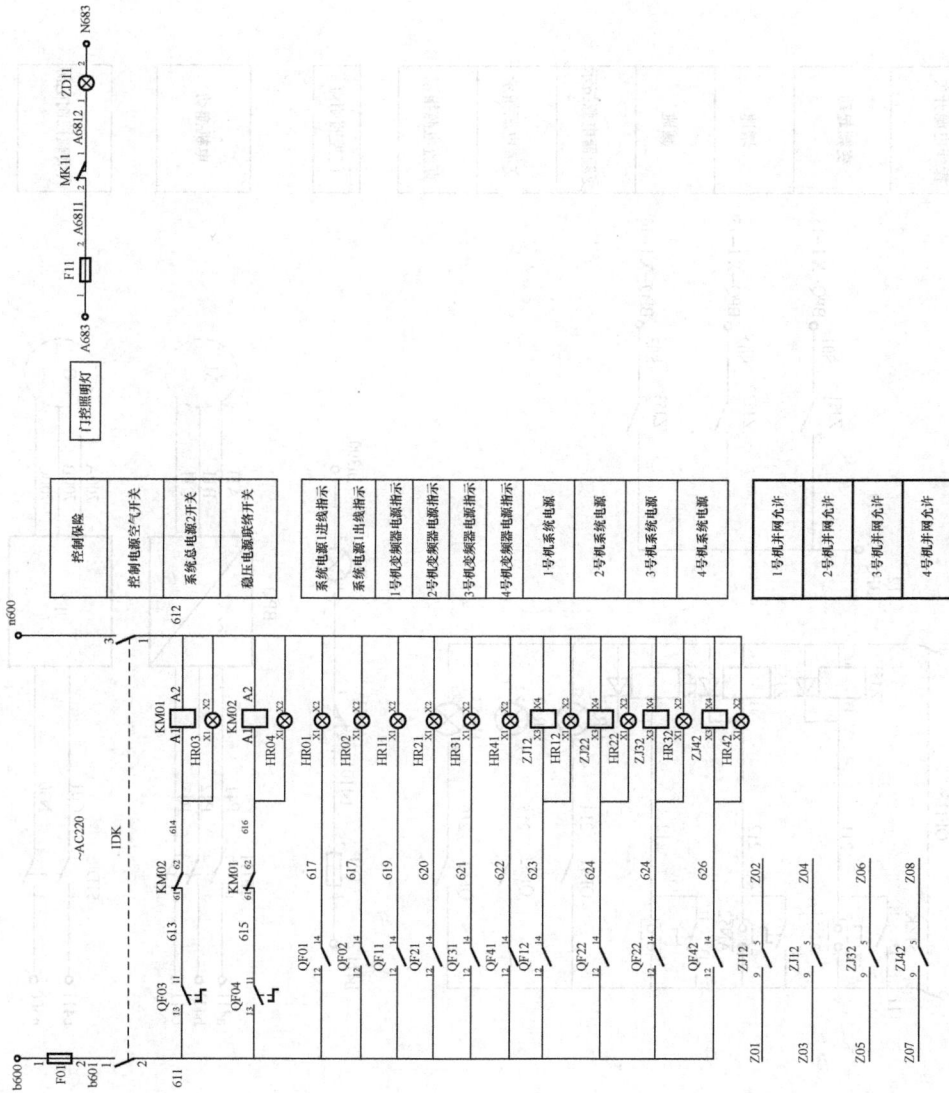

图 C13 稳压电源柜原理图

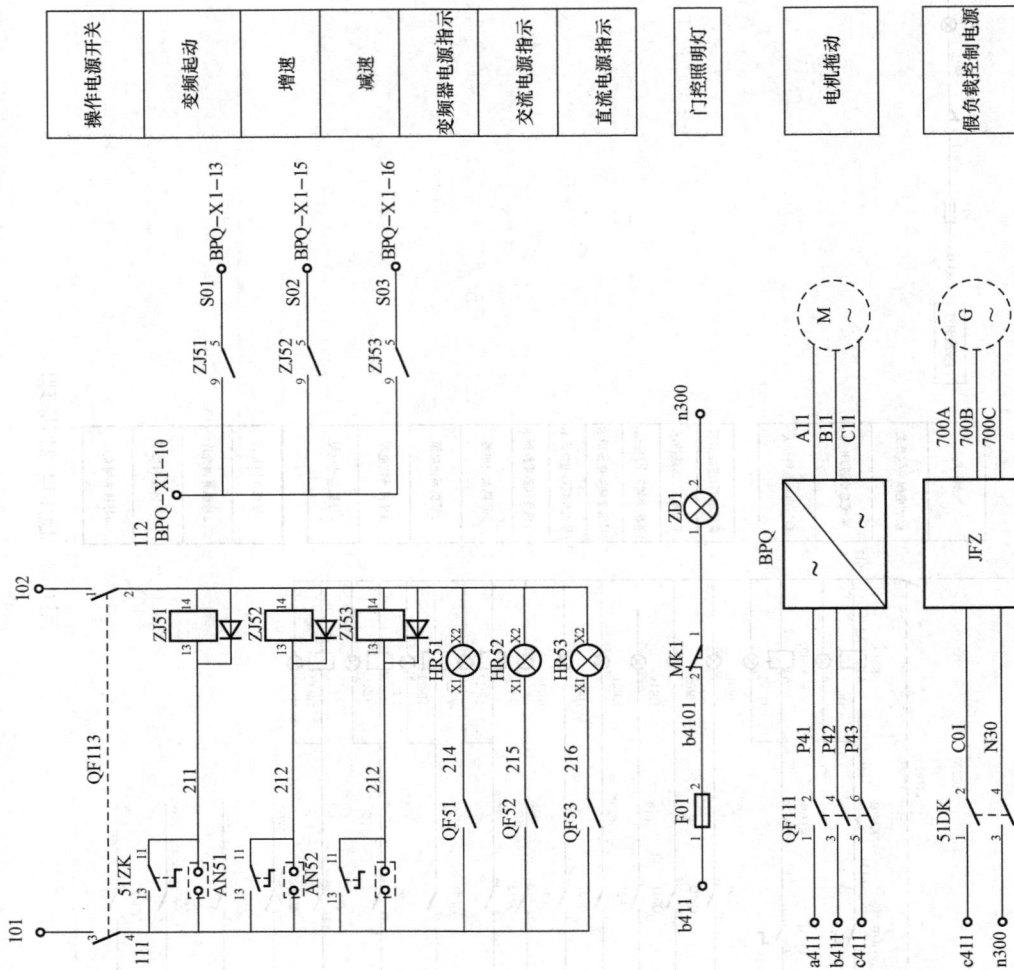

图 C14　电动发电机组控制柜原理图

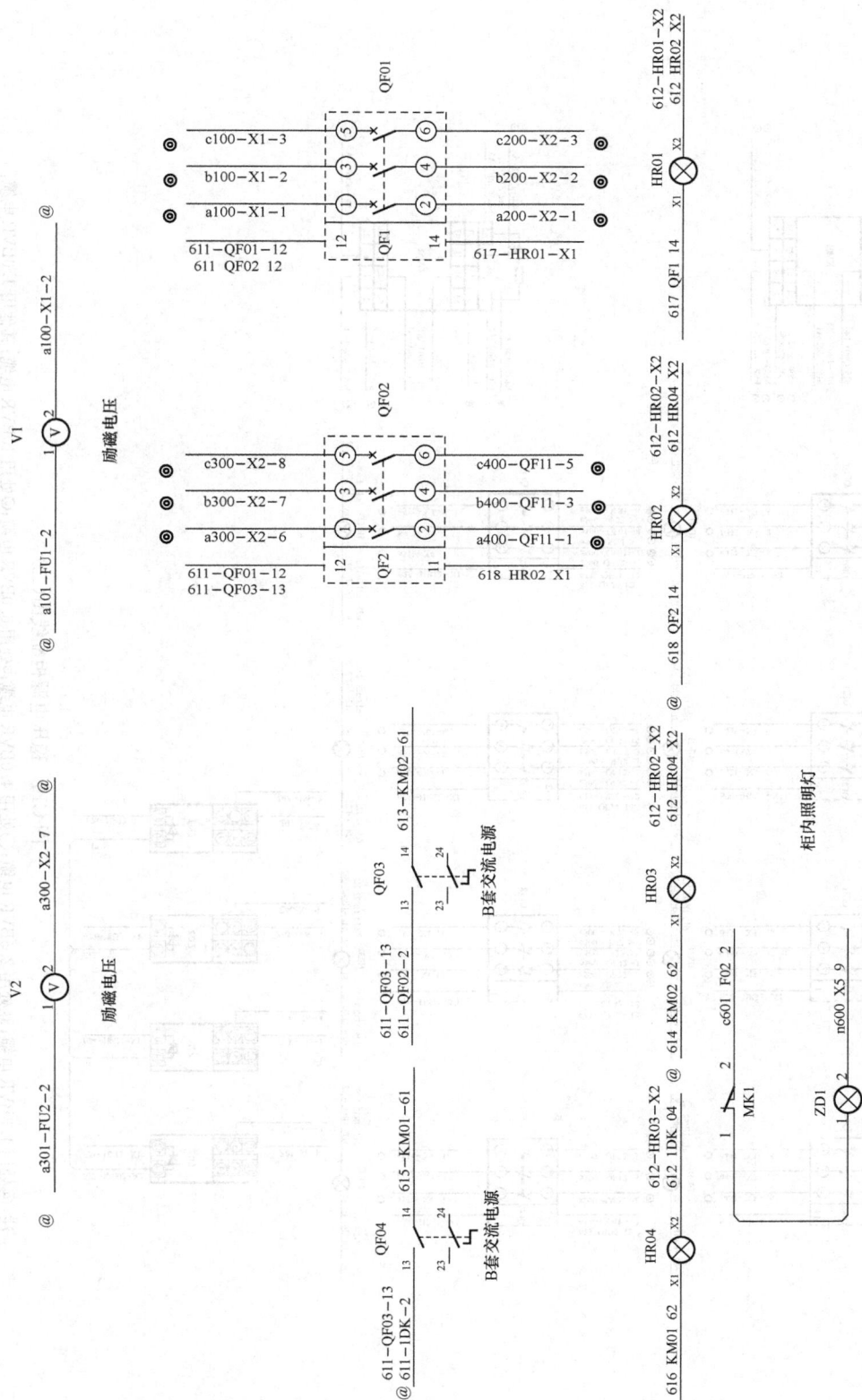

图 C15 稳压电源柜配线图（一）

注：@处用 1.5BVR 电缆；#处用 2.5BVR 电缆；○处用 4.0BVR 电缆；◎处用 10BVR 电缆；其他用 1.0BVR 电缆。

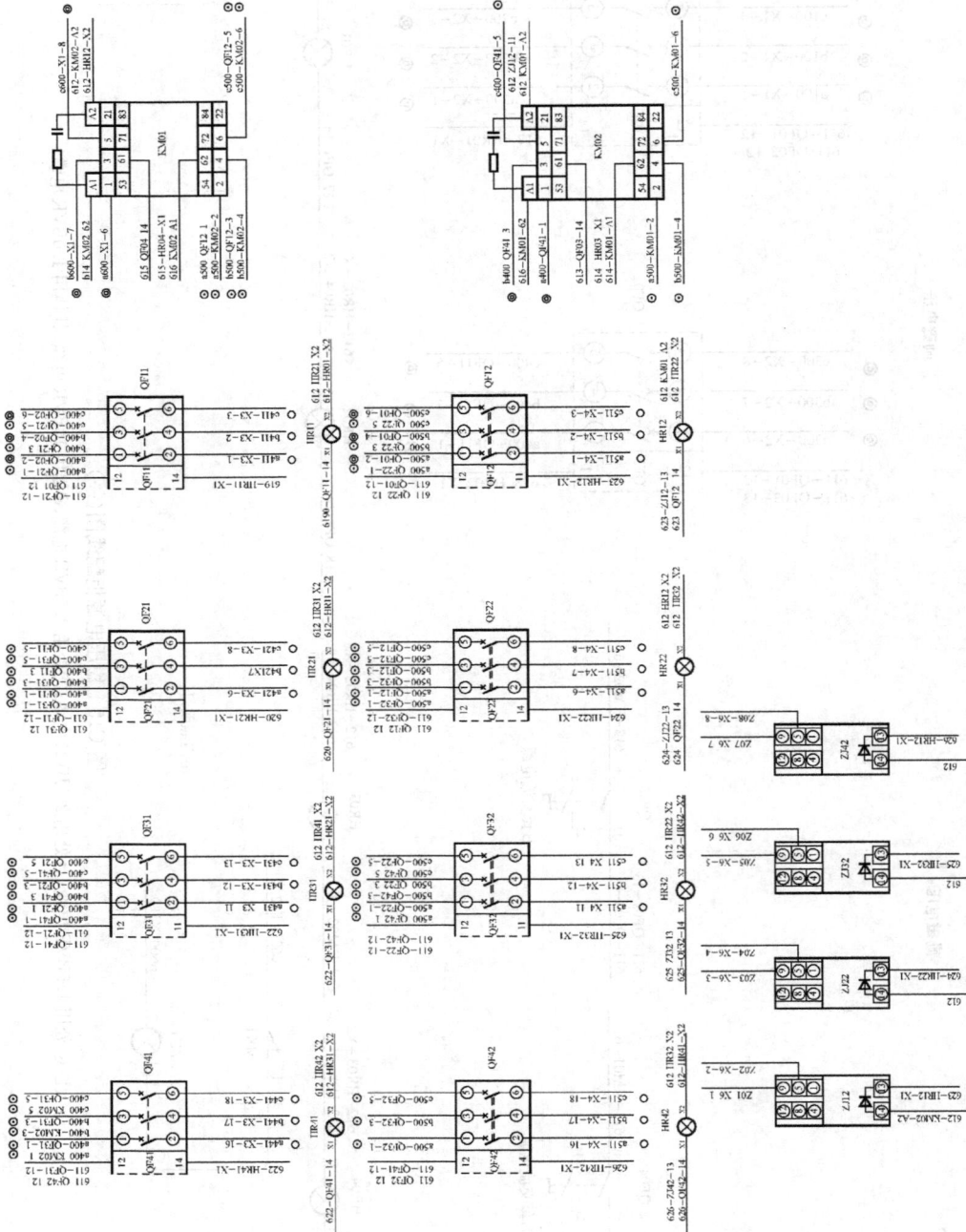

图 C16　稳压电源柜配线图(二)

注:@处用 1.5BVR 电缆;#处用 2.5BVR 电缆;○处用 4.0BVR 电缆;◎处用 6.0BVR 电缆;◉处用 10BVR 电缆;其他用 1.0BVR 电缆。

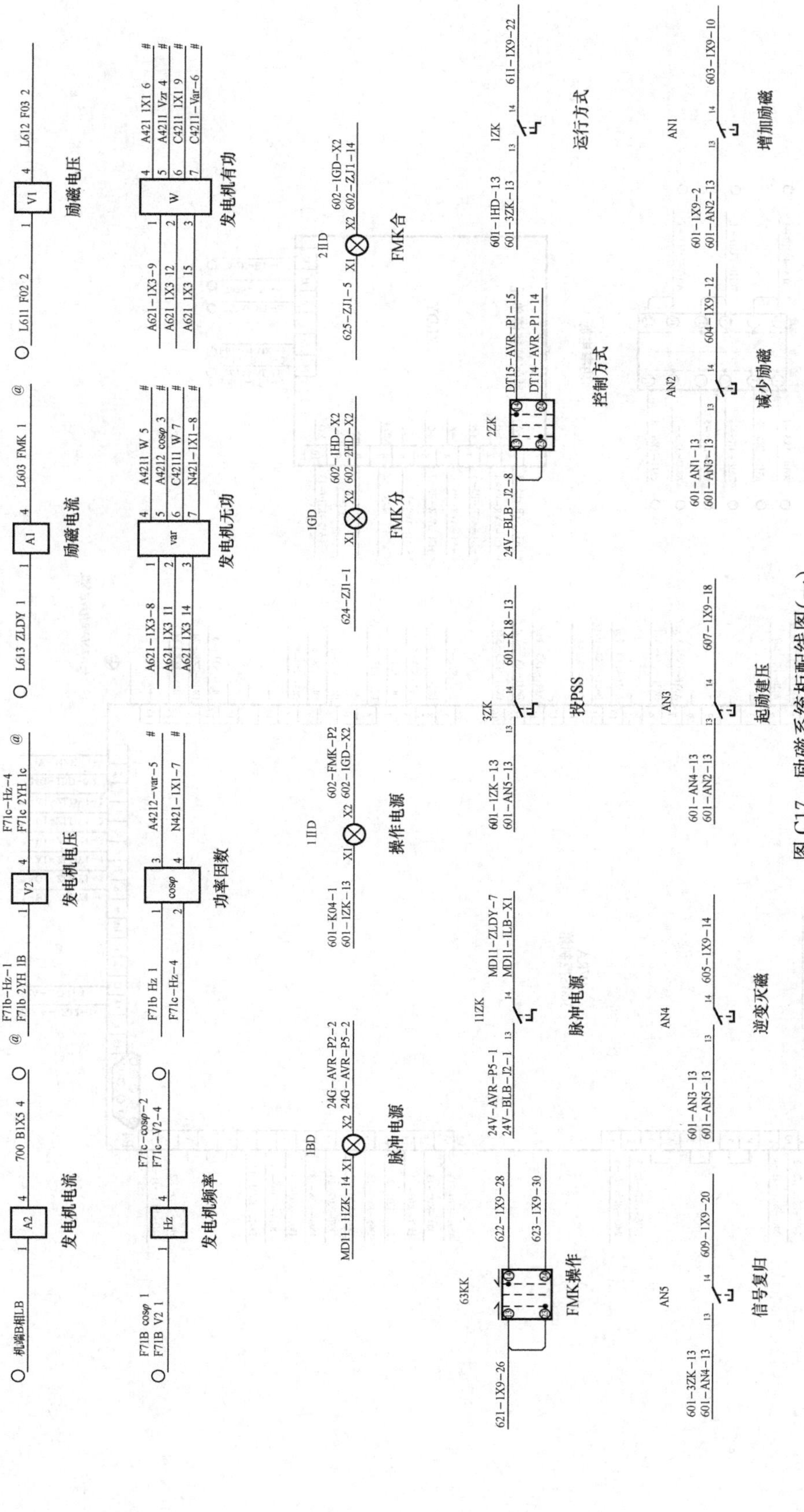

图 C17 励磁系统柜配线图（一）

注：@处用 1.5BVR 电缆；#处用 2.5BVR 电缆；○处用 4.0BVR 电缆；◎处用 10BVR 电缆；其他用 1.0BVR 电缆。

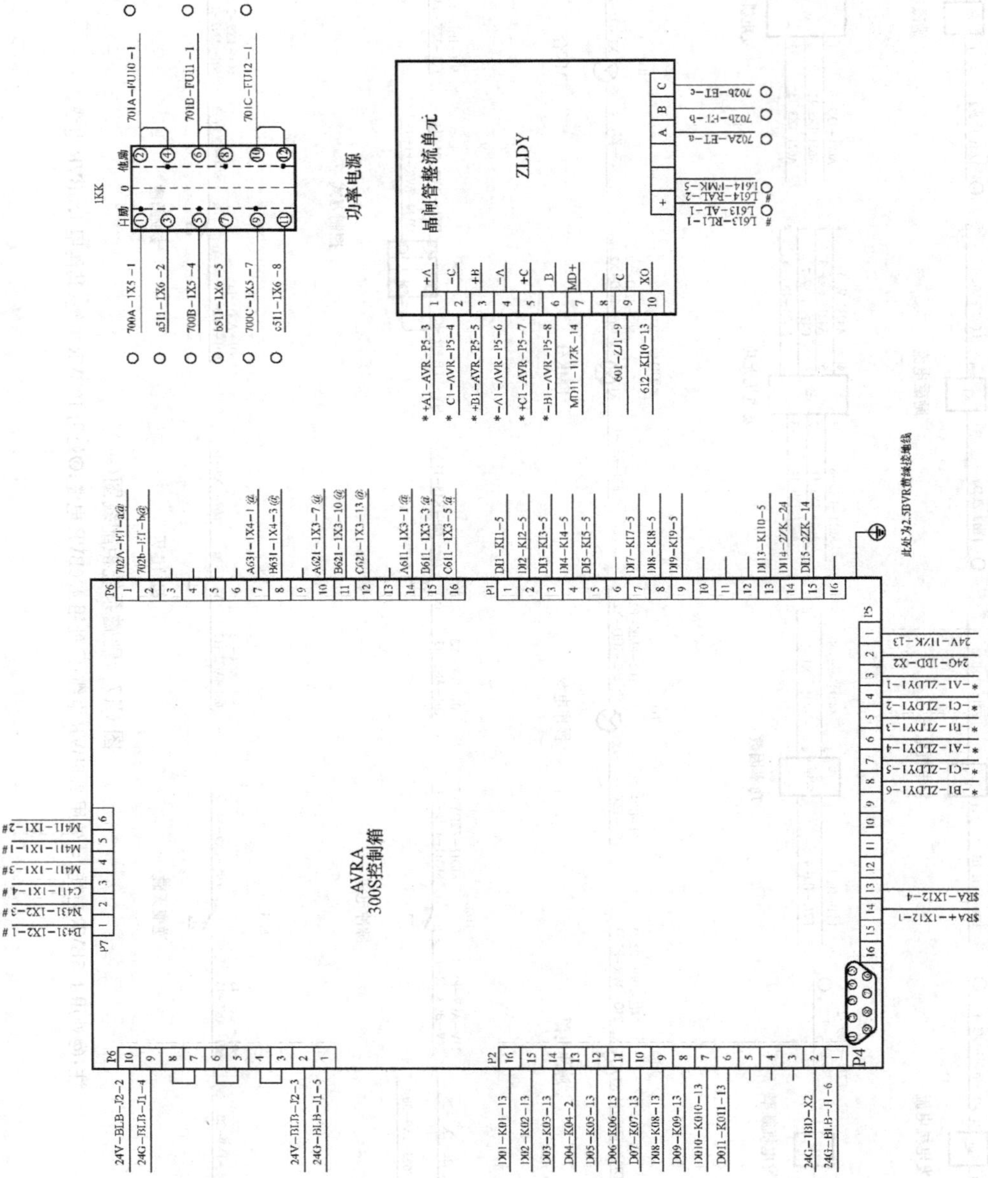

图 C18　励磁系统柜配线图（二）

注:@处用 1.5BVR 电缆;○处用 4.0BVR 电缆;*处用 0.5RWP 屏蔽线;#处用 2.5BVR 电缆;
$处用 2×0.5RWP 屏蔽线;其他用 1.0BVR 电缆。

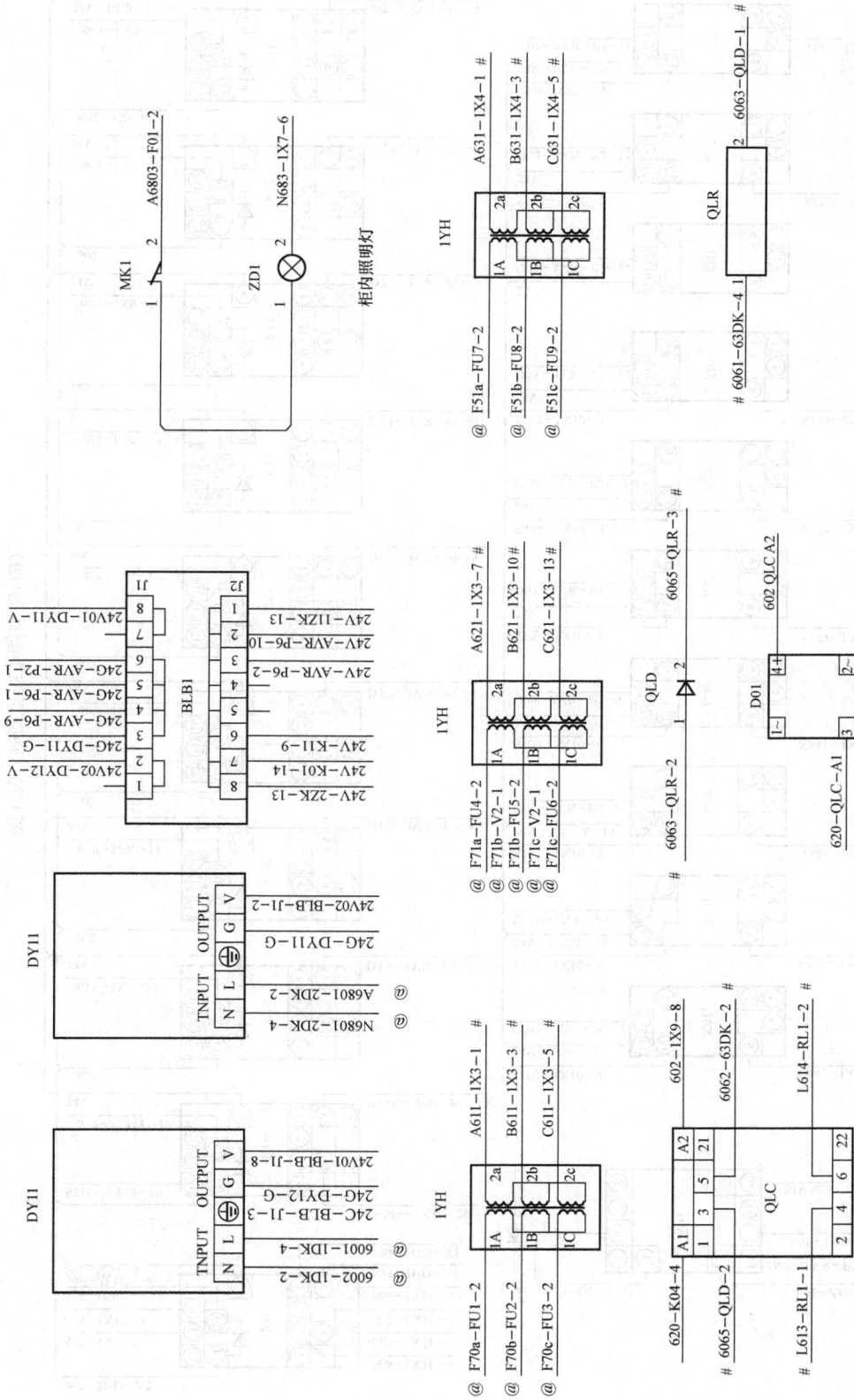

图 C19　励磁系统柜配线图（三）

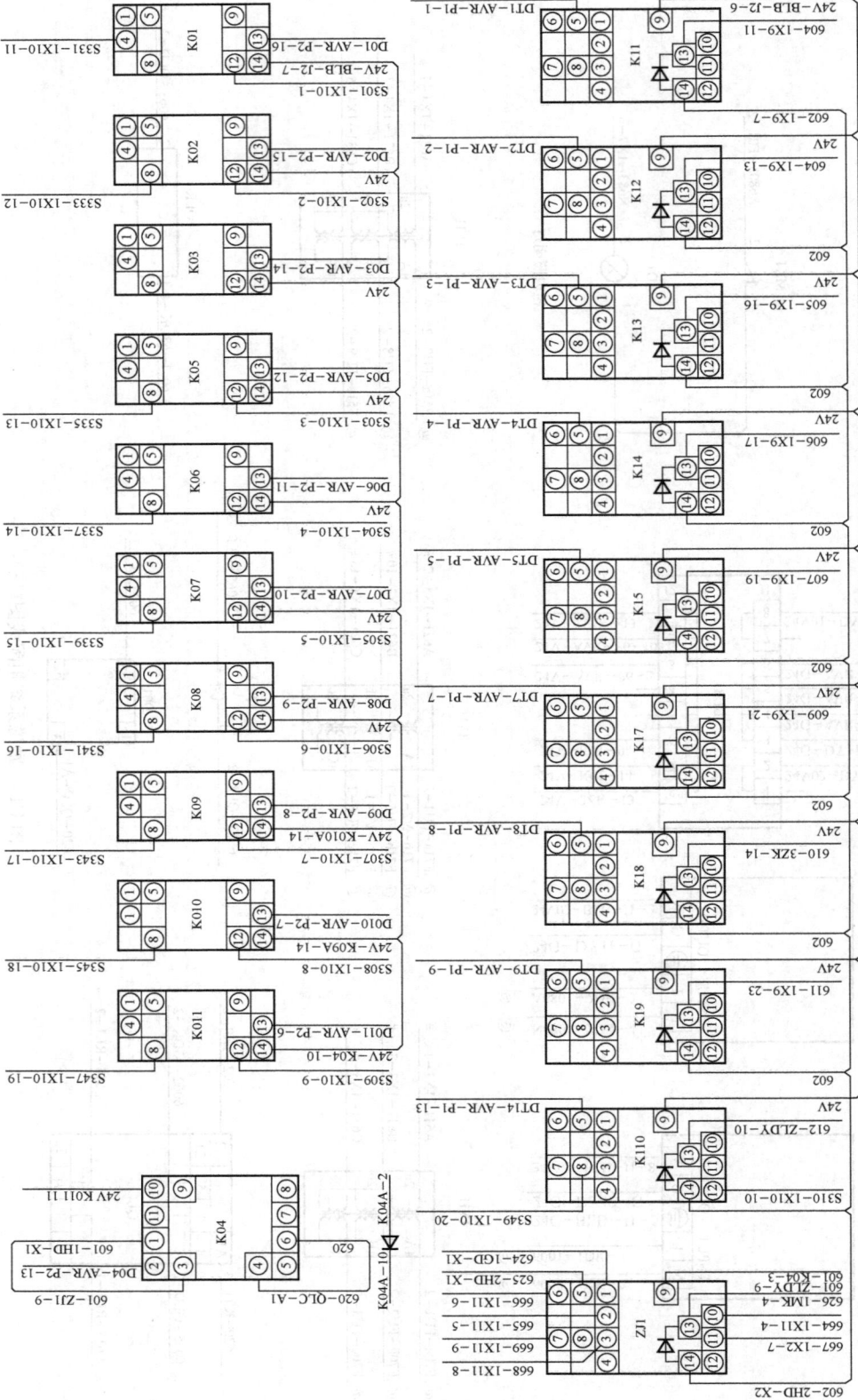

图 C20　励磁系统柜配线图（四）

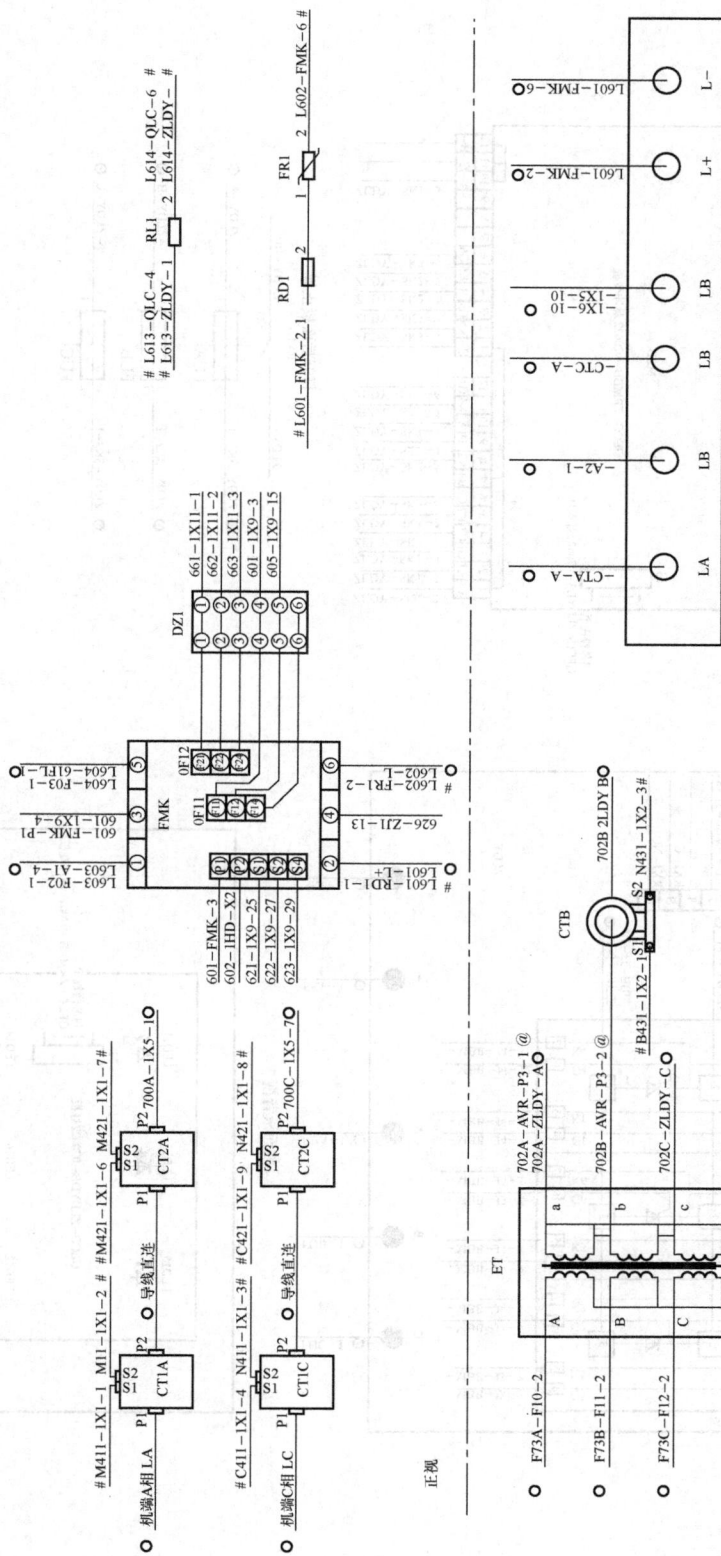

图 C21　励磁系统柜配线图（五）

注：@处用 1. BVR 电缆；#处用 2. 5BVR 电缆；○处用 4BVR 电缆；其他用 1. 0BVR 电缆。

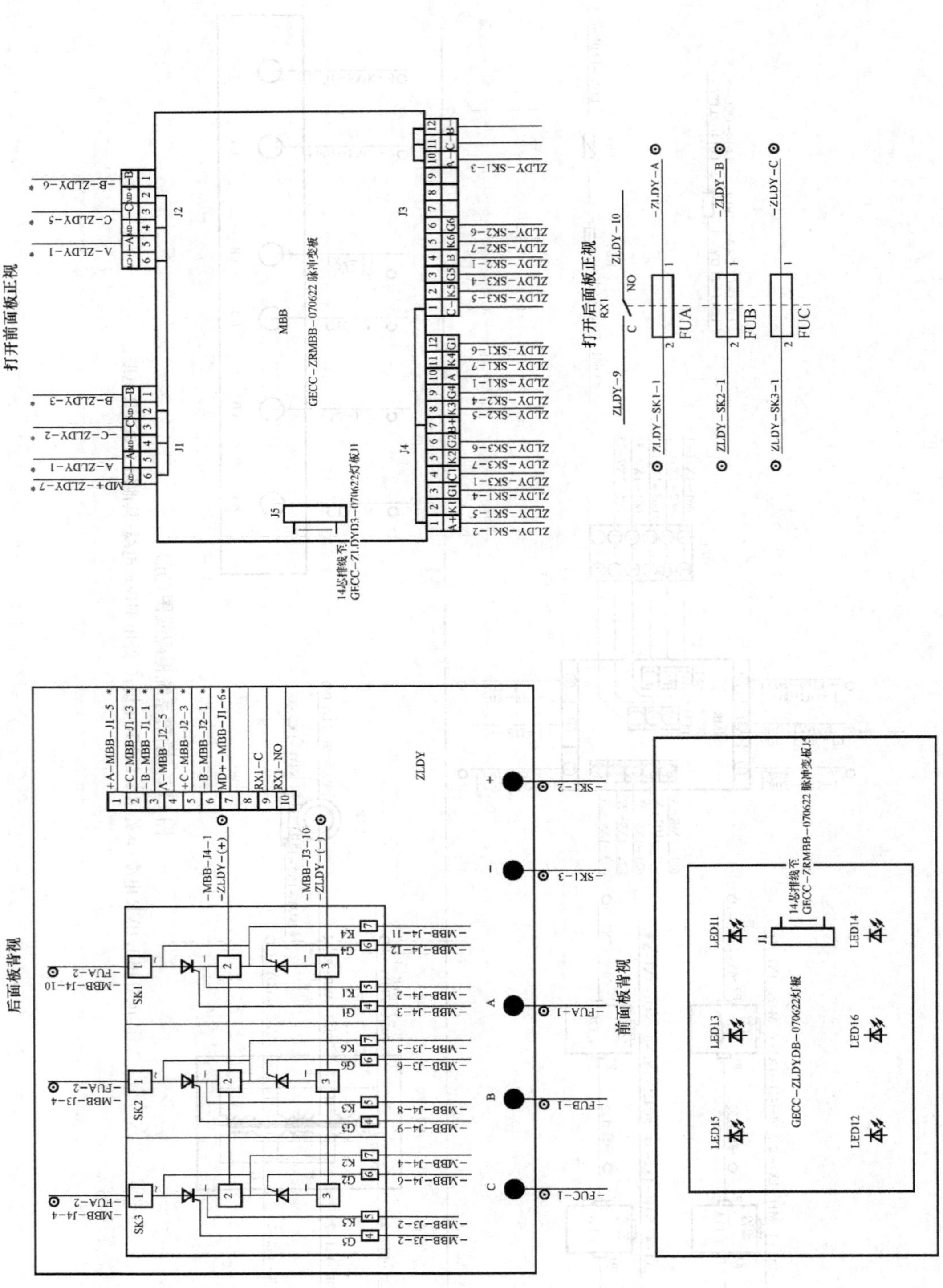

图 C22 励磁系统柜配线图(六)

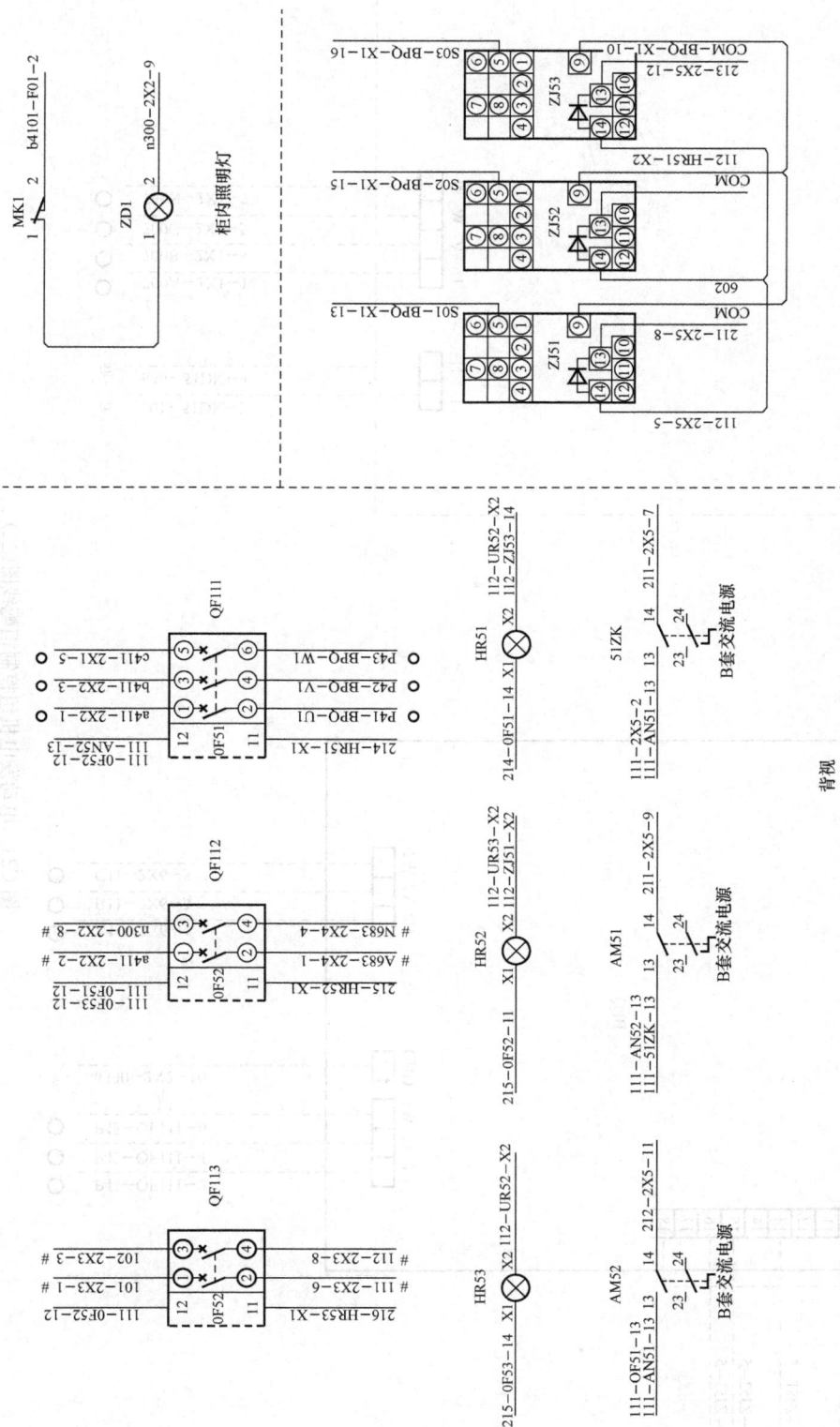

图 C23　电动发电机组控制柜配线图（一）

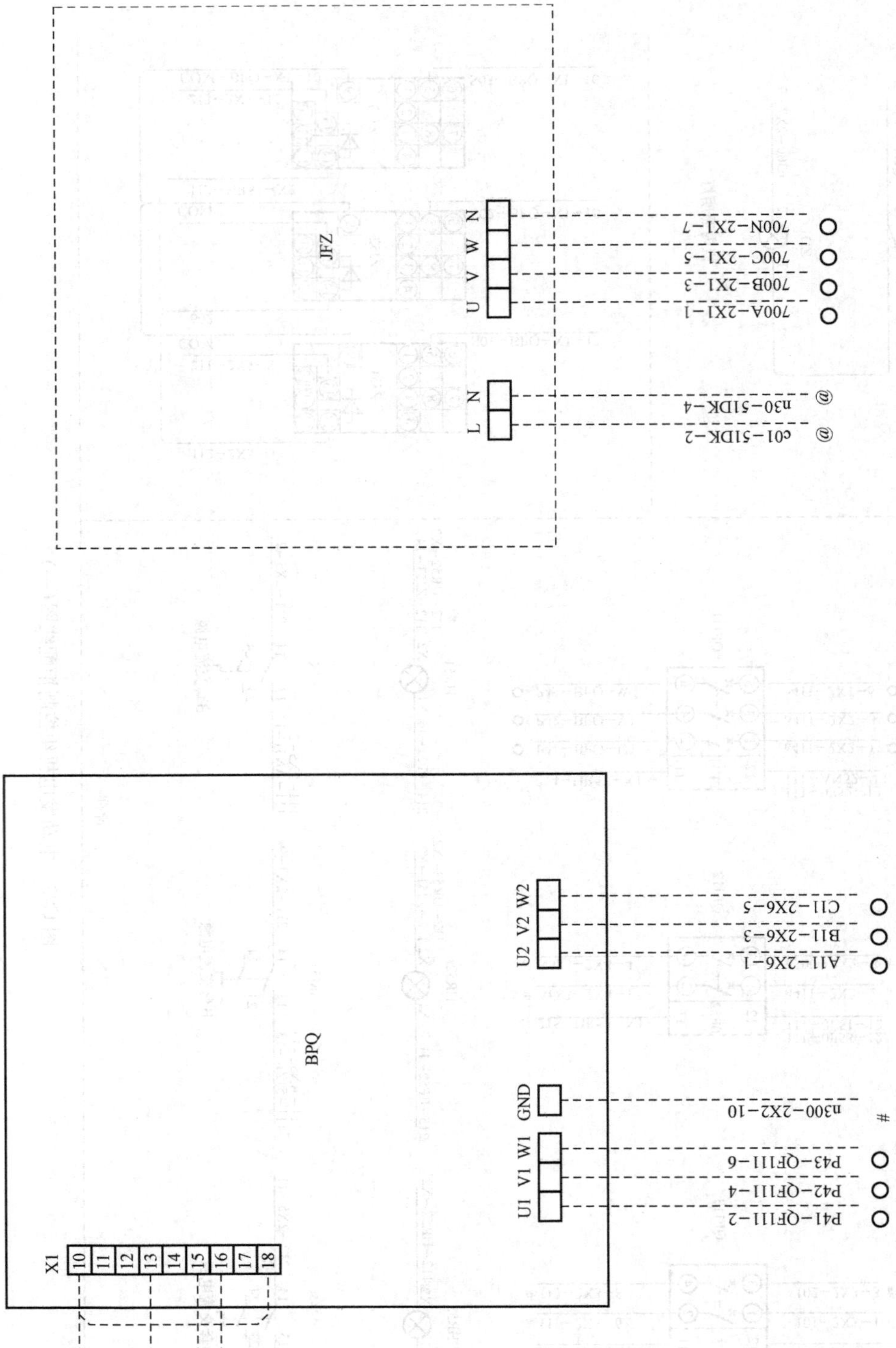

图 C24　电动发电机组控制柜配线图（二）

注：@处用 1.5BVR 电缆；#处用 2.5BVR 电缆；○处用 4.0BVR 电缆；◎处用 10BVR 电缆；其他用 1.0BVR 电缆。

标签性表

标号	名称		标号	名称		标号	名称	数量
TQ	口动准同期装置TQ		TK	自动/手动转换开关		TQK	启动同期工作TQK	
7J1	同期装定出口继继/闭锁		SW1	手动加速/减速转换开关		DD	电源	2
TJJ	同步检合继电器TJJ		SW2	手动升压/降压转换开关		HD	合闸	1
ZSTK	手动准同期投装置		STK	同期检合继电器投入退出开关		ZSD	增速	
TQ-DK	同期回路总电源TQ-DK		KK	手动合分闸KK		JSD	减速	1
QK	同步同期装置引出HQK		THB	手动同步农1HB		ZCD	励磁	2
JCD	减磁		V1	发电机电K		I17Z	发电机频率	
V2	系统电压		I17Z	系统频率		7J2	扩展闸继继电器	

标签性表

序号	标号	名称	型号规格	数量	备注
20	XTKK, DBKK	空气开关	Q65-3C1	2	
19	KF	门控开关	行程开关 LXU9K	1	
18	7D	照明灯	带荧光灯泡40W	1	
17	H4	出口调络器	RMM1-63HP/3260~G3A/CD2	1	DC220V
16	1L11-2	频率表	61L13-Hz-45-55-380V~1.0级	2	
15	V1~2	电压表	61L13-V-500V 1.5级	2	
14	GLB	隔离变压器	DH~10I 1KW/100V	1	
13	IID, DD, ZSD, JSD, 7CD, JCD	信号灯	AD11-16/21-6R	6	
12	KK	转换开关	LM12-16/249.62011.2	1	
11	QKTQK	转换开关	LM12-16/9.2204.2	2	
10	STK	转换开关	LM39-16B-6KC-101/1P	1	
9	SW1, SW2	转换开关	LM39-16B-12-101/1P	2	
8	TK	转换开关	LM39-16B-6KC-B09SX/10P	1	
7	S77K	转换开关	LM39-16B-6KC-202/2	1	
6	DK	直流断路器	GVA32M-2200R/6A	2	
5	TBB	时步表	MZ-10 100V	1	消维
4	TJJ	时间检查继电器	DT-1/200	1	消维
3	7J2	中间继电器	DZY-204 DC220V	1	详细
2	7J1	中间继电器	DZY-212 1X220V	1	消维
1	TQ	口动准同期装置	CSC-825B	1	北京/四方

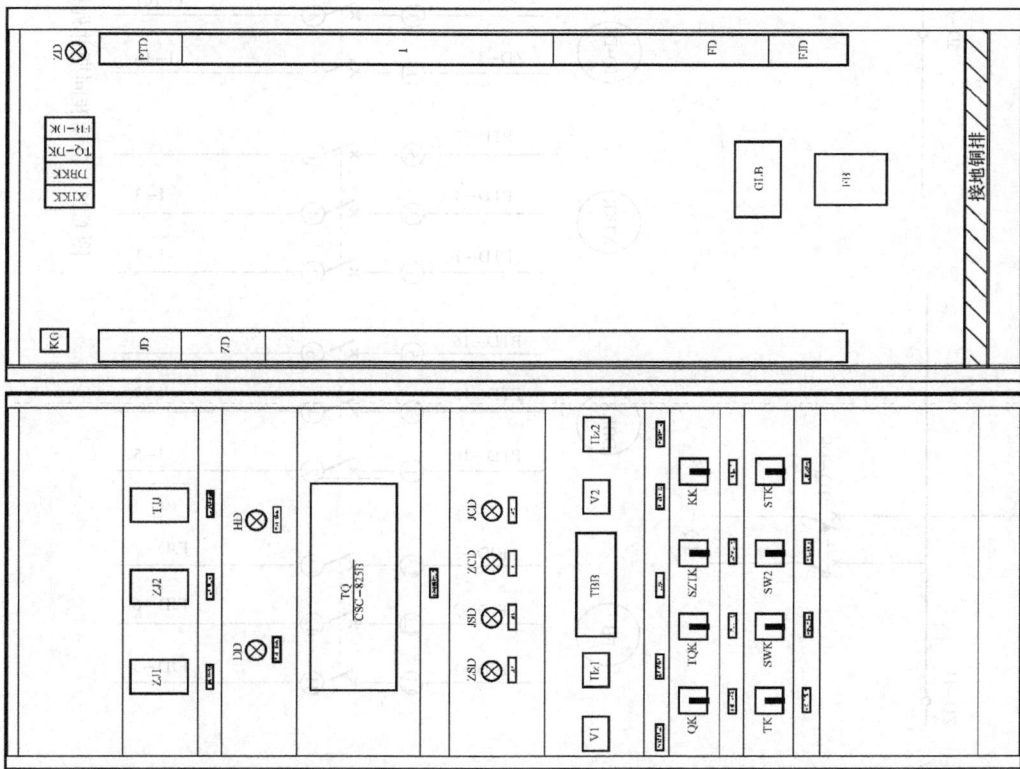

图 C25　自动准同期并列柜屏面布置图

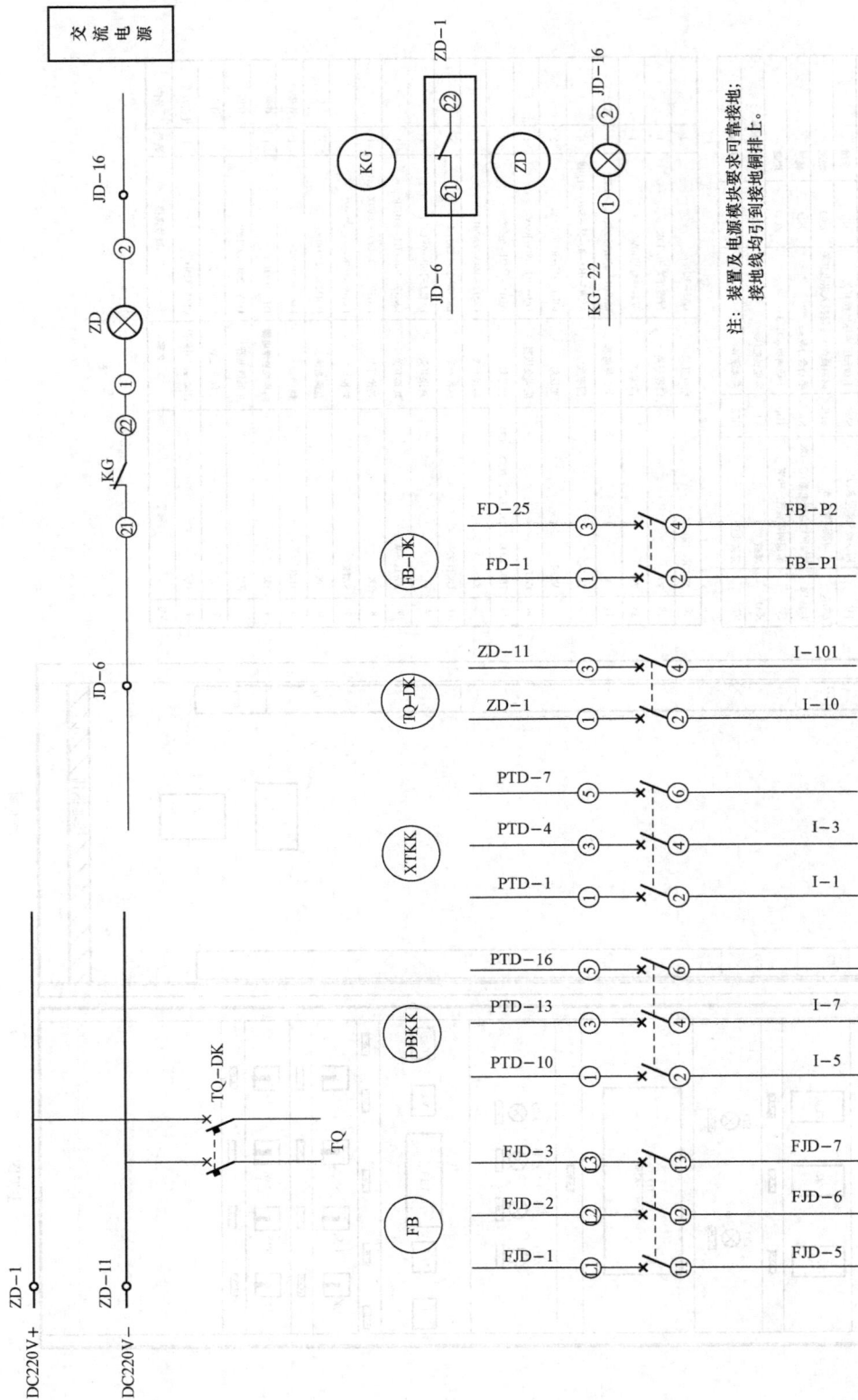

图 C26 自动准同期并列柜交直流回路图

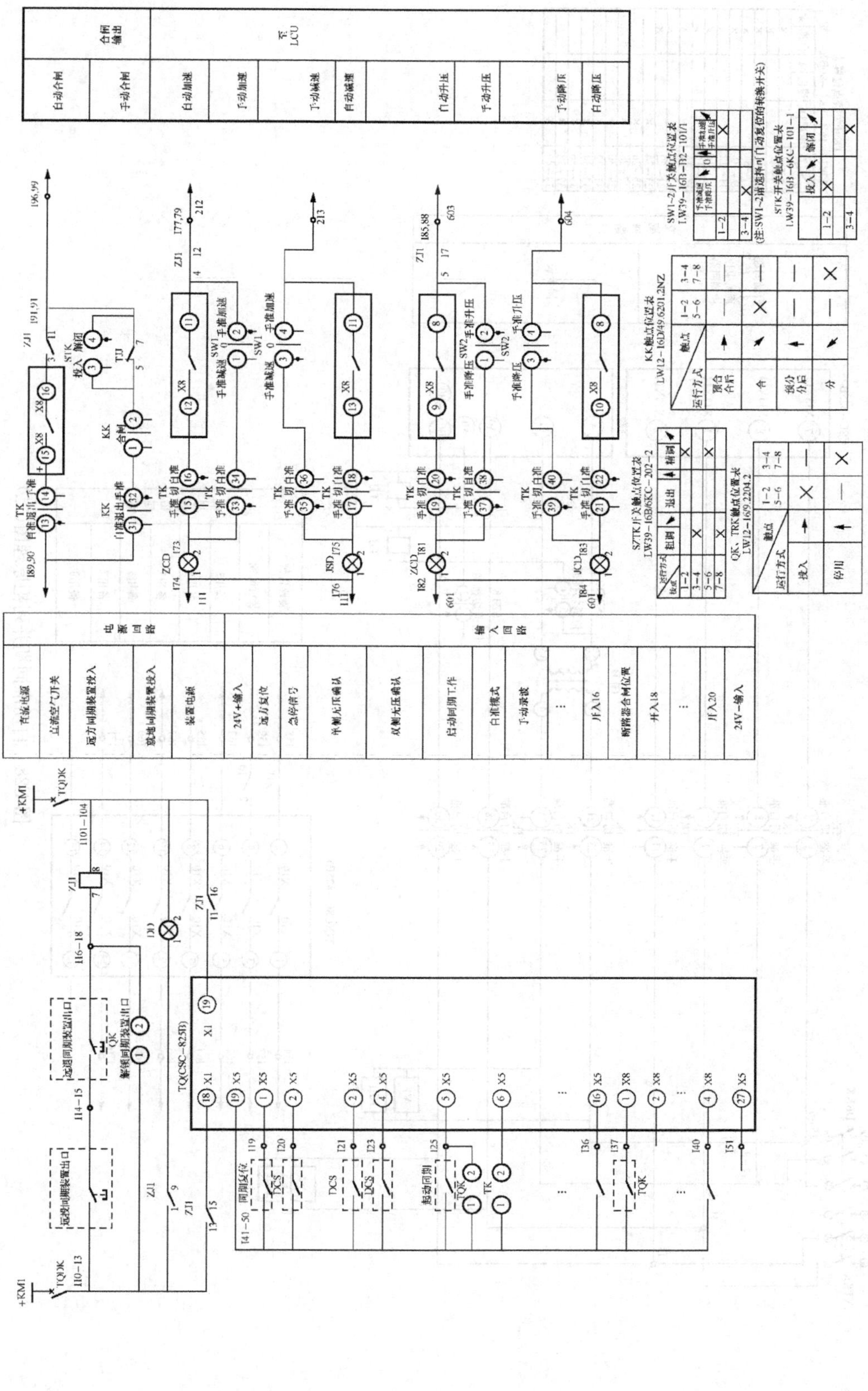

图 C27 自动准同期并列柜原理图（一）

注：同期装置合闸接点容量：在电压不大于 250V，电流不大于 1A，时间常数 $L/R=5\pm0.75\text{ms}$ 的直流有感负荷回路中，触点断开容量为 50W，长期允许通过电流不大于 5A。实际使用中超过此容量时，需要外扩"中间继电器。

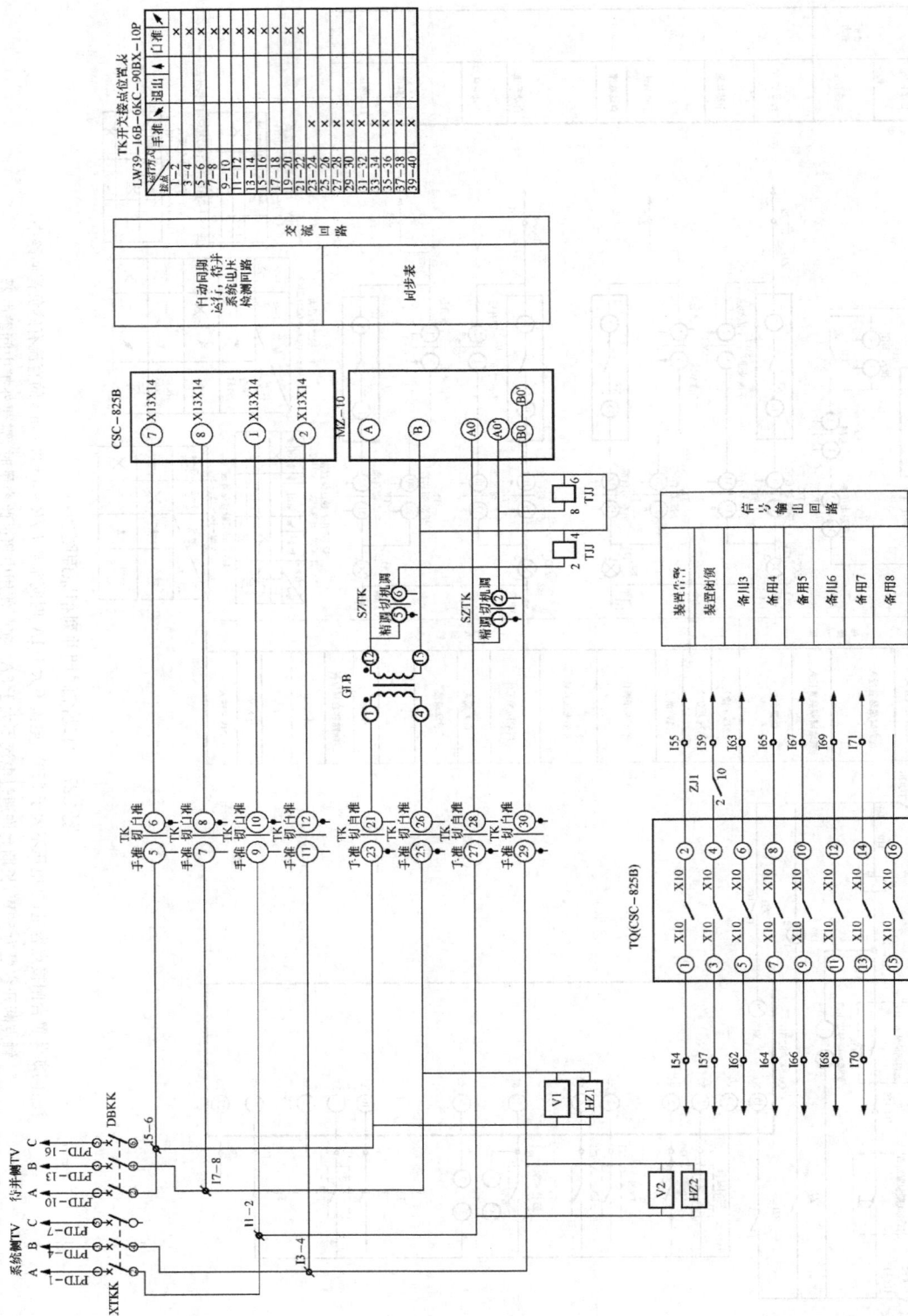

图 C28 自动准同期并列柜原理图(二)

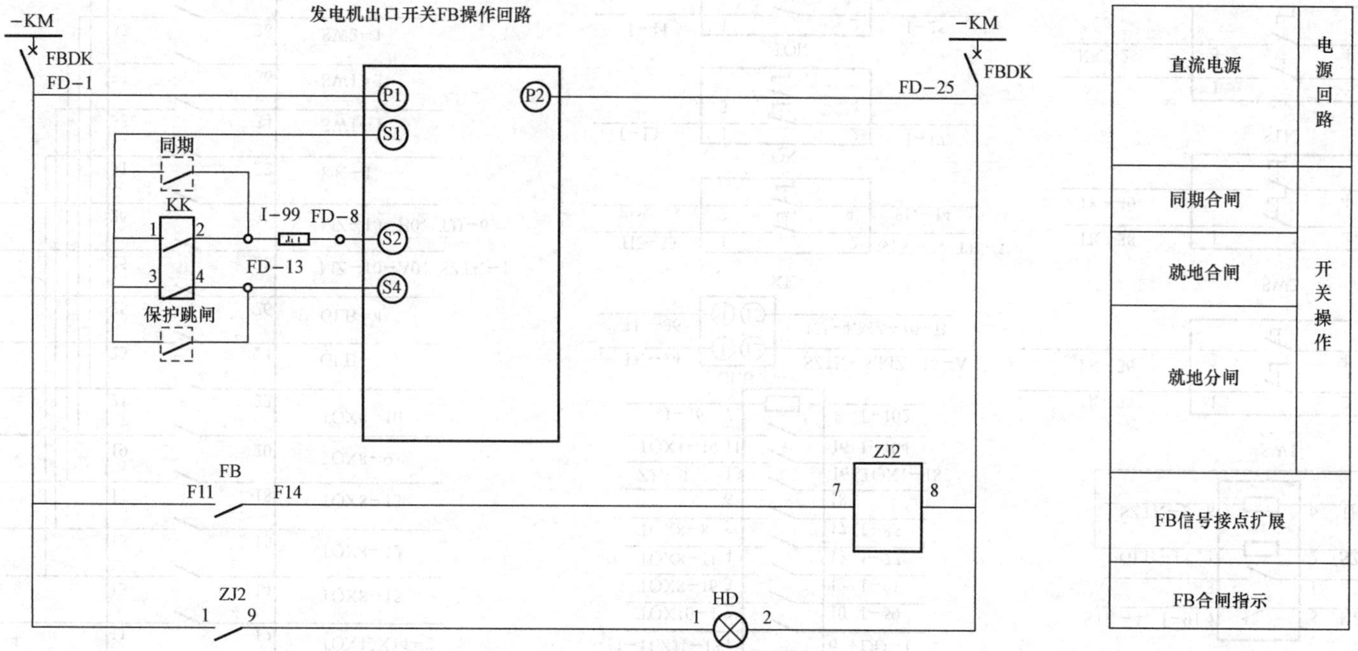

图 C29　发电机出口断路器操作回路原理图

注：出口并网接触器 FB 的合闸操作回路时应串接上口开关 QF12(QF22,QF32,QF42)的常长接点,该接点将由系统电源柜引至同期屏。

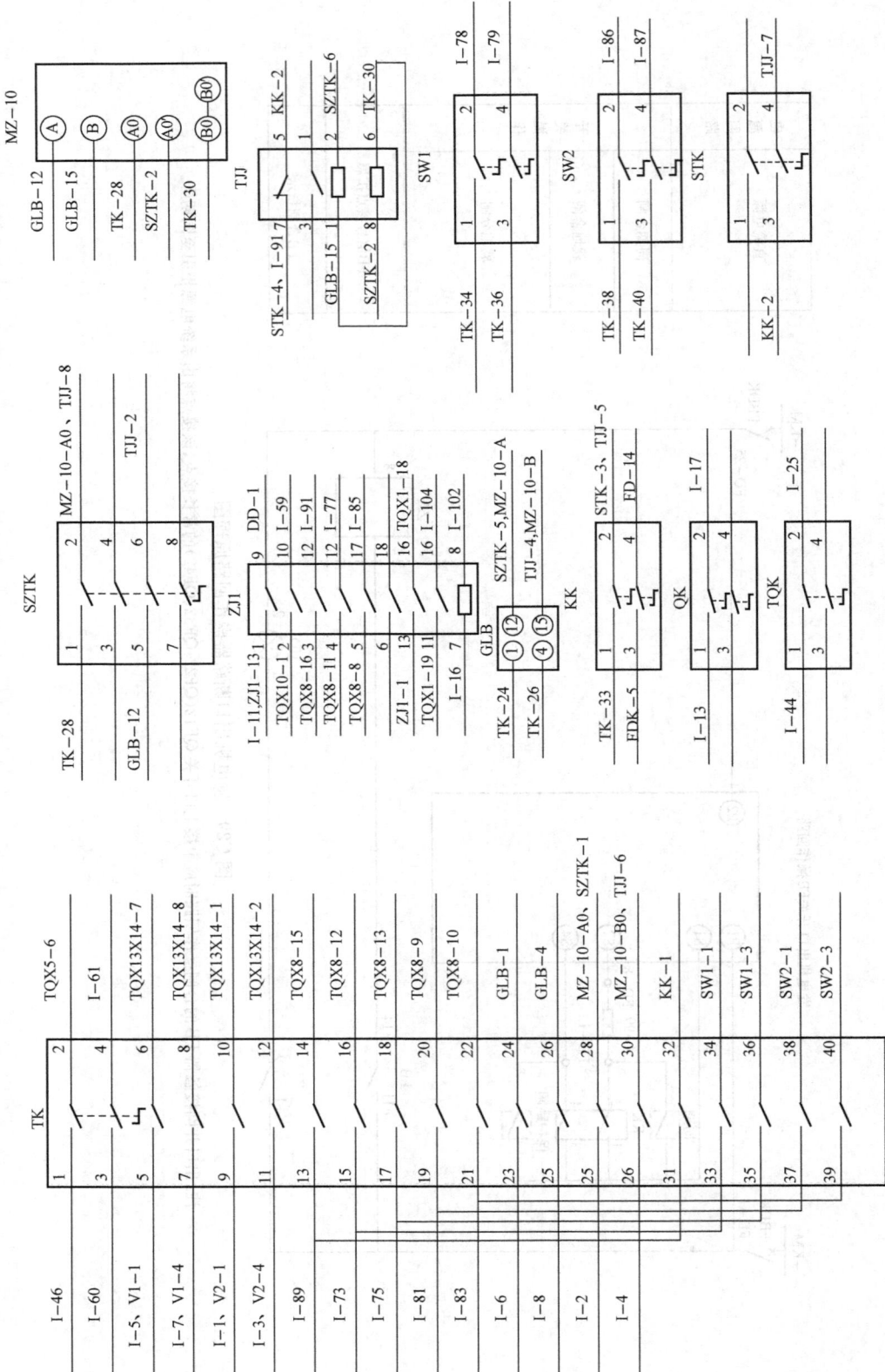

图 C30　自动准列期同期并列柜安装接线图（一）

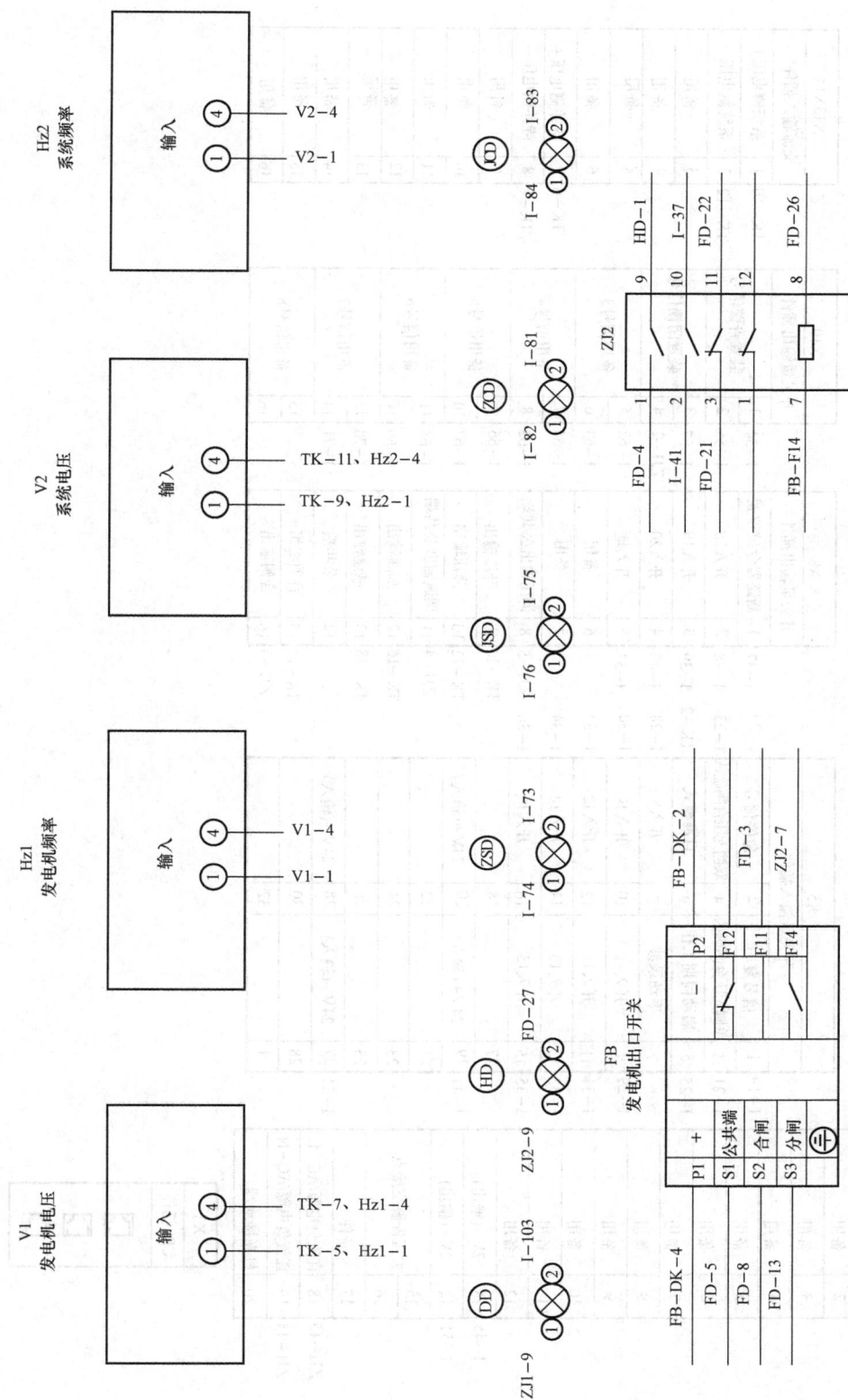

图 C31　自动准同期并列柜安装接线图(二)

CSC-825B同期装置背部端子接线

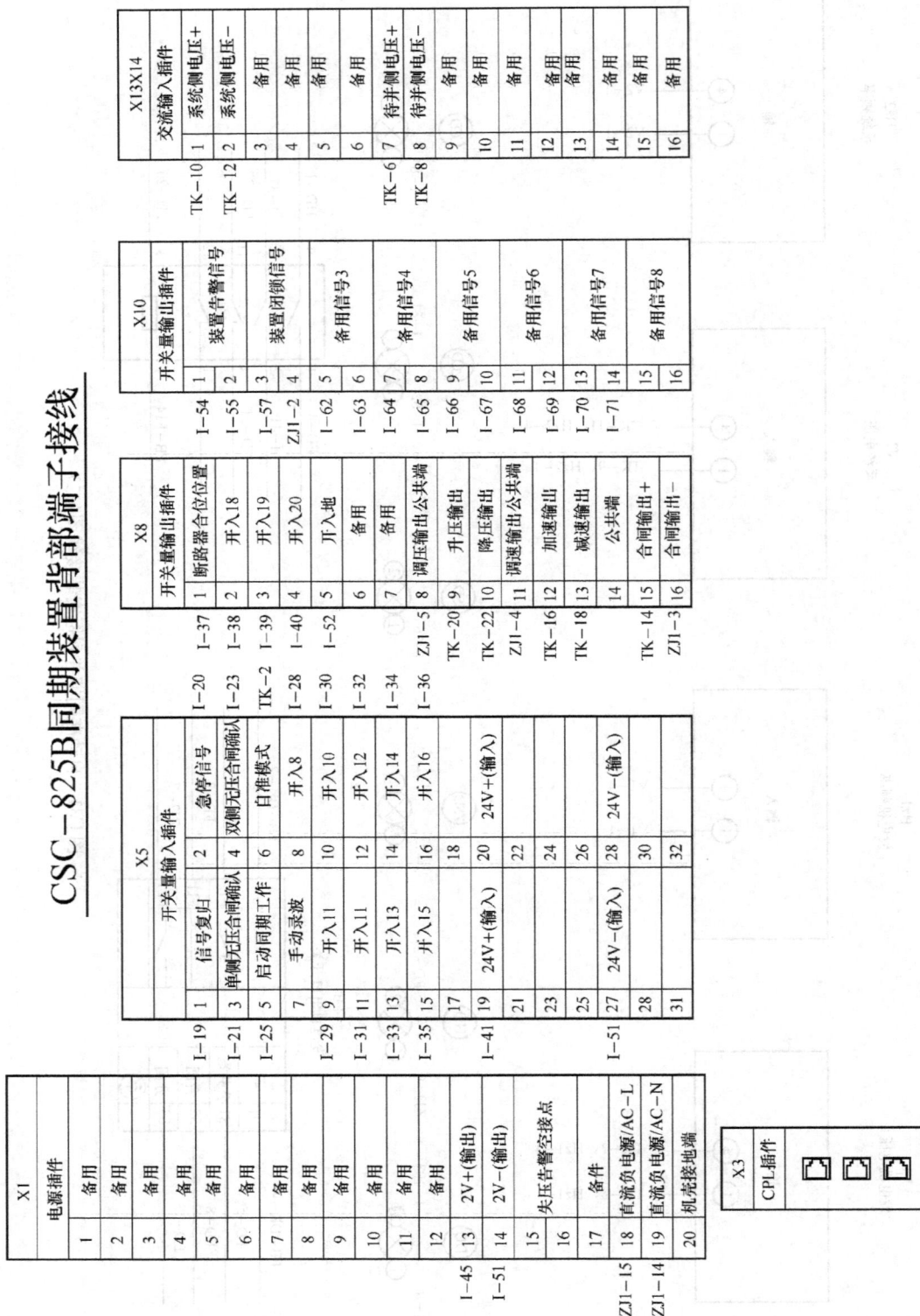

X1 电源插件

编号	名称	代号
1	备用	
2	备用	
3	备用	
4	备用	
5	备用	
6	备用	
7	备用	
8	备用	
9	备用	
10	备用	
11	备用	
12	备用	
13	2V+(输出)	I-45
14	2V-(输出)	I-51
15	失压告警空接点	
16	备件	
17	备件	
18	直流电源/AC-L	ZJ1-15
19	直流负电源/AC-N	ZJ1-14
20	机壳接地端	

X5 开关量输入插件

代号	名称	编号	编号	名称	代号
I-19	信号复归	1	2	急停信号	I-20
I-21	单侧无压合闸确认	3	4	双侧无压合闸确认	I-23
I-25	启动同期工作	5	6	自准模式	TK-2
I-29	手动录波	7	8	开入8	I-28
I-31	开入11	9	10	开入10	I-30
I-33	开入13	11	12	开入12	I-32
I-35	开入15	13	14	开入14	I-34
		15	16	开入16	I-36
		17	18		
I-41	24V+(输入)	19	20	24V+(输入)	
		21	22		
		23	24		
		25	26		
I-51	24V-(输入)	27	28	24V-(输入)	
		28	30		
		31	32		

X8 开关量输出插件

代号	名称	编号
I-37	断路器合位位置	1
I-38	开入18	2
I-39	开入19	3
I-40	开入20	4
I-52	开入地	5
	备用	6
	备用	7
ZJ1-5	调压输出公共端	8
TK-20	升压输出	9
TK-22	降压输出	10
ZJ1-4	调速输出公共端	11
TK-16	加速输出	12
TK-18	减速输出	13
	公共端	14
TK-14	合闸输出+	15
ZJ1-3	合闸输出-	16

X10 开关量输出插件

代号	名称	编号
I-54	装置告警信号	1
I-55	装置告警信号	2
I-57	装置闭锁信号	3
ZJ1-2	装置闭锁信号	4
I-62	备用信号3	5
I-63		6
I-64	备用信号4	7
I-65		8
I-66	备用信号5	9
I-67		10
I-68	备用信号6	11
I-69		12
I-70	备用信号7	13
I-71		14
	备用信号8	15
		16

X13X14 交流输入插件

代号	名称	编号
TK-10	系统侧电压+	1
TK-12	系统侧电压-	2
	备用	3
	备用	4
	备用	5
	备用	6
TK-6	待并侧电压+	7
TK-8	待并侧电压-	8
	备用	9
	备用	10
	备用	11
	备用	12
	备用	13
	备用	14
	备用	15
	备用	16

X3 CPL插件

图 C32　自动准同期并列柜安装接线图(三)

电源开关

外侧	回路号	元件编号	定义	回路号	内侧
@ QF04-13	611	1DK	2 — 1	b601	F01-2 @
@ HR04-X2	612		4 — 3	n600	X5-8 @

保险端子

外侧	回路号	元件编号	定义	回路号	内侧
X5-4	b600	F01	1 — 2	b601	1DK-2
X5-6	c600	F02	1 — 2	c601	MK1-2
@ X1-1	a100	FU1	1 — 2	a101	V1-1 @
@ X2-6	a300	FU2	1 — 2	a301	V2-1 @

X1:系统动力电源进线

盘外去向	回路号	序号	定义	盘外去向
交流3800V市电Ⅰ段	a100	1	系统总电源Ⅰ段a相	FU1-1, QF01-1 ◁ ◎
交流3800V市电Ⅰ段	b100	2	系统总电源Ⅰ段b相	@ V1-2, QF01-3 ◎
交流3800V市电Ⅰ段	c100	3	系统总电源Ⅰ段c相	QF01-5 ◎
交流3800V市电Ⅰ段	n100	4	系统总电源Ⅰ段n相	X2-4 ◎
交流3800V市电Ⅱ段	a600	6	系统总电源Ⅱ段a相	# X5-1, KM01-1 ◎
交流3800V市电Ⅱ段	b600	7	系统总电源Ⅱ段b相	# X5-3, KM01-3 ◎
交流3800V市电Ⅱ段	c600	8	系统总电源Ⅱ段c相	# X5-5, KM01-5 ◎
交流3800V市电Ⅱ段	n600	9	系统总电源Ⅱ段n相	# X5-7
		10		

X2:稳压器电源

盘外去向	回路号	序号	定义	盘外去向
稳压器出线a相	a200	1	稳压变原边a相	QF01-2 ◁ ◎
稳压器出线b相	b200	2	稳压变原边b相	QF01-4 ◎
稳压器出线c相	c200	3	稳压变原边c相	QF01-6 ◎
稳压器出线n相	n100	4	稳压变原边n相	X1-1 ◎
		5		
稳压器出线a相	a300	6	稳压变副边a相	@ FU2-1, QF02-1 ◎
稳压器出线b相	b300	7	稳压变副边b相	@ V2-2, QF02-3 ◎
稳压器出线c相	c300	8	稳压变副边c相	QF02-5 ◎
稳压器出线n相	n300	9	稳压变副边n相	X3-4 ○
		10		

X3:变频器动力电源

盘外去向	回路号	序号	定义	盘外去向
1号机-2X2-1	a111	1	1号机变频器a相	QF12-2 ◁ ○
1号机-2X2-3	b411	2	1号机变频器b相	QF12-4 ○
1号机-2X2-5	c411	3	1号机变频器c相	QF12-6 ○
1号机-2X2-7	n300	4	1号机变频器n相	X2-9 ○
		5		X3-9 ◁◁
2号机-2X2-1	a421	6	2号机变频器a相	QF21-2 ○
2号机-2X2-3	b421	7	2号机变频器b相	QF21-4 ○
2号机-2X2-5	c421	8	2号机变频器c相	QF21-6 ○
2号机-2X2-7	n300	9	2号机变频器n相	X3-5 ○
		10		X3-14 ◁◁
3号机-2X2-1	a 431	11	3号机变频器a相	QF32-2 ○
3号机-2X2-3	b431	12	3号机变频器b相	QF31-4 ○
3号机-2X2-5	c431	13	3号机变频器c相	QF31-6 ○
3号机-2X2-7	n300	14	3号机变频器n相	X3-10 ○
		15		X3-19 ◁◁
4号机-2X2-1	a441	16	4号机变频器a相	QF41-2 ○
4号机-2X2-3	b411	17	4号机变频器b相	QF41-4 ○
4号机-2X2-5	c411	18	4号机变频器c相	QF41-6 ○
4号机-2X2-7	n300	19	4号机变频器n相	X3-15 ○
		20		X4-4 ○

左侧电缆去向标注：
DY-01 至隔爆配电箱 3×10+1×6；DY-02 至隔爆配电箱 3×10+1×6；DY-04 至稳压器 3×10+1×6；WY-01 至1号机变频器 3×10+1×6；WY-02 至1号机控制柜 4-4；WY-03 至2号机控制柜 4-4；WY-04 至3号机控制柜 4-4；至4号机控制柜 4-4

图 C33　稳压电源柜端子排图（一）

注：@处用 1.5BVR 电缆；♯处用 2.5BVR 电缆；○处用 4.0BVR 电缆；◎处用 10BVR 电缆；其他用 1.0BVR 电缆；X1，X2 为 LK16N 端子；X3，X4 为 LK10N 端子；其他为 UK5N 端子；│装终端固定件；◁装隔板；◁◁装隔片。

X4：小网系统电源				
盘外去向	回路号	序号	定义	盘内去向
1号机-1X6-1	a511	1	1号机系统网a相	QF12-2
1号机-1X6-4	b511	2	1号机系统网b相	QF12-4
1号机-1X6-7	c511	3	1号机系统网c相	QF12-6
1号机-1X6-10	n300	4	1号机系统网n相	X3-20
		5		X4-9
2号机-1X6-1	a521	6	2号机系统网a相	QF22-2
2号机-1X6-4	b521	7	2号机系统网b相	QF22-4
2号机-1X6-7	c521	8	2号机系统网c相	QF22-6
2号机-1X6-10	n300	9	2号机系统网n相	X3-5
		10		X3-14
3号机-1X6-1	a531	11	3号机系统网a相	QF32-2
3号机-1X6-4	b531	12	3号机系统网b相	QF32-4
3号机-1X6-7	c531	13	3号机系统网c相	QF32-6
3号机-1X6-10	n300	14	3号机系统网n相	X3-10
		15		X3-19
4号机-1X6-1	a541	16	1号机系统网a相	QF42-2
4号机-1X6-4	b541	17	1号机系统网b相	QF42-1
4号机-1X6-7	c541	18	1号机系统网c相	QF42-6
4号机-1X6-10	n300	19	1号机系统网n相	X3-15
		20		
X5：交流控制电源				
盘外去向	回路号	序号	定义	盘内去向
	a600	1	交流控制电源a相	X1-6
		2		
	b600	3	交流控制电源b相	X1-7
		4		F01-1
	c600	5	交流控制电源c相	X1-8
		6		F02-1
	n600	7	交流控制电源n相	X1-9
		8		1DK-3
		9		ZD1-2
		10		
X6：并网允许信号				
盘外去向	回路号	序号	定义	盘内去向
1号机同期屏	Z01	1	1号机系统并网允许	ZJ12-9
1号机同期屏	Z02	2	1号机系统并网允许	ZJ12-5
2号机同期屏	Z03	3	2号机系统并网允许	ZJ22-9
2号机同期屏	Z04	4	2号机系统并网允许	ZJ22-9
3号机同期屏	Z05	5	3号机系统并网允许	ZJ32-9
3号机同期屏	Z06	6	3号机系统并网允许	ZJ32-5
4号机同期屏	Z07	7	4号机系统并网允许	ZJ42-9
4号机同期屏	Z08	8	4号机系统并网允许	ZJ32-5
		9		
		10		
X7：备用端子(10个UK5N)				
接地端子				

左侧标注（X4）：XT-01　XT-02　XT-03　XT-04；至1号机励磁柜　至2号机励磁柜　至3号机励磁柜　至4号机励磁柜；4×4　4×4　4×4　4×4

左侧标注（X6）：BWYX-01　BWYX-02　BWYX-03　BWYX-04；至1号机同期柜　至2号机同期柜　至3号机同期柜　至4号机同期柜；4×1.5　4×1.5　4×1.5　4×1.5

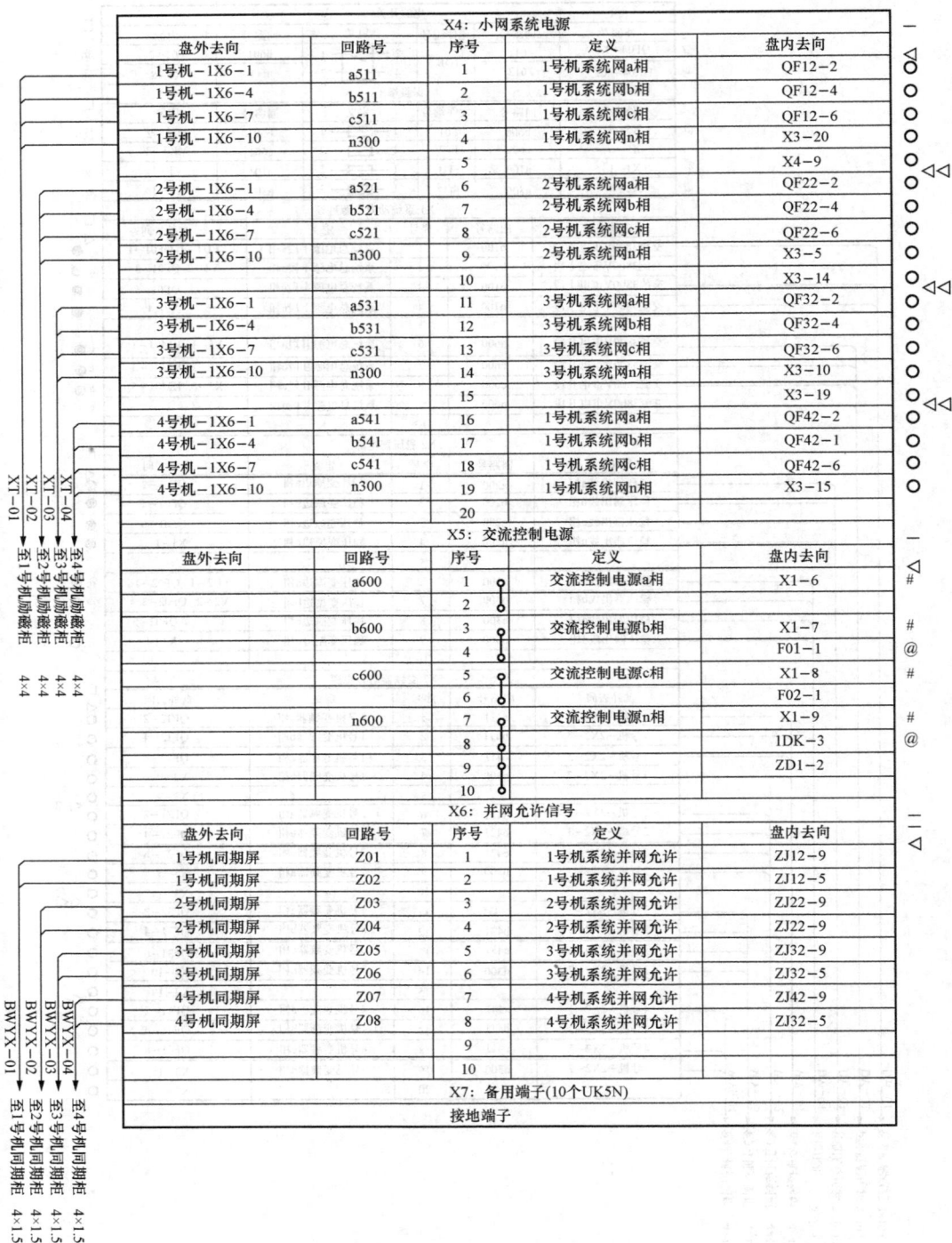

图 C34　稳压电源柜端子排图（二）

注：@处用1.5BVR电缆；♯处用2.5BVR电缆；○处用4.0BVR电缆；◎处用10BVR电缆；其他用1.0BVR电缆；X1，X2为UK16N端子；X3，X4为UK10N端子；其他为UK5N端子；丨装终端固定件；◁装隔板；◁◁装隔片。

电源开关

	外侧	回路号	元件编号	定义	回路号	内侧	
@	DY11-A	6002	1DK (2—1)		112	1X8-5	#
@	DY11-B	6001	1DK (1—3)		111	1X8-1	#
@	DY12-A	A6801	2DK (2—1)		A683	1X7-1	#
@	DY12-B	N6801	2DK (1—3)		N683	1X7-5	#
@	1X9-6	602	61DK (2—1)		112	1X8-6	#
@	1X9-1	601	61DK (1—3)		111	1X8-2	#
#	QLR-5	6062	63DK (2—1)		112	1X8-7	#
#	QLR-1	6061	63DK (1—3)		111	1X8-3	#
#	FU1-1	70a	PDK1 (2—1)		700A	1X5-2	#
#	FU2-1	70b	PDK1 (1—3)		700B	1X5-5	#
#	FU3-1	70c	PDK1 (6—5)		700C	1X5-8	#
#	FU3-1	71a	PDK2 (2—1)		700A	1X5-3	#
#	FU4-1	71b	PDK2 (1—3)		700B	1X5-5	#
#	FU5-1	71c	PDK2 (6—5)		700C	1X5-9	#

保险端子

	外侧	回路号	元件编号	定义	回路号	内侧	
	1X7-2	A683	F01 (1—2)		A6803	MK1-2	
	FMK-1	L603	F02		L611	V1-1	
	FMK-3	L604	F03		L612	V1-4	
#	RDK1-2	70a	FU1		F70a	1TV-1A	@
#	RDK1-1	70b	FU2		F70b	1TV-1B	@
#	RDK1-6	70c	FU3		F70c	1TV-1C	@
#	RDK2-2	71a	FU4		F71a	2TV-1A	@
#	RDK2-1	71b	FU5		F71b	2TV-1B	@
#	RDK2-6	71c	FU6		F71c	2TV-1C	@
#	1X6-1	a511	FU7		F51a	3TV-1A	@
#	1X6-1	b511	FU8		F51b	3TV-1B	@
#	1X6-7	c511	FU9		F51c	3TV-1C	@
○	1KK-2	701A	FU10		F73A	ET-1A	○
○	1KK-6	701B	FU11		F73B	ET-1B	○
○	1KK-10	701C	FU12		F73C	ET-1C	○

1X1：机端-TA

	盘外去向	回路号	序号	定义	盘内去向	
#	TA1A-S1	A411	1	定子电流A相	AVR-P7-5	#
#	TA1A-S2	X411	2	定子电流N相	AVR-P7-4	#
#	TA1C-S2		3		AVR-P7-4	#
#	TA1C-S1	C411	4	定子电流C相	AVR-P7-3	#
			5			
#	TA2A-S1	A421	6	定子电流A相	W-4	#
#	TA2A-S2	X421	7	定子电流N相	cos φ-1	#
#	TA2C-S2		8		var-7	#
#	TA2C-S1	C421	9	定子电流C相	W-6	#
			10			

1X2：励磁变压器二次侧-TA

	盘外去向	回路号	序号	定义	盘内去向	
#	TAB-S1	B431	1	励磁变压器二次侧电流A相	AVR-P7-1	#
			2			
#	TAB-S2	M31	3	励磁变压器二次侧电流N相	AVR-P7-2	#
			4			
			5			

图 C35　励磁系统柜左侧端子排图（一）

注：@处用 1.5BVR 电缆；○处用 4BVR 电缆；♯处用 2.5BVR 电缆；其他用 1.0BVR 电缆。

1X3：机端TV				
盘外去向	回路号	序号	定义	盘内去向
1TV−2a	A611	1	励磁TV−A相	AVR−P3−14
		2		
1TV−2b	B611	3	励磁TV−B相	AVR−P3−15
		4		
1TV−2c	A611	5	励磁TV−C相	AVR−P3−16
		6		
1TV−2a	A621	7	仪表TV−A相	AVR−P3−10
同期屏测量		8		var−1
		9		W−1
1TV−2b	B621	10	仪表TV−B相	AVR−P3−11
同期屏测量		11		var−2
		12		W−2
1TV−2c	C621	13	仪表TV−C相	AVR−P3−12
同期屏测量		14		var−3
		15		W−3

1X4：母线TV				
盘外去向	回路号	序号	定义	盘内去向
3TV−2a	A631	1	系统电压A相	AVR−P3−7
同期屏测量		2		
3TV−2b	B631	3	系统电压B相	AVR−P3−8
同期屏测量		4		
3TV−2c	C631	5	系统电压C相	
同期屏测量				

1X6：机端电压				
盘外去向	回路号	序号	定义	盘内去向
TA2A−P2	700A	1	机端电压A相	1KK−1
同期屏机端一次		2		PDK1−1
2X1−1		3		PDK2−1
A2−4	700B	4	机端电压B相	1KK−5
同期屏机端一次		5		PDK1−3
2X1−3		6		PDK2−3
TA2C−P2	700C	7	机端电压C相	1KK−9
同期屏机端一次		8		PDK1−5
2X1−5		9		PDK2−5
2X1−7	700N	10	机端电压N相	机端N相−LN

1X6：系统电压				
盘外去向	回路号	序号	定义	盘内去向
X4−1	a511	1	系统电压A相	FU7−1
同期屏系统一次		2		1KK−3
		3		
X4−2	b511	4	系统电压B相	FU8−1
同期屏系统一次		5		1KK−7
		6		
X4−3	c511	7	系统电压C相	FU9−1
同期屏系统一次		8		1KK−11
		9		
X4−4	n300	10	系统电压N相	机端N相−LN

DBCTQDY 至同期柜 4×4
XTCTQDY 至同期柜 4×4
FDJ−01−1 至同期柜 4×4
FDJ−01−2 至稳压电源柜 4×4
XT−01 至控制柜 4×4
XT−01−1 至同期柜 4×4

−CTA−A | −A2−1 | CTC−A | −1X6−10 1X5−10 | L601−FMK−2 | L602−FMK−6

LA | LA | LA | LA | L+ | L−

FDJ−02 至1号发电机端子盒 4×4
FDJ−01 至1号发电机端子盒 4×4

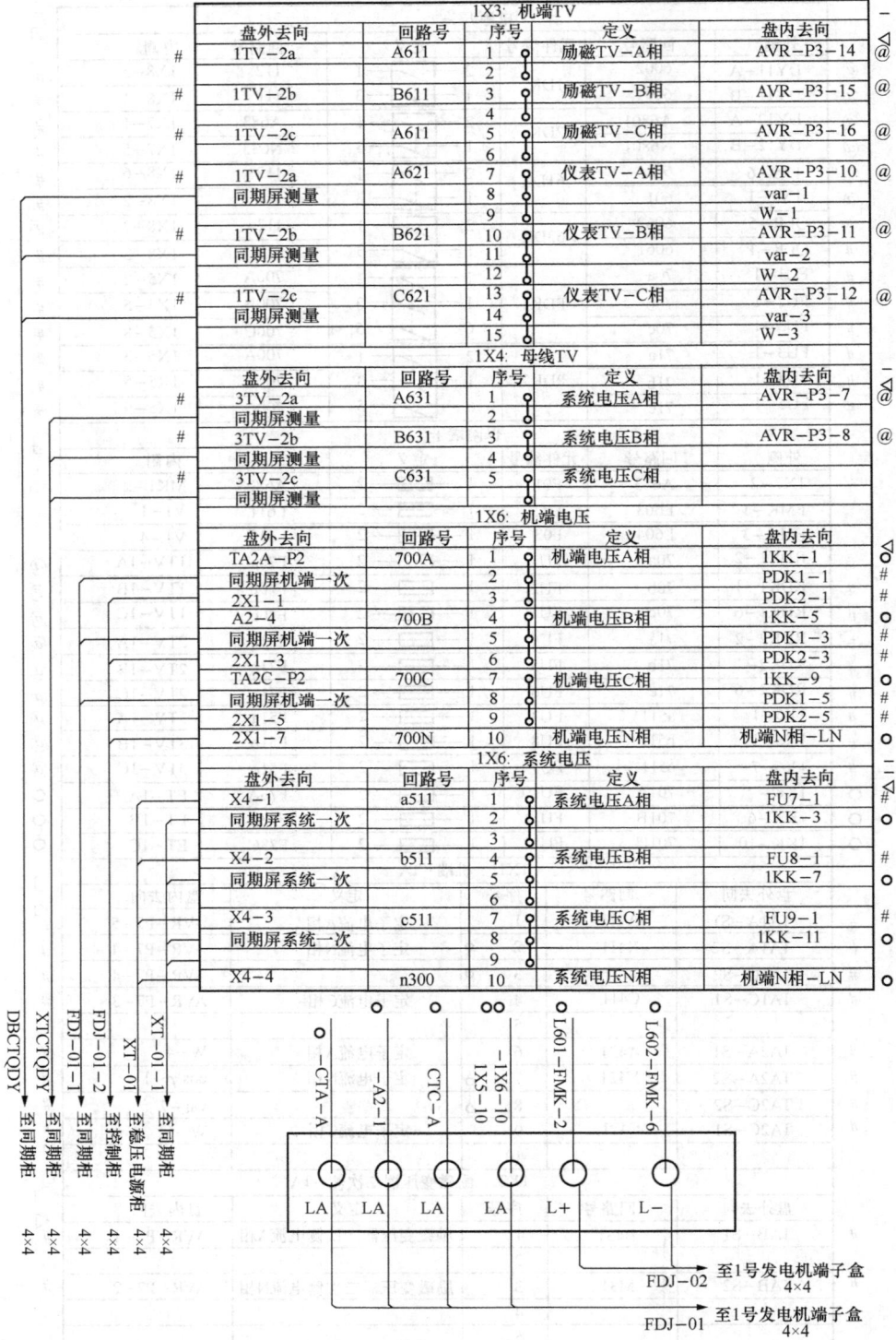

图 C36　励磁系统柜左侧端子排图（二）

注：1X1，1X2，1X3，1X4 为电流端子；1X5，1X6 为 LK10N 端子；其他为 UK5N 端子；
⌐ 装终端固定件；◁ 装隔板；◁◁ 装隔片。

1X7: 交流控制电源				
盘内去向	回路号	序号	定义	盘外去向
# 2DK－1	N683	1	交流电源A相	2X4－1
# F01－1		2		同期屏
# CZ－L		3		
		4		
# 2DK－3	N683	5	交流电源N相	2X4－1
# 2D1－2		6		同期屏
# CZ－N		7		
		8		

1X8: 直流控制电源				
盘内去向	回路号	序号	定义	盘外去向
# 1DK－3	111	1	厂用直流电源1+	2X3－6
# 61DK－3		2		同期屏
# 63DK－3		3		
		4		
# 1DK－1	112	5	厂用直流电源1-	2X3－8
# 63DK－1		6		同期屏
# 63DK－1		7		
		8		

1X9: 开关量操作				
盘内去向	回路号	序号	定义	盘外去向
@ 61DK－4	601	1	操作电源	中控室
AN1－3		2		主并网开关
DZ1－4		3		
FMK－3		4		
		5		
@ 61DK－2	602	6	操作电源	中控室（备用）
KI1－14		7		
QLC－A2		8		
		9		
AM1－14	603	10	增加灭磁	中控室
KI1－13		11		
AN2－14	604	12	减少灭磁	中控室
AI2－13		13		
AI1－14	605	14	逆变灭磁	中控室（备用）
DZ1－5		15		
KI3－13		16		
KI4－13	606	17	并网开关分	主并网开关
AN3－14	607	18	起励建压	中控室（备用）
KI5－13		19		
AN5－14	609	20	信号复归	中控室（备用）
K17－13		21		
1ZK－14	611	22	投手动	中控室（备用）
KI9－13		23		
		24		
FMK－S1	621	25	灭磁操作公共端	中控室（备用）
63KK－13		26		
FMK－S2	622	27	灭磁开关合	中控室（备用）
63KK－14		28		
FHK－S4	623	29	灭磁开关分	中控室（备用）
63KK－24		30		

图 C37　励磁系统柜右侧端子排图（一）

注：♯处用 2.5BVR 电缆；＠处用 1.5BVR 电缆；其他用 1.0BVR 电缆；

☐装终端固定件；◁装隔板；◁◁装隔片。

盘内去向	回路号	序号	定义	盘外去向
1X10: 报警信号				
K01−12	S301	1	调节器故障	中控室
K02−12	S302	2	异常报警	
K05−12	S303	3	手动运行	
K06−12	S304	4	起励失败	
K07−12	S305	5	V/Hz限制	
K08−12	S306	6	PSS激活	
K09−12	S307	7	TV断线	
K010−12	S308	8	强励限制	
K011−12	S309	9	欠励限制	（备用）
KI10−12	S310	10	快速熔断器熔断	
K01−4	S331	11	调节器故障	
K02−8	S333	12	异常报警	
K05−8	S335	13	手动运行	
K06−8	S337	14	起励失败	
K07−8	S339	15	V/Hz限制	
K08−8	S341	16	PSS激活	
K09−8	S343	17	TV断线	
K010−8	S345	18	强励限制	
K011−8	S347	19	欠励限制	
K110−8	S349	20	快熔熔断	
1X11: FMK辅助接点				
盘内去向	回路号	序号	定义	盘外去向
DZ1−1	661	1	FMK辅助触点	同期屏(FMK连跳)
DZ1−2	662	2	FMK辅助触点	
DZ1−3	663	3	FMK辅助触点	同期屏(FMK连跳)
ZJ1−10	664	4	FMK扩展触点	
ZJ1−2	665	5	FMK扩展触点	
ZJ1−6	666	6	FMK扩展触点	
ZJ1−11	667	7	FMK扩展触点	
ZJ1−3	668	8	FMK扩展触点	
ZJ1−7	669	9	FMK扩展触点	
		10		
1X12: DCS通信接口				
盘内去向	回路号	序号	定义	盘外去向
AVRA−P5−14	RA−	1	485发送−	中控室
		2		
AVRA−P5−13	RA−	3	485发送−	中控室
		4		
		5		
CZ1			N683−1X7−3 #	
			N683−1X5−7 #	
接地端子				

右侧文字（竖排）：至同期柜 4×1.5　FMK−LT　至同期柜 4×1.5　DCSTX−01

图 C38　励磁系统右侧端子排图（二）

电源开关					
外侧	同路号	元件编号	定义	回路号	内侧
JFZ-L	C01	51DK	2 —∕— 1	c411	2X2-6
JFZ-N	N30		4 —∕— 3	n411	2X2-7

保险端子					
外侧	同路号	元件编号	定义	回路号	内侧
2X2-4	b411	F01	1 —▭— 2	b4101	MK1-2

2X1:机端电压				
盘外去向	同路号	序号	定义	盘内去向
1X5-3	700A	1	机端电压A相	假负载A相
		2		
1X5-6	700B	3	机端电压B相	假负载B相
		4		
1X5-9	700C	5	机端电压C相	假负载C相
		6		
1X5-10	700X	7	机端电压N相	假负载N相
		8		
		9		
		10		

2X2:变频器动力电源				
盘外去向	回路号	序号	定义	盘内去向
X3-1	a411	1	变频器A相	QF111-1
		2		QF112-1
X3-2	b411	3	变频器B相	QF111-3
		4		F01-1
X3-3	c411	5	变频器C相	QF111-5
		6		51DK-1
X3-4	n300	7	N相	51DK-3
		8		QF112-3
		9		ZD-2
		10		BPQ-GND

2X3:系统直流总电源				
盘外去向	回路号	序号	定义	盘内去向
厂用直流电源Ⅰ段+	101	1	厂用直流电源Ⅰ段+	QF113-1
其他发控柜可由此转接		2		
厂用直流电源Ⅰ段-	102	3	厂用直流电源Ⅰ段-	QF113-3
其他发控柜可由此转接		4		
		5		
1X8-1	111	6	系统直流电源Ⅰ	QF113-2
		7		2X5-1
1X8-5	112	8	系统直流电源	QF113-4
		9		2X5-4
		10		

FDJ-01-2 至励磁系统柜 4×4
WY-01 至1号稳压电源箱×4
ZL-01 至端配电箱 4×4
ZL-02 至励磁系统柜 4×4
ZL-02 至励磁系统柜 4×4

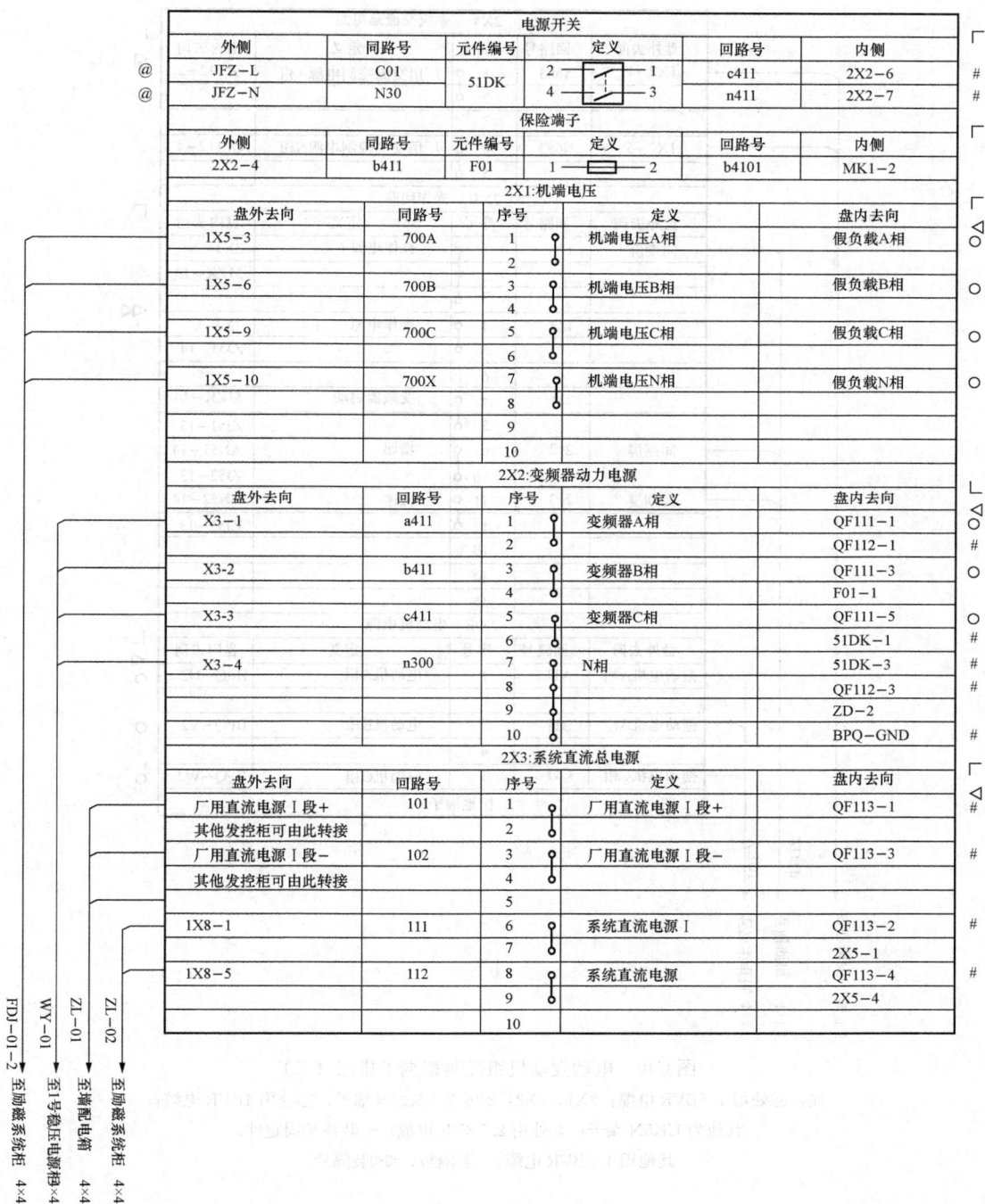

图 C39 电动发动机组控制柜端子排图(一)

2X4:	系统交流总电源					
盘外去向	回路号	序号	定义		盘内去向	
1X7-1	A683	1	厂用交流控制电源A相		QF112-2	#
		2				
		3				
1X7-5	N683	4	厂用交流控制电源N相		QF112-4	#
		5				
2X5:	操作回路					
盘外去向	回路号	序号	定义		盘内去向	
同期屏	111	1	操作电源+		2X3-7	
		2			51ZK-13	
		3				
	112	4	操作电源-		2X3-9	
		5			ZJ51-14	
		6				
	211	7	变频器启动		51ZK-14	
		8			ZJ51-13	
同期屏	212	9	增速		AN51-14	
		10			ZJ52-13	
同期屏	213	11	减速		AN52-14	
		12			ZJ53-13	
		13				
		14				
		15				
2X6:	电动机电源					
盘外去向	回路号	序号	定义		盘内去向	
拖动电机A相	A11	1	电动机A相		BPQ-U2	○
		2				
拖动电机B相	B11	3	电动机B相		BPQ-V2	○
		4				
拖动电机C相	C11	5	电动机C相		BPQ-W2	○
接地端子						

JL-02　至励磁柜　4×1.5

ZDTP　至同期柜　4×1.5

YBDJ　至异步电机　4×4

图 C40　电动发动机组控制柜端子排图（二）

注：@处用 1.5BVR 电缆；2X1，2X2，2X6 为 LK10N 端子；○处用 4BVR 电缆；

其他为 UK5N 端子；♯处用 2.5BVR 电缆；¬ 装终端固定件；

其他用 1.0BVR 电缆；◁装隔板；◁◁装隔片。

I 同期装置（序号 1～44）

内部接线	说明栏	现场接线	序号
TK9	系统侧TV A相	XTKK--2	1
TK-27			2
TK-11	系统侧TV B相	XTKK-4	3
TK-29			4
TK-5	待并侧TV A相	DBKK-2	5
TK-23			6
TK-7	待并侧TV B相	DBKK 4	7
TK-25			8
			9
TQ-DK-4	同期投入		10
ZJ1-1			11
			12
QK-1			13
	同期投入、退出公共		14
			15
ZJ1-7	同期退出		16
QK-2			17
			18
TQX5-1	远方反应		19
TQX5-2	急停信号		20
TQX5 3	单侧无压合闸		21
			22
TQX5-4	双侧无压确认		23
		TQK-2	24
TQX5-5			25
			26
			27
TQX5-8			28
TQX5-9			29
TQX5-10			30
TQX5-11			31
TQX5-12			32
TQX5-13			33
TQX5-14			34
TQX5-15			35
TQX5-16			36
TQX8-1	断路器合闸位置	ZJ2-10	37
TQX8-2			38
TQX8-3			39
TQX8-4			40
TQX5-19	24V-输入	ZJ2-2	41
			42
			43
TQK1			44

I 同期装置（序号 45～88） — 至控制柜4×1.5 XTCTQDY，至励磁柜4×1.5 ZDTY

内部接线	说明栏	现场接线	序号
TQX1-13	24V-输入		45
TK 1			46
			47
			48
			49
			50
TQX5 27	24V-输入		51
TQX8-5		TQX1 14	52
			53
TQX10-1	装置告警		54
TQX10-2	装置告警		55
			56
TQX10-3	装置闭锁		57
	装置闭锁		58
ZJ1-10	同期开关 门动位置		59
TK-3			60
TK-4			61
TQX10-5			62
TQX10-6			63
TQX10-7			64
TQX10-8			65
TQX10-9			66
TQX10-10			67
TQX10-11			68
TQX10-12			69
TQX10-13			70
TQX10-14			71
			72
TK-15	加速	ZSD-2	73
ZSD 1		212	74
TK-17	减速		75
JSD-1		JSD-2	76
ZJ1-12	公共端	213	77
SW1-2		111	78
SW1-4			79
			80
TK-19	升压		81
ZCD-1		ZCD-2 603	82
ZJ1-21	降压		83
JCD-1		JCD-2 604	84
ZJ1-17	公共端	601	85
SW2-2			86
SW2-4			87
			88

I 同期装置（序号 89～105）

内部接线	说明栏	序号	
TK-13	合闸出口	89	
FD-6		90	
ZJ1-11		91	TJJ-7
		92	
		93	
		94	
	合闸出口	95	
		96	
		97	
		98	
FD-7		99	
	-KMT	100	
TQ-DK-2		101	
ZJ1-8		102	
DD-2		103	
ZJ1 16		104	
		105	

I 同期装置 — 至控制柜4×2.5 XTCTQDY，至励磁柜4×2.5 DBCTQDY

内部接线	说明栏	现场接线	序号
XTKK-1	系统侧TV A相 (A631)		1
			2
XTKK-3	系统侧TV B相 (631)		3
			4
			5
XTKK-5	系统侧TV C相 (C631)		6
			7
			8
			9
DBKK-1	待并侧TV A相 (A621)		10
			11
			12
DBKK-3	待并侧TV B相 (B621)		13
			14
			15
DBKK-5	待并侧TV C相 C621		16
			17
			18
			19
			20

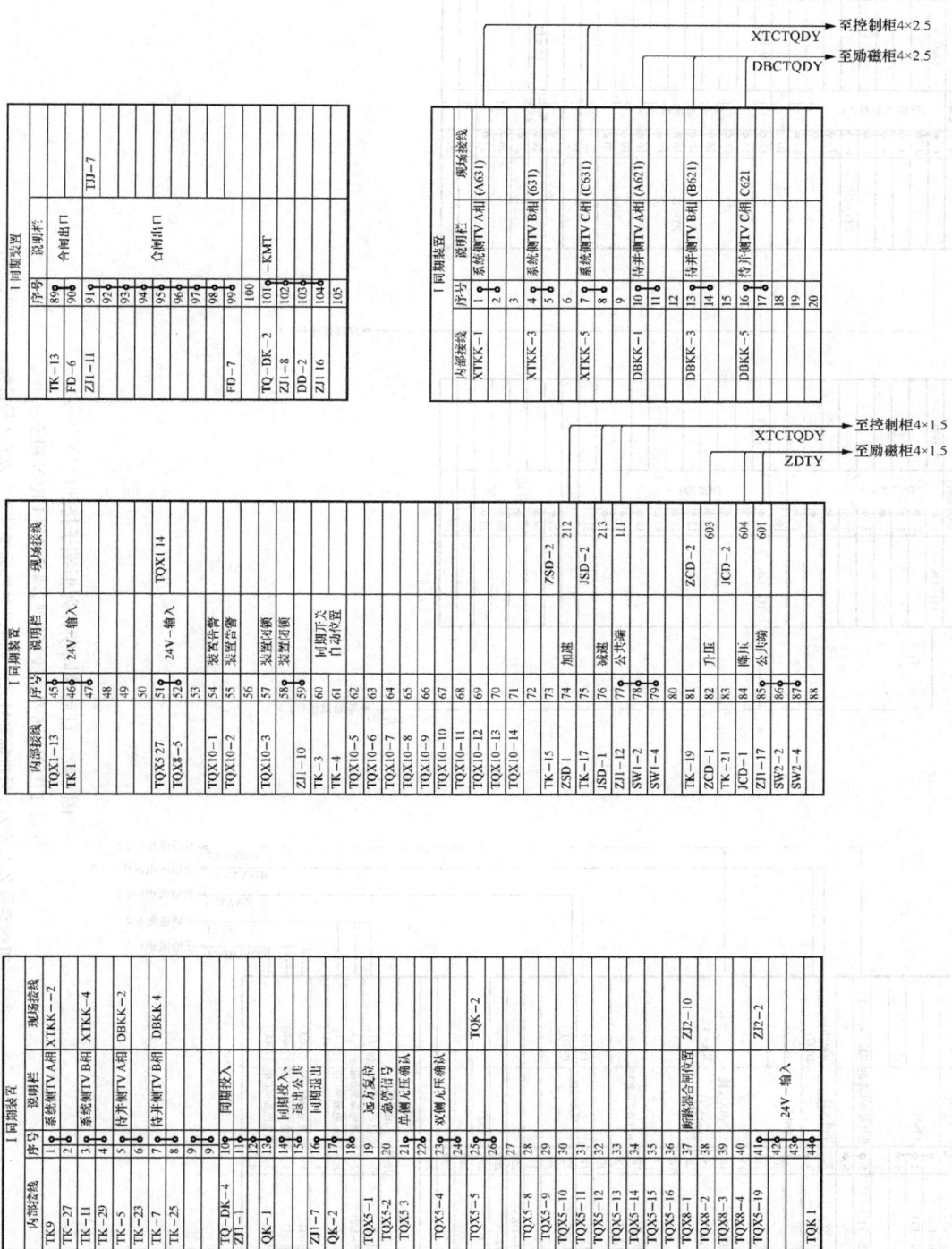

图 C41 自动准同期并列柜端子排图（一）

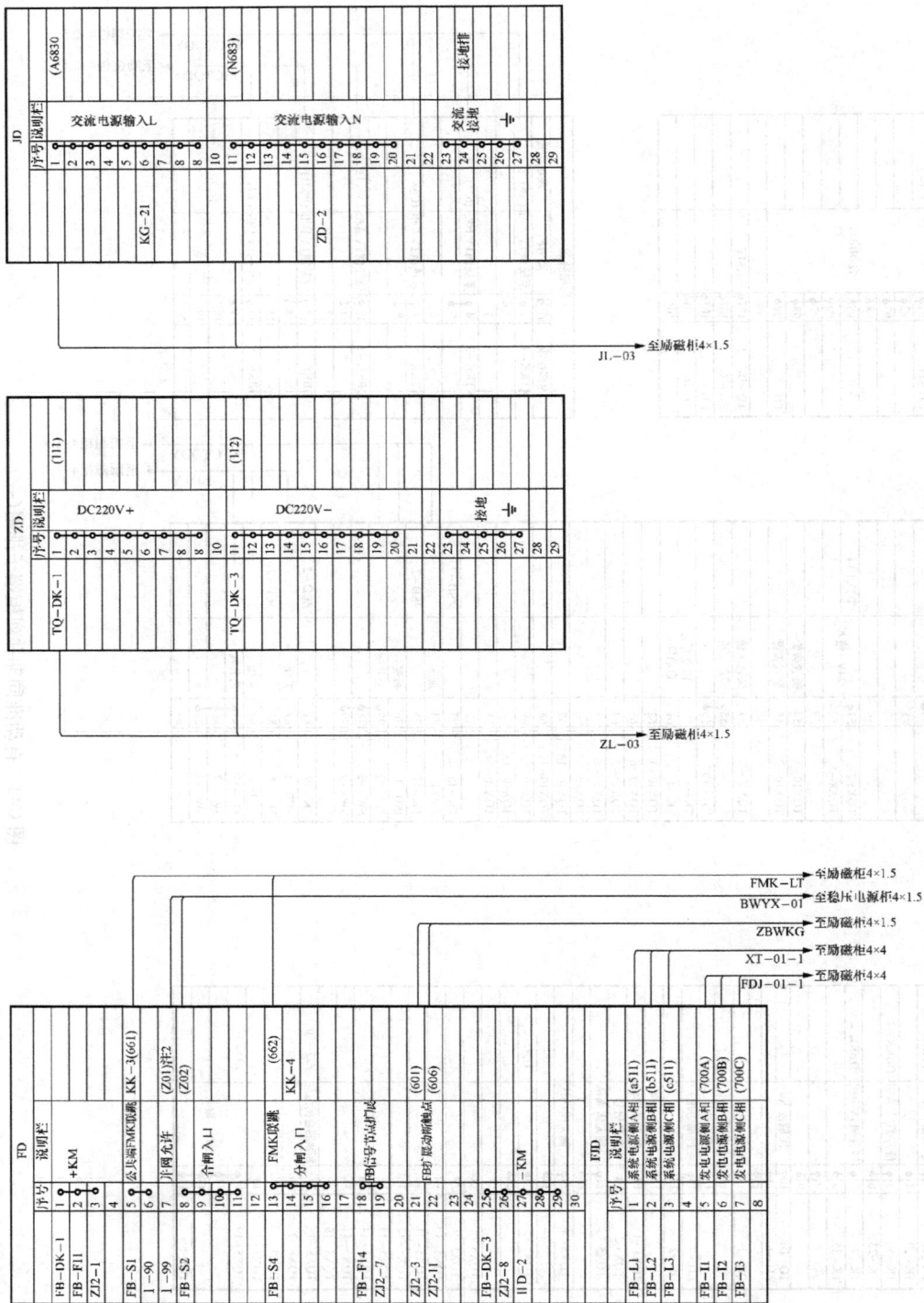

图 C42　自动准同期并列柜端子排图（二）

注：1. FJD 采用 6 平方线三色线，端子采用 UK6N 端子。

2. 1 号机标签号 Z01、Z02；2 号机标签号 Z03、Z04；3 号机标签号 Z05、Z06；4 号机标签号 Z07、Z08。

参 考 文 献

[1] 王灿. 电力系统微机自动装置. 重庆：重庆大学出版社，2013.

[2] 丁书文. 电力系统微机型自动装置. 北京：中国电力出版社，2005.

[3] 许正亚. 电力系统安全自动装置. 北京：中国水利水电出版社，2006.

[4] 张瑛，赵芳，李全意. 电力系统自动装置. 北京：中国电力出版社，2006.

[5] 丁书文. 电力系统自动装置原理. 北京：中国电力出版社，2007.

[6] 唐建辉，黄红荔. 电力系统自动装置. 北京：中国电力出版社，2005.

[7] 王伟. 电力系统自动装置. 北京：北京大学出版社，2011.

[8] 李斌，袁训奎. 电力系统自动装置. 北京：高等教育出版社，2007.

[9] 李斌，隆贤林. 电力系统继电保护及自动装置. 北京：中国水利水电出版社，2008.

[10] 韩笑，刘微，杨建伟. 继电保护自动装置测试技术实验指导书. 北京：中国水利水电出版社，2008.